Alimentos vegetales autóctonos iberoamericanos subutilizados

Sonia Sáyago Ayerdi, Emilio Álvarez Parrilla

16 de septiembre del 2018

Alimentos vegetales autóctonos iberoamericanos subutilizados

Primera Edición: septiembre 2018

ISBN: 978-1-938038-07-5

Coordinadores: Dra. Sonia Sáyago Ayerdi, Dr. Emilio Álvarez Parrilla

Fabro Editores

www.fabro.com.mx

E-mail: **hola@fabro.com.mx**

Para reportar errores, envíanos una nota a errata@fabro.com.mx

Índice general

Prólogo

Uno de los problemas centrales de la seguridad alimentaria en Iberoamérica es la imposibilidad de producir suficientes alimentos de origen vegetal para cubrir las necesidades del sector pecuario y humano, a pesar de la enorme diversidad de cultivos autóctonos que podrían cubrir las demandas de nutrientes para una dieta equilibrada en la región iberoamericana. Ante esa problemática, el Programa Iberoamericano de Ciencia y Tecnología para el Desarrollo (CYTED) publicó en 2017 la convocatoria de red temática "1.2 Alimentos nativos de origen vegetal subutilizados".

En respuesta a esta convocatoria en 2018 se conformó la Red CYTED "Red Iberoamericana de aprovechamiento integral de alimentos autóctonos subutilizados, ALSUB-CYTED P117TR0220", integrada por un total de 12 grupos de investigación y 4 empresas procedentes de 6 países (México, España, Brasil, Costa Rica, Argentina, Chile). El objetivo general de la Red ALSUB-CYTED es "buscar el aprovechamiento integral de alimentos autóctonos subutilizados de origen vegetal con potencial nutritivo y alto interés socioeconómico, que contribuyan a resolver el problema de seguridad alimentaria de la región".

El presente libro representa el primer producto de la red, en el que se elaboró un inventario de 18 alimentos o subproductos vegetales iberoamericanos subutilizados, presentando sus condiciones óptimas de cultivo, caracterización química y nutricional, así como alternativas de procesado para el desarrollo de nuevos productos. El libro se divide en tres secciones. En la primera sección, que consta de ocho capítulos se presentan frutas subutilizadas de los diversos países latinoamericanos, entre las que destacan acerola, fruta de la pasión, chirimoya, guayaba, bayas, guanábana, cocuixtle y guamúchil. En la segunda sección, que agrupa siete capítulos se describen productos vegetales que incluyen, hoja, flor y semilla, entre los que destacan la flor de Jamaica, hoja de romero, hoja de olivo, lippia, huereque, maíz azul y semilla de Ramón. Por último, en la tercera sección se presentan tres capítulos en los que se propone el uso de subproductos de la industria del tomate, cascara de nuez y cáscara de mango como fuente de ingredientes para la elaboración de alimentos funcionales.

Esperamos que el presente libro sea de utilidad para todos aquellos productores, tecnólogos de alimentos, estudiantes e investigadores que estén interesados en el desarrollo de nuevos alimentos a partir de productos vegetales autóctonos subutilizados

Atentamente,

Dra. Sonia Sáyago Ayerdi

Dr. Emilio Álvarez Parrilla

Red ALSUB-CYTED

Sección I: Frutas

1

Acerola

1.1. (*Malpighia glabra L.*)

Katia Sivieri[1]

[1]Department of Food and Nutrition, School of Pharmaceutical Sciences, State University of São Paulo (UNESP). Araraquara- SP, Brazil

Corresponding author: **sivierik@fcfar.unesp.br**

1.2. Agronomic characteristics

1.2.1. Taxonomy

Acerola (Figure 1.1), also known as Antillean cherry, is described in the literature as originating from two species: Malpighia punicifolia and Malpighia glabra. In Puerto Rico, there is a contradiction regarding to the species to which the berry belongs to, since, for many botanists, Malpighia punicifolia and Malpighia glabra are not different species, but different botanical forms of the same species (MENDES et al., 2012).

Figure 1.1: A) Acelora tree, B) Acerola fruit

Malpighia glabra L. is described as a medium-sized glabrous bush (hairless), 2-3 m high, with dense and scattered branches; opposite leaves with short, oval and elliptic-petiolate petiole; going from 2.5 cm to 7.5 cm (MENDES et al., 2012).

The acerola is native to the Antilles, it is cultivated at a commercial scale in Puerto Rico, Hawaii, Jamaica and Brazil. However, it can be found throughout all the continent. Table 1.1 shows the taxonomic classification of acerola.

Table 1.1 Acerola taxonomic classification

Kingdom	Plantae
Filum	Malpighiaceae
Class	Magnoliopsida
Order	Malpighiales
Family	Malpighiaceae
Gender	Malpighia

Source: Mendes et al., (2012)

1.2.2. Culture condition

The acerola can be propagated either by the use of seeds (sexual propagation), or by cutting and grafting (asexual or vegetative propagation), therefore it is considered a plant of fairly easy propagation (JUNQUEIRA et al., 1997).

1.2.2.1. Seed propagation

Seed propagation is still the most common practice in the establishment of commercial plantations of acerola trees in Brazil. The lumps are selected from well-shaped and nourished plants, extracted from senescent fruits (fully mature) by sifting them under running water or by fermentation. The lumps should be thoroughly washed and allowed to dry in the shade for two days, then they can be immediately sown or stored in a refrigerator for up to four months. To select the ideal lumps, they should be placed in a bucket with clean water, discarding the lumps that float in the surface. Sowing should be performed in furrows with a distance of 10 cm between each other, and a depth of 0.5 to 1.0 cm; in beds with dimensions of 1.0 m in width and 1.5 m in length, containing substrate consisting of soil + organic matter in a ratio of 2:1 (JUNQUEIRA et al., 1997).

Daily watering should be done with watering can, with germination occurring from 20 to 30 days after sowing. The seedlings should then be peeled and placed into bags of 16 X 25 cm (volume of 2 liters) with substrate consisting of soil + organic matter in the proportion of 3:1, mixing 600 g of single superphosphate for every m3 of substrate. When the seedlings reach 25-30 cm high, they should be transplanted to the pits. This type of propagation has caused considerable damages to the producers, due to the great variability of plants and fruits, generating unevenness in the production and quality of the fruits. Another great problem is the low germination rate, which normally varies from 25 to 30 %, due to incompatibility in pollination, generating absence or problems in the formation of the embryo (MARINO, 1986).

1.2.2.2. Propagation by cutting

Propagation by cutting is a method that allows obtaining uniform plants; however, it is more difficult to perform and has a higher production cost. It is recommended to use semi-shallow cuttings containing a pair of leaves measuring 15 to 20 cm in length and 3 to 6 cm in diameter. The cuttings should be collected before the flowering period. After the collection, the stake base is placed in 6.000 ppm of Indole-butyric acid (IBA), a hormone solution powder for 15 seconds, then the cuttings are rooted in 72-cell polyethylene trays containing either washed sand or a commercial vermiculite substrate. This step should be performed in a greenhouse with intermittent misting and controlled temperature irrigation system. After 60 days, the rooted cuttings are transferred to bags with dimensions of 16 X 25 cm (volume of 2 liters) containing substrate composed of soil + organic matter in a ratio of 3:1, mixing 600 g of simple superphosphate for every m3 of substrate. The seedlings should be transplanted to the pits when they reach 25-30 cm in height from the lap of the plant, (BATISTA et al., 1989).

1.2.2.3. Propagation by grafting

Another method that can be used is grafting. Using rootstocks obtained from seeds. When the seedlings are about 10 to 12 months old or have a diameter of 0.8 to 1.0 cm, they are grafted with healthy pimples and removed from seedlings with desirable agronomic characteristics. The advantages of grafting include reducing plant size, facilitating crop and harvesting, maintaining the desirable characteristics of the variety used as a matrix, precocity at the beginning of production and uniformity (ALVES, 1992).

1.3. Physical, chemical and physicochemical characteristics of acerola

The fruit of the acerola, is a meaty drupe, varying in shape, size and weight. Inside of it there is the epicarp which is a thin film; the mesocarp which is the pulp and the endocarp which is made of three joined cores with parchment texture, that give the fruit a lobade aspect. Seeds go from 3 to 5 mm long, in an ovoid shape and with two cotyledons (ALMEIDA et al., 2002). The size of the fruit may vary from 1 to 2.5 cm, the diameter from 1 to 4 cm and the weight from 2 to 15 g. The mesocarp or pulp represents 70 % to 80 % of the total fruit weight (ALMEIDA et al., 2002).

Acerola undergoes changes rapidly after harvesting regarding color, aroma, flavor and texture, with the fruits being round, oval or even conical (GONZAGA NETO & SOARES, 1994).

The acerola can be classified as a climacteric fruit that undergoes a series of alterations during the maturation and senescence processes: a remarkable degradation of chlorophyll, a synthesis of carotenoids and anthocyanins, a decrease in acidity, and loss of vitamin C during these stages. These can occur when the fruit is in the plant or after the harvest, as they can be harvested at the beginning of maturation (when they are green, yellowish green or until they begin to acquire a red pigmentation), when they are focused on the production of vitamin C (ALVES, CHITARRA, 1995). Therefore, the chemical composition, including the distribution of aroma components, depends on the species, environmental conditions and, also, the maturation stage of the fruit. Acerola is a very acidic fruit and, in the same way that occurs with other components of the fruit, the pH also varies with the stage of maturity (VENDRAMINI & TRUGO, 2000).

The content of vitamin C and other characteristics attributed to acerolas, such as color, fruit weight and size, soluble solids content and pH of the juice are influenced by several factors, such as rainfall, temperature, altitude, fertilization, irrigation, and the occurrence of pests and diseases (NOGUEIRA et al., 2002). The physical and chemical characteristics of the acerolas in different maturation stages can be observed in Table 1.2.

Table 1.2 Physicochemical characteristics of the acerolas in different maturation stages.

Composition	Immature (green)	Intermediate (yellow)	Mature (red)
Vitamin C (mg 100 g-1)	2,164.0	1,065.0	1,074.0
Protein (g 100 g-1)	1.2	0.9	0.9
Ash (g 100 g-1)	0.4	0.4	0.4
Humidity (g 100 g-1)	91.0	92.4	92.4
Acidity	18.2	15.6	34.4
pH	3.7	3.6	3.7
Soluble solids (ºBrix)	7.8	7.7	9.2
Carbohydrate (g 100 g-1)	4.4	4.3	4.4

Source: Freitas et al., (2006)

1.3.1. Phytochemicals in acerola fruit

The term phytochemical or phytonutrient refers to the compounds that have been associated with reducing the risk of major chronic diseases. These groups of bioactive compounds include phenolic compounds, carotenoids, alkaloids, nitrogen containing compounds and organosulfur compounds. The area of phytochemicals in the acerola is poorly documented; the most studied so far are the phenolic compounds and carotenoids (DEVA et al., 2012).

The phenolic compounds found in foods originate from one of the main classes of secondary metabolites of plants. They are particularly important for plant metabolism and have also become important to humans because of their health characteristics, particularly related to their antioxidant power. The phenolic compounds found in foods can be categorized into simple phenols, phenolic acids, flavonoids, stilbenes, lignans and tannins (Figure 1.2) (SHAHIDI et al., 2007).

A

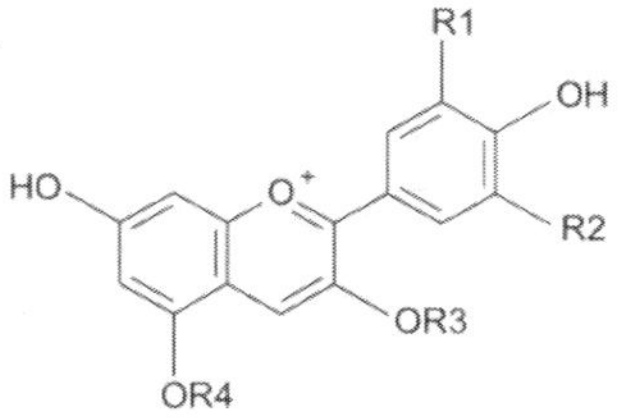

Anthocyanins	R1	R2	R3	R4
Malvidin 3,5 diglycoside	OCH3	OCH3	glucose	glucose
Cyanidin-3-glucoside	OH	Glucose	glucose	glucose
Pelargonidin	H	H	H	H
Cyanidin-3-rhamnoside	OH	H	rhamnose	H

B

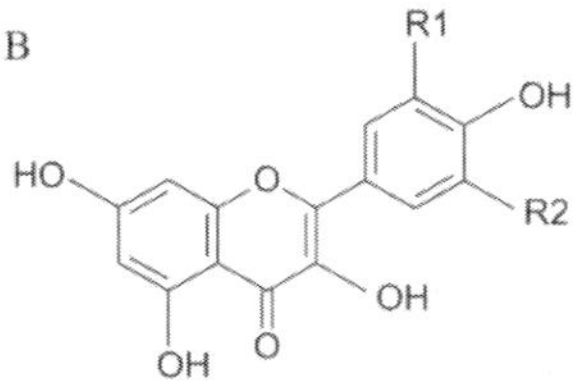

Flavonols	R1	R2
Quercetin	OH	H
Kaempferol	H	H

C

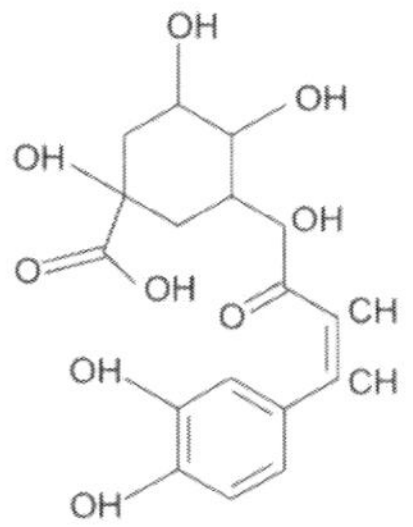

Chlorogenic acid

D

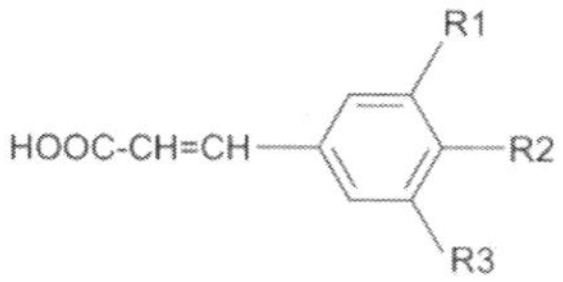

Phenolic acids	R1	R2	R3
Caffeic acid	H	OH	OH
p-coumaric acid	H	OH	H
Ferulic acid	H	OH	OCH3

Figure 1.2 Main phenolic compounds present in acerola fruit. Source (Deva et al., 2012).

1.4. Food products

There are few countries that commercially profit from acerola products, Brazil being one of them. Initially, the acerola was introduced in Pernambuco, spreading to the Northeast and other Brazilian regions. Currently, all Brazilian states cultivate acerola, except for the southern region during the winter. Most of the production is destined for exportation as pulp, frozen fruits and whole juice (BLISKA et al., 1995).

The main attraction of acerola fruit is its high content of vitamin C, as discussed previously; however, it is also rich in other nutrients such as carotenoids, thiamine, riboflavin and niacin. In the market, several food products of acerola can be found, being the most common forms of commercialization the acerola in its natural form as well as and frozen pulp and juice, ice cream can be found as well (Figure 1.3). The shelf life of these products, according to manufacturers, varies from 4 to 12 months (YAMASHITA et al., 2003).

The annual production of acerola in Brazil is approximately 150 thousand tons of fruits, produced mainly by the Northeast Region. A considerable part of this production is not used due to the high perishability of the fruits, giving an estimate of 40 % post-harvest losses. In the domestic market, the produced acerola is distributed among industry (46 %), wholesale (28 %), and retail (19 %), as well as cooperatives and other associations of producers (7 %). During the processing of acerola for the production of pulp or juice, fruit pressing produces a fibrous residue (bagasse), which is often discarded, generating a large volume of organic waste (SOBRINHO, 2014).

Figure 1.3 Examples of acerola food products in Brazil market

1.4.1. By-product of pulp and acerola juice production

The acerola by-product is an alternative source of dietary fiber, contributing to the prevention of gastrointestinal and cardiovascular diseases (PEREIRA et al., 2003; BRAGA et al., 2010). Usually, the acerola bagasse becomes a problem for industry, because it does not have a specific destination, besides being rich in organic matter, it is also highly polluting. In addition, its treatment for disposal demands high operating costs. In this way, the use of the by-product of acerola contributes to the environment, besides being a strategy for enriching and developing new functional products (MARQUES, 2013).

Table 1.3 shows the values of phenolic compounds and antioxidant capacity of acerola flour (by-product). The total phenolic compounds found were 52.50 mg EAG 100-1. The antioxidant capacity values were 226.86 mmols ET g-1 according to DPPH method and 51 mmol ET g-1 for FRAP. Other authors evaluated the content of the total phenolic compounds present in acerola flour using the ethanoic extraction process. The values found varied between 30.75 mg EAG g-1 and 72.65 mg EAG g-1 (BORGES, 2011; SILVA et al., 2014). Silva et al. (2014) also showed that the by-product of acerola presented higher levels of anthocyanins and flavonoids compared to fruit pulp.

Vasco, Ruales, & Kamal-eldin (2008) evaluated the content of total phenolic compounds of seventeen acerola fruits, using the Folin-Ciocalteu method. The obtained results found between 0.26 - 21.00 mg EAG/g. Thus, the authors suggested classifications according to the total phenolic compounds content, with high concentrations being greater than 10 mg EAG/g; and low concentration amounts being less than 1 mg EAG/g. Thus, the acerola by-products are rich in total phenolic compounds.

The antioxidant capacity of the acerola by-product was evaluated by Pereira et al., 2013 using the DPPH free radical resulting in an average value of 416.44 g / ml.

The different chemical values of acerola by-products may be associated to the different agricultural practices, soil composition, climatic variations, type of drying, extraction method and solvent used, and different stages of fruit ripening (MORALES-SOTO et al., 2014; PAZ et al., 2015).

Table 1.3 Mean values and standard deviation of total phenolic compounds and antioxidant capacity of acerola powder.

Total phenolic compounds (mg EAG 100-1)	Antioxidant capacity	(mmols ET g-1)
	DPPH	FRAP
52.50 ± 1.25	226.86 ± 4.84	51.00 ± 16.91

Source: Sgarbosa (2017)

The acerola powder can be considered a good source of fibers, since it presents in its composition the amount of 56.28 ± 0.19 % of total fibers (PEREIRA et al. 2010; SILVA et al., 2014).

1.5. Therapeutic properties of acerola

Several studies report the therapeutic properties of acerola, especially those related to antioxidant activity. Table 1.4 shows some therapeutic effects related to acerola.

Table 1.4 Therapeutic properties of acerola

Properties	Reference
Antihyperglycemic	Hanamura et al., (2005)
Cytotoxic	Motohashi et al., (2004)
Antioxidant activity	Mezadri et al., (2008)
Anti-genotoxicity	Horta et al., (2016)
Oxidative stress	Alvarez-Suarez et al., (2017)
Anti-obesity	Leffa et al., (2015)
Anti-inflammatory	Dias et al., (2014)

1.6. Conclusions and future perspective

Healthy foods are becoming popular all over the world, especially with the increasing obesity rate worldwide. Major multinational companies and fast-food manufacturers, which were previously focused on practicality, are now experimenting with and introducing products based on natural ingredients that are low in calories but high in nutritional value.

Several companies have diversified fruit juices and created products fortified with vitamins and other supplements. Acerola is rich in bioactive compounds, especially ascorbic acid and polyphenols, and has a number of beneficial effects on health. Therefore, the acerola is expected to be a good candidate for food supplements and functional food manufacturers seeking the development of new products.

1.7. References

Almeida, J.I.L.; Lopes, J.G.V.; Oliveira, F.M.M. (2002). Produtor de acerola. Fortaleza: Edições Demócrito Rocha, Instituto Centro de Ensino Tecnológico. 40p.

Alvarez-Suarez, J.M; Gasparrini, G.M; Buelga, A.M. González-Paramás. (2017). The protective effect of acerola (Malpighia emarginata) against oxidative damage in human dermal fibroblasts through the improvement of antioxidant enzyme activity and mitochondrial functionality. Food & Function, 8 (9), 3250-3258.

Alves, R. E. Características das frutas para exportação. In: Gorgatti Netto, A.; Garcia, E. E.C.; Bleinroth, E. W.; Freire, F. C. O.; Menezes, J. B.; Bordim, M. R.; Braga Sobrinho, R.; Alves, R. E. Acerola para exportação: procedimentos de colheita e pós-colheita. Brasília: Embrapa-SPI, 1996. 9-21.

Alves, R. E. Cultura da acerola. In: Donadio, L. C.; Martins, A. B. G.; Valente, J.P. ed. Fruticultura tropical. Jaboticabal: FUNEP/FCAV/UNESP, 1992.15-37.

Alves, R. E.; Menezes, J. B. Botânica da Aceroleira. In: São José, A.R.; Alves, A.E.(Eds.) Cultura da acerola no Brasil: produção e mercado. Vitória da Conquista: Departamento de Fitotecnia e Zootecnia/ Universidade Estadual do Sudoeste da Bahia, 1995. 7-14.

Batista, F. A. S.; Muget, B. R. R.; Beltrão, A. E. S. Comportamento e seleção da aceroleira na Paraíba. In: Congresso Brasileiro De Fruticultura, 10, 1989, Fortaleza. Anais... Fortaleza: SBF, 1989. 26-40.

Bliska Fmm, Leite Rssf. Aspectos econômicos e de mercado. In: São José AR, Alves RE. Acerola no Brasil: produção e mercado. Vitória da Conquista: UESB; 1995. 107-123

Borges KC, Bezerra MF, Rocha MP, Silva ESD, Fujita A. (2016). Fresh and Spray Dried Pitanga (Eugenia uniflora) and Jambolan Syzygium cumini) Pulps are Natural Sources of Bioactive Compounds with Functional Attributes. J Prob Health.

Borges, K. C. (2011). Estudo das características físico-químicas e funcionalidade de bagaços de frutas tropicais desidratadosem leito de jorro. Universidade Federal do Rio Grande do Norte.

Braga, A. C. D; Lima, M. S; Azevedo, L. C; Ramos, M. E. C. Caracterização do resíduo de acerola (Malpighia glabra l.), extraído do decanter no processo de clarificação do suco. V Congresso de Pesquisa e Inovação da Rede Norte Nordeste de Educação Tecnológica (CONNEPI); 2010: Maceió (AL).

Carrington, C.M.S.; King, R.A.G. (2002). Fruit development and ripening in Barbados cherry, Malpighia emarginata D.C. Scientia Horticulturae, Amsterdam, 92 (1)1-7.

Delva, L; Schneider, R.G. (2012). Acerola (Malpighia emarginata DC): Production, Postharvest Handling, Nutrition, and Biological Activity. Food Reviews International, 29:2, 107-126.

Dias, D.D; Leffa, F; Daumann, S; de Oliveira Marques, T.F; Luciano, J.C; Possato, Rodrigues, B. (2014). Acerola (Malpighia emarginata DC.) juice intake protects against alterations to proteins involved in inflammatory and lipolysis pathways in the adipose tissue of obese mice fed a cafeteria diet. Lipids in Health and Disease, 13 (1) , 24.

Gonzaga Neto, L.; Mathuz, B.; Santos, C.A.F. (1999). Caracterização agronômica de clones de aceroleira (Malpighia spp) na região do submédio São Francisco. Revista Brasileira de Fruticultura, Jaboticabal , 21 (2),110-115.

Gonzaga Neto, L.; Soares, J.M. Acerola para exportação: aspectos técnicos da produção. Brasília:EMBRAPA-SPI, 1994. 43p. (Série Publicações Técnicas FRUPEX,10).

Hanamura, T., Hagiwara, T. Kawagishi, H. (2005). Structural and functional characterization of polyphenols isolated from acerola (Malpighia emarginata, DC.) fruit. Biosci. Biotechnol. Biochem., 69: 280–286.

Horta RN, Kahl VF, Sarmento Mda S, Nunes MF, Porto CR, Andrade VM. (2016). Protective effects of acerola juice on genotoxicity induced by iron in vivo. Genet Mol Biol. 39(1):122–8.

Junqueira, N. T. V.; Urben, A. F.; Ramos, V. H. V.; Oliveira, M. A. S. Doenças da aceroleira e de seus frutos nos cerrados da região Centro-Oeste e Minas Gerais. In: EMPRESA BRASILEIRA DE PESQUISA AGROPECUÁRIA. Centro de Pesquisa Agropecuária dos Cerrados. Relatório Técnico Anual do Centro de Pesquisas dos Cerrados, 1991-1995. Brasília, EMBRAPACPAC, 1997. 202.

Leffa, D.D., da Silva J., Petronilho, F.C., Biélla, M.S; Lopes A.,Binatti, A.R., Andrade, V.M. (2015). Acerola (Malpighia emarginata DC.) juice intake protects against oxidative damage in mice fed by cafeteria diet. Food Research International, 77, 649-656.

Marino Netto, l. Acerola: a cereja tropical. São Paulo: Nobel, 1986. 94 p.

Marques TR. Aproveitamento tecnológico de resíduo de acerola: farinhas e barras de cereais [dissertação]. Lavras (MG): Universidade Federal de Lavras; 2013.

Mezadri, T., Villano, D., Fernández-Pachón, M.S., García-Parilla, MC; Trancoso, A.M. (2008). Antioxidant compounds and antioxidant activity in acerola (Malpighia emarginata DC.) fruits and derivatives. J. Food Comp. Anal., 21: 282–290

Morales-Soto, A., García-Salas, P., Rodríguez-Pérez, C., Jiménez-Sánchez, C., Cádiz-Gurrea, M. D. L., Segura-Carretero, A., & Fernández-Gutiérrez, A. (2014). Antioxidant capacity of 44 cultivars of fruits and vegetables grown in Andalusia (Spain). FRIN, 58, 35–46.

Motohashi, N., Wakabayashi, H., Kurihara, T., Fukushima, H., Yamada, T., Kawase, M., Sohara, Y., Tani, S., Shirataki, Y., Sakagami, H., Satoh, K., Nakashima, H., Molnár, A., Spengler, G., Gyémánt, N., Ugocsai, K., Molnár, J. (2004). Biological activity of Barbados cherry (acerola fruits, fruit of Malpighia emarginata DC) extracts and fractions. Phytother. Res., 18: 212–223.

Nogueira, R.J.M.C.; Moraes, J.A.P.V.; Burity, H.A. (2002). Efeito do estádio de maturação dos frutos nas características físico-químicas de acerola. Pesquisa Agropecuária Brasileira, Brasília, 37 (4), 463-470.

Paz, M., Gúllon, P., Barroso, M. F., Carvalho, A. P., Domingues, V. F., Gomes, A. M., Delerue-Matos, C. (2015). Brazilian fruit pulps as functional foods and additives: evaluation of bioactive compounds. Food Chemistry, 172, 462–468.

Pereira FM, Carvalho CA, Nachtigal JC. Século XXI: nova cultivar de goiabeira de dupla finalidade 2003. Brás Frutic; 25 (3), 498-500.

Silva, L. M. R., Figueiredo, A. T., Ricardo, B. M. P. S., Vieira, I. G. P., Figueiredo, R. W., Brasil, I. M., & Gomes, C. L. (2014). Quantification of bioactive compounds in pulps and by-products of tropical fruits from Brazil. Food Chemistry, 143, 398–404.

Shahidi, F., Ho, C.T. (2007). "Antioxidant measurement and application: An overview". In: Antioxidant Measurement and Application, Edited by: Shahidi, F.and Ho, C.T. 2–7. Washington, DC: American Chemical Society Symposium Series 956; American Chemical Society.

Sgarbosa, L. (2017). Otimização de pectina e farinha de acerola em leite fermentado simbiótico e sobrevivência probiótica frente simulação de condições gastrointestinais in vitro. Dissertação (Dissertação em Alimentos e Nutrição) – FCFAR/UNESP. Araraquara, p. 75. 2017.

Sobrinho ISB. Propriedades nutricionais e funcionais de resíduos de abacaxi, acerola e cajá oriundos da indústria produtora de polpas [dissertação]. Itapetinga (BA): Universidade Estadual do Sudoeste da Bahia; 2014.

Vasco C, Ruales J, Kamal-Eldin A. (2008). Total phenolic compounds and antioxidant capacities of major fruits from Ecuador. Food Chem. 111: 816-823.

Vendramini, A.L.; Trugo, L.C. (2000).Chemical composition of acerola fruit (Malpighia glabra L.) at three stages of maturity. Food Chemistry. 71 (2),195-198.

2

Yellow passionfruit: General characteristics and by-products usage

Andressa Mara Baseggio and Mário Roberto Maróstica Júnior

Food and Nutrition department; Faculty of Food Engineering; Unicamp, Campinas, Brazil

2.1. Yellow passionfruit (*Passiflora edulis* var. *flavicarpa*)

Despite its large distribution in Latin America, the passion fruit commercial species origin goes back to regions of rainforests in South America, comprising countries like Brazil, Paraguay, Peru, Colombia and Northern Argentina. There are more than 500 passion fruit species documented, being granadilla (Passiflora ligularis Sims), gulupa (Passiflora edulis Sims. Fo edulis) and the yellow passion fruit (Passiflora edulis Sims var. flavicarpa Degener) (Corrêa et al., 2016; Wijeratnam, 2016) the most famous and studied ones. The yellow passion fruit is native from Brazil (Meletti, 2011) and some elements about this cultivar will be described in this document.

2.2. Agronomic characteristics

2.2.1. Taxonomy

The passion fruit is the popular name for species of Passiflora genus and the dicotyledonous family Passifloraceae, which includes about 500 different species (Gadioli et al., 2016). Cultivated in almost all of the states of Brazil, the passion fruit is a tropical and subtropical plant, with large genetic variability. The Passiflora edulis Sims f. flavicarpa represents nearly 95 % of the total cultivated area of passion fruit in Brazil.

The tree of passion fruit is a climbing plant, with vigorous and continuous growth and green and lobed leaves (Abreu, 2011). The leaves of passion fruit species (Figure 2.1) is recognized due to its anxiolytic properties, being used mainly by the pharmaceutical industry (Miguel et al., 2006).

Figure 2.1 Passiflora edulis leaves. Source: Wijeratnam (2016)

Regarding the fruit characteristics, the yellow passion fruit has more than one format; globose and piriform, with a weight from 44 to 160 g and a diameter of about 6 cm. When ripe, the fruit detaches and falls from the tree. The peel (epicarp) has an intense yellow color in the late stage of ripening, and the pulp (endocarp) presents a yellow-orange color, with a taste both sour and sweet (Figure 2.2). Inside the pulp, the fruit has a lot of black seeds (Abreu, 2011). The white mesocarp, located between the epicarp and the endocarp, presents a high content of carbohydrates, especially pectin (Seixas et al., 2014).

Figure 2.2 (A): Whole yellow passion fruit; (B; C): Halves of yellow passion fruit: rinds, pulp and seeds. Source: Corrêa et al. (2016)

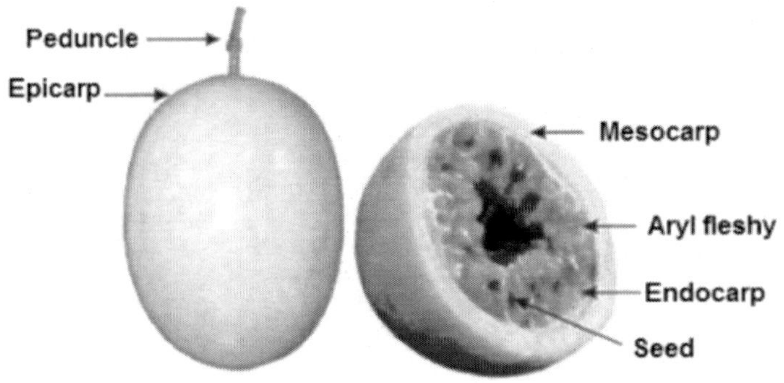

Figure 2.3 Parts of yellow passion fruit Source: Viganó e Martinez (2015)

Something interesting about the flower (Figure 2.4), a hermaphrodite with stigmas placed above the antlers (which makes pollination difficult), is that it was used by Europeans missionaries to convert the native population to Christianism because its exotic beauty was used as an attempt to explain their religious convictions (Wijeratnam, 2016).

Figure 2.4 Passionfruit species flowers. Source: Cerqueira-Silva et al. (2014)

2.2.2. Growing conditions

The yellow passion fruit tree is a plant with proper development in tropical and subtropical climate, with an average temperature between 25 and 26ºC (Abreu, 2011). The plant can grow in different types of soil with organic matter and a pH between 5.0 and 6.5. Rainfall is necessary during the year, and it should reach 800 – 1750 mm. In the flowering period, a long time of sunlight exposition is required (Rodríguez-Amaya, 2003).

The method used for passion fruit propagation is through seeds, previously harvested in fruits from selected plants. This seeds should be separated from the mucilage that surrounds them, both by fermentation or by using a pulper and drying. Planting should be performed immediately after seed drying due to the loss of germination capacity over time (Abreu, 2011).

Despite the fact that passion fruit flower is a hermaphrodite, pollination depends from an external agent, this being performed by large bees, such as mamangava. The time for pollination is limited, the opening time for the flower is short: approximately 8 hours/day. The plant starts to produce fruit a year being planted, with a productive life varying from 3 to 5 years (Rodríguez-Amaya, 2003).

About 60-70 days are required for fruit maturation from the moment of pollination. Although more harvesting seasons are possible, especially in tropical regions, (Rodriguez-Amaya, 2003), the peak of yellow passion fruit harvest occurs between November and February in Brazil, the production is categorized as minor tropical fruits, such as lychees and guava (Wijeratnam, 2016).

2.2.3. Pests and diseases

The most common diseases are woodiness (with thickening and hardening of pericarp), the mosaic illness (caused by virus-transmitting aphids) and other diseases with a bacterial or fungal origin (Rodriguez-Amaya, 2003).

In Brazil, the X. axonopodis pv. passiflorae is the only bacteriosis with economic importance in the passion fruit culture. However, fungi diseases caused by Cladosporium spp., Colletotrichum gloeosporioides and Septoria passiflora are known to cause severe problems in seedling production of the adult tree, affecting leaves and fruits (Abreu, 2011).

Fungi control consists of weekly copper-based fungicides application in rainy periods, or biweekly in periods of limited rain (Abreu, 2011).

2.3. Yellow passion fruit by-products

The industrial processing of yellow passion fruit, mainly for concentrate pulp and juice production, generate a considerable waste volume. Rinds and bagasse constitute this residue, that corresponds to 60-70 % fruit mass (Viganó e Martinez, 2015). Due to the high content of bioactive compounds, such as phenolic compounds, fatty acids and soluble fiber, the use of by-products for new product obtaining and application in the pharmaceutical, cosmetic or food industry is encouraged (Corrêa et al., 2016).

2.3.1. Yellow passionfruit bagasse

After juice extraction from the yellow passion fruit, the residue found in the pulper is called "bagasse" and is constituted mainly by seeds (Viganó, Aguiar, et al., 2016). Recently, studies have reported composition and by-product recovery with a high added value from yellow passion fruit, as described in table 2.1:

Table 2.1 Composition and application of Passiflora edulis flavicarpa bagasse.

Compound category	Main compounds	Applications or bioactive properties	Reference
Lipid	Unsaturated fatty acids, tocopherols and tocotrienols	Oil extraction, with high antioxidant capacity (DPPH assay), using SC CO2 method	Barrales et al. (2015)
	Macronutrient composition and unsaturated fatty acids, tocopherols and tocotrienols	Oil extraction, with high antioxidant capacity (DPPH assay), using Soxhlet method	Malacrida e Jorge (2012)
	Unsaturated fatty acids, tocols and carotenoids	Oil extraction, with high antioxidant capacity (ORAC and DPPH assay) using SC CO2.	Viganó, Coutinho, et al. (2016)
	Volatile compounds (Terpenes, aldehydes, esters, alcohols, hydrocarbons)	Oil essential extraction, using cold pressing, with different volatile compounds	Leão et al. (2014)
Phenolic compounds	Piceatannol and resveratrol.	Obtaining of polar extract, with high piceatannol content, able to inhibit melanogenesis and promote collagen synthesis	Matsui et al. (2010)

	Piceatannol, and resveratrol	Suppressive effect of passion fruit extract on IgE production	Mizusaki et al. (2017)
	Piceatannol and scirpusin B	Obtaining a polar extract from defatted passion fruit bagasse, with high antioxidant capacity (FRAP and ORAC assay) using PLE extraction	Viganó, Aguiar, et al. (2016)
Insoluble fiber	Macronutrient composition and dietary fiber (cellulose, hemicellulose and lignin)	Identification of high amounts of dietary fiber in passion fruit seeds, with capacity to slow down amylase activity and absorbing glucose	Chau e Huang (2004)

2.3.2. Yellow passionfruit rinds

The yellow passion fruit peel is made of the white mesocarp and yellow epicarp. The mesocarp presents high carbohydrate content, mainly the soluble fiber pectin. Due to this fact, the passion fruit rind is already used for flour formulation (Viganó, Aguiar, et al., 2016), while the yellow epicarp presents a high flavonoid content (Cazarin et al., 2016), what makes this by-product interesting is its use in products with functional appeal. The composition, application and health effects of yellow passion fruit rinds have been studied with some of those results described in table 2.2.

Table 2.2 Composition, application and bioactive properties of yellow passion fruit rinds.

Compound category	Main compounds	Applications or bioactive properties	Reference
Fiber	Dietary soluble and insoluble fiber. Total phenolic compounds	Obtention of flour with high antioxidant capacity (DPPH, FRAP and ORAC assays) and fiber content (66g/100g)	Cazarin et al. (2014)
Phenolic compounds	Flavonoids (Vicenin, vitexin, isovitexin, orientin and isoorientin)	Tea made with yellow passion fruit rinds was able to exert anti-inflammatory effects in experimental colitis model.	Cazarin et al. (2016)
Fiber Phenolic compounds	Dietary soluble and insoluble fiber Flavonoids (isoorientin and isovitexin)	An evaluation of powder obtained by mesocarp fractions of yellow passion fruit (albedo) demonstrated high contents of soluble and insoluble fiber as well as high content of isoorientin and isovitexin	López-Vargas et al. (2013)
Phenolic compounds	Flavonoids (isoorientin, vicenin, orientin, vitexin and isovitexin)	Use of pressurized liquid extraction for obtaining extracts rich in flavonoids with high antioxidant capacity (DPPH, FRAP and ORAC assays)	Viganó, Brumer, et al. (2016)
Fiber	Pectin	Pectin extraction of yellow passion fruit peel using different conditions of ultrasound and temperature	Freitas De Oliveira et al. (2016)

2.4. Conclusions

The passion fruit is a tropical and subtropical plant found in many countries. However, the yellow passion fruit is native from Brazil, and the Brazilian production of this fruit represents the 95 % of world production. A high amount of this production is used for juice and pulp production, generating a significant residual volume after processing.

The use of fruits waste obtained from the industrial process is an environmental-friendly alternative for new product obtention. The yellow passion fruit presents seeds and rinds as residue, which correspond to approximately 60 % of the total fruit. However, several studies demonstrated the presence of bioactive compounds in those parts, thus, the employment of extraction techniques is a possibility in order to use this material in high added value products, as essential oil or polar extracts rich in phenolic compounds (which can be used in the pharmaceutical industry, for example), or even the whole rind and seeds could be used for production of flour rich in soluble fiber when they are dry.

2.5. References

ABREU, S. D. P. M. Cultivo de Maracujá-azedo: dossiê técnico. MINISTÉRIO DA CIÊNCIA, T. E. I. Brasil: Serviço Brasileiro de Respostas Técnicas 2011.

BARRALES, F. M.; REZENDE, C. A.; MARTÍNEZ, J. Supercritical CO2 extraction of passion fruit (Passiflora edulis sp.) seed oil assisted by ultrasound. The Journal of Supercritical Fluids, v. 104, p. 183-192, 2015/09/01/ 2015. ISSN 0896-8446. Disponível em: < http://www.sciencedirect.com/science/article/pii/S0896844615300280 http://ac.els-cdn.com/S0896844615300280/1-s2.0-S0896844615300280-main.pdf?_tid=85e4601c-65a7-11e7-a40b-00000aacb361&acdnat=1499715764_b7917e612d32bf467171a85851a84a39 >.

CAZARIN, C. B. B. et al. Intestinal anti-inflammatory effects of Passiflora edulis peel in the dextran sodium sulphate model of mouse colitis. Journal of Functional Foods, v. 26, p. 565-576, 2016/10/01/ 2016. ISSN 1756-4646. Disponível em: < http://www.sciencedirect.com/science/article/pii/S1756464616302328 https://www.sciencedirect.com/science/article/pii/S1756464616302328?via%3Dihub >.

CAZARIN, C. B. B. et al. Capacidade antioxidante e composição química da casca de maracujá (Passiflora edulis). Ciência Rural, v. 44, p. 1699-1704, 2014. ISSN 0103-8478. Disponível em: < http://www.scielo.br/scielo.php?script=sci_arttext&pid=S0103-84782014000901699&nrm=iso >.

CERQUEIRA-SILVA, C. et al. Genetic Breeding and Diversity of the Genus Passiflora: Progress and Perspectives in Molecular and Genetic Studies. International Journal of Molecular Sciences, v. 15, n. 8, p. 14122, 2014. ISSN 1422-0067. Disponível em: < http://www.mdpi.com/1422-0067/15/8/14122 >.

CHAU, C. F.; HUANG, Y. L. Characterization of passion fruit seed fibres—a potential fibre source. Food Chemistry, v. 85, n. 2, p. 189-194, 2004/04/01/ 2004. ISSN 0308-8146. Disponível em: < http://www.sciencedirect.com/science/article/pii/S0308814603002693 >.

CORRÊA, R. C. G. et al. The past decade findings related with nutritional composition, bioactive molecules and biotechnological applications of Passiflora spp. (passion fruit). Trends in Food Science & Technology, v. 58, p. 79-95, 12// 2016. ISSN 0924-2244. Disponível em: < http://www.sciencedirect.com/science/article/pii/S0924224416303533 http://ac.els-cdn.com/S0924224416303533/1-s2.0-S0924224416303533-main.pdf?_tid=8e4891da-61bd-11e7-8ced-00000aab0f27&acdnat=1499285422_346c68a96b53070d4aa6759b868a2923 >.

FREITAS DE OLIVEIRA, C. et al. Extraction of pectin from passion fruit peel assisted by ultrasound. LWT - Food Science and Technology, v. 71, p. 110-115, 2016/09/01/ 2016. ISSN 0023-6438. Disponível em: < http://www.sciencedirect.com/science/article/pii/S0023643816301633 >.

GADIOLI, I. L. et al. A systematic review on phenolic compounds in Passiflora plants: Exploring biodiversity for food, nutrition, and popular medicine. Critical Reviews in Food Science and Nutrition, p. 1-23, 2016. ISSN 1040-8398. Disponível em: < http://dx.doi.org/10.1080/10408398.2016.1224805 http://www.tandfonline.com/doi/pdf/10.1080/10408398.2016.1224805?needAccess=true >.

LEÃO, K. M. M. et al. Odor potency, aroma profile and volatiles composition of cold pressed oil from industrial passion fruit residues. Industrial Crops and Products, v. 58, p. 280-286, 2014/07/01/ 2014. ISSN 0926-6690. Disponível em: < http://www.sciencedirect.com/science/article/pii/S0926669014002350 http://ac.els-cdn.com/S0926669014002350/1-s2.0-S0926669014002350-main.pdf?_tid=4874a7c0-61c2-11e7-80bb-00000aacb35f&acdnat=1499287452_63bc5673485e65ae5760cd8d2026769a >.

LÓPEZ-VARGAS, J. H. et al. Chemical, physico-chemical, technological, antibacterial and antioxidant properties of dietary fiber powder obtained from yellow passion fruit (Passiflora edulis var. flavicarpa) co-products. Food Research International, v. 51, n. 2, p. 756-763, 2013/05/01/ 2013. ISSN 0963-9969. Disponível em: < http://www.sciencedirect.com/science/article/pii/S0963996913000823 >.

MALACRIDA, C. R.; JORGE, N. Yellow passion fruit seed oil (Passiflora edulis f. flavicarpa): physical and chemical characteristics. Brazilian Archives of Biology and Technology, v. 55, p. 127-134, 2012. ISSN 1516-8913. Disponível em: < http://www.scielo.br/scielo.php?script=sci_arttext&pid=S1516-89132012000100016&nrm=iso >.

MATSUI, Y. et al. Extract of Passion Fruit (Passiflora edulis) Seed Containing High Amounts of Piceatannol Inhibits Melanogenesis and Promotes Collagen Synthesis. Journal of Agricultural and Food Chemistry, v. 58, n. 20, p. 11112-11118, 2010/10/27 2010. ISSN 0021-8561. Disponível em: < http://dx.doi.org/10.1021/jf102650d >.

MELETTI, L. M. M. Avanços na cultura do maracujá no Brasil. Revista Brasileira de Fruticultura, v. 33, p. 83-91, 2011. ISSN 0100-2945. Disponível em: < http://www.scielo.br/scielo.php?script=sci_arttext&pid=S0100-29452011000500012&nrm=iso >.

MIGUEL, C. et al. Neuropharmacological evaluation of the putative anxiolytic effects of Passiflora edulis Sims, its sub-fractions and flavonoid constituents. Phytotherapy Research, v. 20, n. 12, p. 1067-1073, 2006. Disponível em: < https://onlinelibrary.wiley.com/doi/abs/10.1002/ptr.1997 >.

MIZUSAKI, A. et al. Suppressive effect of ethanol extract from passion fruit seeds on IgE production. Journal of Functional Foods, v. 32, p. 176-184, 5// 2017. ISSN 1756-4646. Disponível em: < http://www.sciencedirect.com/science/article/pii/S1756464617301020 http://ac.els-cdn.com/S1756464617301020/1-s2.0-S1756464617301020-main.pdf?_tid=adeffd98-61bd-11e7-82f3-00000aacb35e&acdnat=1499285475_3ad14ce6e20e397d336e96a32e09dd3d >.

RODRIGUEZ-AMAYA, D. B. Passion Fruits. In: (Ed.). Encyclopedia of Food Sciences and Nutrition (Second Edition). Oxford: Academic Press, 2003. p.4368-4373. ISBN 978-0-12-227055-0.

SEIXAS, F. L. et al. Extraction of pectin from passion fruit peel (Passiflora edulis f. flavicarpa) by microwave-induced heating. Food Hydrocolloids, v. 38, p. 186-192, 2014/07/01/ 2014. ISSN 0268-005X. Disponível em: < http://www.sciencedirect.com/science/article/pii/S0268005X13003858 >.

VIGANÓ, J. et al. Sequential high pressure extractions applied to recover piceatannol and scirpusin B from passion fruit bagasse. Food Research International, v. 85, p. 51-58, 2016/07/01/ 2016. ISSN 0963-9969. Disponível em: < http://www.sciencedirect.com/science/article/pii/S0963996916301442 http://ac.els-cdn.com/S0963996916301442/1-s2.0-S0963996916301442-main.pdf?_tid=c5cd9300-65a3-11e7-af53-00000aacb362&acdnat=1499714153_77c2eb3df9824ef6b2c163eb0d9e4789 >.

VIGANÓ, J. et al. Pressurized liquids extraction as an alternative process to readily obtain bioactive compounds from passion fruit rinds. Food and Bioproducts Processing, v. 100, p. 382-390, 2016/10/01/ 2016. ISSN 0960-3085. Disponível em: < http://www.sciencedirect.com/science/article/pii/S0960308516300992 >.

VIGANÓ, J. et al. Exploring the selectivity of supercritical CO2 to obtain nonpolar fractions of passion fruit bagasse extracts. The Journal of Supercritical Fluids, v. 110, p. 1-10, 2016/04/01/ 2016. ISSN 0896-8446. Disponível em: < http://www.sciencedirect.com/science/article/pii/S089684461530200X http://ac.els-cdn.com/S089684461530200X/1-s2.0-S089684461530200X-main.pdf?_tid=d7f1209c-65d5-11e7-afd6-00000aab0f26&acdnat=1499735658_e8469030d53a9814244de867be4e3bee >.

VIGANÓ, J.; MARTINEZ, J. Trends for the Application of Passion Fruit Industrial By-products: A Review on the Chemical Composition and Extraction Techniques of Phytochemicals. Food and Public Health, v. 5, n.

5, p. 164-173, 2015. Disponível em: < http://www.sapub.org/global/showpaperpdf.aspx?doi=10.5923/j.fph.20150505.03 >.

WIJERATNAM, S. W. Passion Fruit. In: (Ed.). Encyclopedia of Food and Health. Oxford: Academic Press, 2016. p.230-234. ISBN 978-0-12-384953-3.

3

Chirimoya

3.1. Annona cherimola Mill.

Ana Sofía Isas[1], Agustina Maccio[2], Emanuel Fabersani[3], Verónica Molina1, Carolina Maldonado[1,2], Fernanda Mozzi[1], Carina Van Nieuwenhove[1,2]

[1]CERELA-CONICET, Chacabuco 145, 4000. S.M. de Tucumán, Argentina. [2]Facultad de Ciencias Naturales-Universidad Nacional de Tucumán. [3]Facultad de Agronomía y Zootecnia-Universidad Nacional de Tucumán. [4]Facultad de Bioquímica, Química y Farmacia-Universidad Nacional de Tucumán. Ayacucho 491. 4000, S.M. de Tucumán, Argentina.

* Autor para correspondencia: **vancarina2@yahoo.com.ar**; **carina@cerela.org.ar**

3.2. Características agronómicas

La chirimoya o cherimoya (Anonna cherimola Mill.) es una fruta perteneciente al género Annona, considerada una fruta gourmet en distintos países.

La palabra chirimoya deriva del idioma quechua "chiri": frío/a y "muya": semilla, siendo ésta lengua nativa de los Andes Peruanos.

3.2.1. Taxonomía y descripción botánica

La familia Annonaceae posee más de 140 géneros, distribuidos en zonas tropicales y templadas. En general, los géneros están representados principalmente por árboles perennes de mediano a gran tamaño. Esta familia abarca alrededor de 2500 especies en total, de las cuales sólo las frutas de los géneros Annona, Rollinia, Uvania y Asimina son comestibles.

Desde el punto de vista económico, Anonna posee más de 120 especies distribuidas en las regiones tropicales de Sudamérica y África (Mabberley 1990), explotándose de manera comercial la Annona cherimola Mill. (chirimoya), Annona squamosa (anón), Annona muricata (guanábana), Annona reticulata (anona corazón) y el híbrido producido por Annona cherimola x Annona squamosa (atemoya).

La clasificación taxonómica de la chirimoya se muestra en la Cuadro 3.1.

Cuadro 3.1 Taxonomía de la Chirimoya.

Reino	Plantae
División	Magnoliophyta
Clase	Magnoliopsida
Orden	Magnoliales
Familia	Annonaceae
Género	Annona
Especie	Annona cherimola Mill.

De las especies mencionadas, la mejor adaptada a las regiones tropicales y subtropicales, y que además presenta mayor explotación económica es Annona cherimola Mill., a la cual se le han atribuido numerosas propiedades biológicas en los últimos años (Arun Jyothi et al., 2011).

El árbol chirimoyo tiene un crecimiento erguido y puede alcanzar gran tamaño, llegando a medir entre 6 y 10 m de alto (Figura 3.1). El tallo presenta una corteza gruesa y una copa redondeada frondosa con abundante follaje. Este árbol es típicamente caducifolio, aunque en climas tropicales puede permanecer siempre verde.

Las hojas tienen forma lanceolada, midiendo entre 10 y 20 cm de largo y la mitad de ancho, su color va desde verde oscuro a verde brillante, y se disponen de manera alterna y opuesta en el tallo, cubriendo el peciolo las yemas.

La flor presenta un cáliz con tres sépalos de color verdoso dispuestos en forma triangular. La corola posee tres pétalos grandes, bien desarrollados, verdes y carnosos y tres pétalos más pequeños o atrofiados. El gineceo posee un número variable de carpelos, desde 70 hasta 300.

Los cambios de color en la flor se relacionan con el estado, siendo los estambres blancos cuando es hembra y color crema cuando se encuentra en estado macho, con cambios en el grado de apertura.

Figura 3.1 Árbol de Annona cherimola Mill

3.2.2. Condiciones de cultivo

Las exigencias edafoclimáticas del chirimoyo están determinadas por su origen en regiones subtropicales. Por lo tanto, es muy sensible a las bajas temperaturas y heladas, especialmente cuando se encuentra en crecimiento activo.

Los cultivos necesitan condiciones de humedad y temperaturas bastantes estables.

Las condiciones edafoclimáticas requeridas para el cultivo del chirimoyo se describen en la Cuadro 3.2.

Cuadro 3.2 CuadroCondiciones de cultivo de Annona cherimola Mill.

Requerimientos climáticos	Las mejores condiciones para el desarrollo y fructificación de la chirimoya se logran en un rango de temperaturas moderadas que oscilan entre los 25 y 29 °C. Sin embargo, es un cultivo resistente que soporta temperaturas menores, de entre 13 y 15 °C, sin ocasionar daño alguno en los frutos. La humedad relativa óptima necesaria durante el período de floración varía entre 60 y 70 %. La germinación de las semillas está directamente asociada a la temperatura, destacándose como temperaturas óptimas el rango entre los 28 y 32 °C.

Al ser una planta de origen subtropical adaptada a estas condiciones, las heladas producen severos daños en la misma y provocan frutos de mala calidad. Temperaturas elevadas pueden producir una disminución en la viabilidad del polen y la inhibición de la fertilización de los óvulos, con la consecuente obtención de frutos con pocas semillas, pequeños y asimétricos (Higuchi et al., 1998, Herrero, 2000). Junto a ello, las condiciones caracterizadas por una elevada humedad relativa pueden derivar en anticipar el estadío macho de la flor e incidir en la fecundación (Herrero, 1993). Las temperaturas altas (mayores a 32 ºC) y la baja humedad también generan daños o quemaduras en la etapa de fructificación. Los vientos muy fuertes producen desdoblamiento en las ramas más susceptibles e inciden negativamente en la forma de crecimiento del árbol. Estas condiciones pueden también ocasionar daños en el área foliar o los frutos, que pueden presentar roturas en la piel por el roce con las ramas.

Requerimientos de suelo	No existen suelos definidos o condicionantes para el desarrollo del chirimoyo, siendo una planta apta para diversos tipos de suelos. Se ha informado sobre cultivos en suelos desde livianos o pedregosos hasta arcillosos y limo-arcillosos. Al poseer raíces superficiales pivotantes, uno de los requisitos fundamentales es que el sustrato cuente con buen drenaje y que permita la aireación de las raíces. El pH del suelo no es un factor determinante, habiéndose reportado valores variables desde 5,5 hasta 8,5 en los cultivos de chirimoyo. Al parecer el pH óptimo oscilaría entre 6,0 y 7,5. Respecto al empleo de fertilizantes, no resulta indispensable la incorporación de materia orgánica o fertilizantes, aunque el empleo de los mismos provoca frutos de mayor tamaño y de calidad. La deficiencia de nitrógeno puede ocasionar malformaciones o curvaturas en las hojas, por lo cual se recomienda su aplicación en diferentes dosis que oscilan de acuerdo al tipo de suelo (Gardiazabal y Rosenberg, 1993).
Altura	El crecimiento de esta planta ha sido informado desde el nivel del mar hasta los 2000 m de altura (Popenoe, 1970; Castro Retana, 2007)
Siembra	El método de propagación más común es mediante semillas (sexual). La siembra puede realizarse mediante germinación de las semillas en bolsas de plástico. La época de siembra depende de cada país productor. Es común en el cultivo de chirimoyo el utilizar como método de propagación asexual el injerto, llevado a cabo sobre un patrón de semilla procedente del mismo cultivar. Los tipos más comunes son el injerto inglés (injerto en bisel) y el injerto de púa.
Diseño agroforestal	La distancia de siembra en los cultivos es variable y depende de la región, siendo recomendado entre 6 x 8 m hasta 10 x 12 m. España es uno de los países con mayor tecnología para el desarrollo de la chirimoya, e implementa distancias de siembra de 7 x 7 hasta 9 x 9 m. Los cultivos de mayor densidad tienen como objetivo incrementar la producción y disminuir los costos implicados en su manejo. El chirimoyo se adapta a este tipo de cultivos, siendo una especie de fácil manejo agronómico.

	Las flores son dicógamas de tipo protoginia (Ellstrand, 1997) cuyos órganos sexuales maduran a diferentes tiempos. Cuando los pistilos están maduros, los estambres aún se presentan inmaduros, dificultando la autopolinización. Al ser además una flor pequeña, el rol de insectos como polinizadores es poco conocido. En las zonas de cultivo es común el uso de la polinización manual para efectivizar la fructificación, proceso artesanal que incide en el costo de la producción. Otra alternativa de cultivo empleada consiste en plantar árboles de diferentes variedades en las plantaciones de chirimoya, asegurando la madurez sexual cruzada y la polinización. Luego de 3 a 4 años, la planta inicia su período de fructificación.
Demanda de agua	Las raíces son poco profundas, pivotantes, creciendo de manera ramificada cercanas a la superficie. Las raíces del chirimoyo se encuentran mayormente alrededor de los 40 cm de profundidad, por lo que absorben rápidamente el agua en épocas de lluvias, siendo un cultivo que se adapta en suelos con drenaje. En épocas secas se recomienda aplicar riego, especialmente al inicio de la floración y fructificación para obtener frutas de calidad.
Recolección de frutos	La chirimoya se debe recolectar manualmente cuando la piel o cáscara cambia su tonalidad, virando de verde oscuro a verde claro. Aunque el fruto está duro, el cambio de color asegura la madurez poscosecha y su posterior comercialización. La fruta madura rápidamente una vez colectada, por lo que resulta conveniente mantenerla a una temperatura de entre 10 y 12 ºC para enlentecer el proceso de maduración y permitir su distribución. El fruto se conserva en estas condiciones alrededor de 15 días. Es una fruta frágil, sensible a la manipulación y a golpes o roces durante el traslado. En general, la fruta se consume de manera fresca. El calentamiento de la pulpa produce oxidación enzimática, afectando el color y el aroma característico de la fruta. Junto a los cambios que se visualizan externamente, la madurez del fruto incide en las propiedades organolépticas finales del mismo, principalmente atribuidas a cambios en la concentración de compuestos volátiles, azúcares y ácidos orgánicos (González-Agüero et al., 2016).

3.2.3. Morfología y características del fruto

El fruto es un sincarpio, formado por la fusión de numerosos carpelos (polidrupa). Éstos últimos se encuentran unidos por una delgada membrana, pero provienen de fecundaciones independientes.

El tamaño de la fruta es variable, pudiendo alcanzar en su estado de madurez desde los 200 g hasta 700 g aproximadamente. A temperaturas muy elevadas, el cuajado del fruto se ve significativamente alterado.

El relieve que presentan los frutos en su exocarpo es característico y se utiliza para la clasificación de los frutos, destacándose las características marcas en forma de U que indican la unión de los carpelos.

La chirimoya puede presentarse como frutas lisas (*Laevis*), con redes o huellas entramadas (*Impressa*), apéndices o protuberancias leves (*Umbonata*) y poseer apéndices poco prominentes (*Tuberculata*) o protuberancias muy prominentes (*Mamillata*). Las características del exocarpo se muestran en la Figura 3.2.

Las variedades existentes y su clasificación hasta el presente dependen de cada país productor. En Portugal se registran incluso estudios científicos sobre la composición fitoquímica y nutricional de cuatro zonas de cultivo en la Isla Madeiras, variando en la coloración de la cáscara y la composición fitoquímica (Santos et al., 2016).

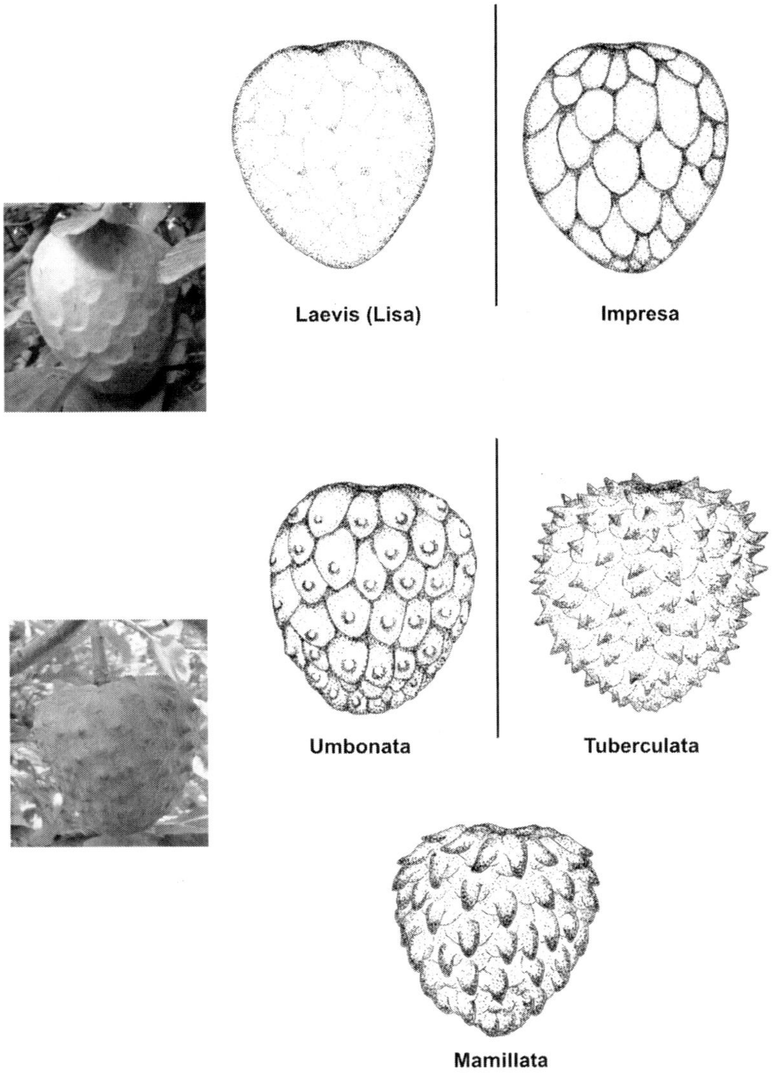

Figura 3.2 Clasificación del fruto según la morfología del exocarpo.

3.2.4. Plagas y enfermedades

Uno de los factores que más afectan el cultivo de la chirimoya es la presencia de diversas plagas, lo que incide en la producción y calidad del fruto obtenido. Los métodos de control varían según la legislación vigente en cada país. Las plagas más comunes de la chirimoya se detallan a continuación.

3.2.4.1. Moscas de la fruta

Entre los insectos-plaga que comúnmente atacan a la chirimoya se encuentran las moscas de la fruta; la mosca del Mediterráneo (*Ceratitis capitata* Wied.) y la mosca sudamericana (*Anastrepha fraterculus* Wied.) (Figura 3.3).

En la mayoría de los países de Sudamérica, las especies de *Anastrepha* son las causantes de las grandes pérdidas económicas por infestación de los cultivos de chirimoya (Van Damme y Scheldman, 1999; León Fuentes, 1999).

Sin embargo, ambos tefrítidos son de importancia cuarentenaria y son causantes de daños severos que deterioran el fruto debido a que oviponen en él y las larvas en sus diferentes estadios ocasionan orificios en la misma (Figura 3.4).

Una vez que las larvas salen del fruto, las pupas se entierran en el suelo, muy próximas a la superficie.

Una alternativa para evitar la diseminación de estas plagas consiste en enterrar los frutos que presenten los orificios de oviposición.

Anastrepha fraterculus *Ceratitis capitata*

Figura 3.3 Moscas de la fruta

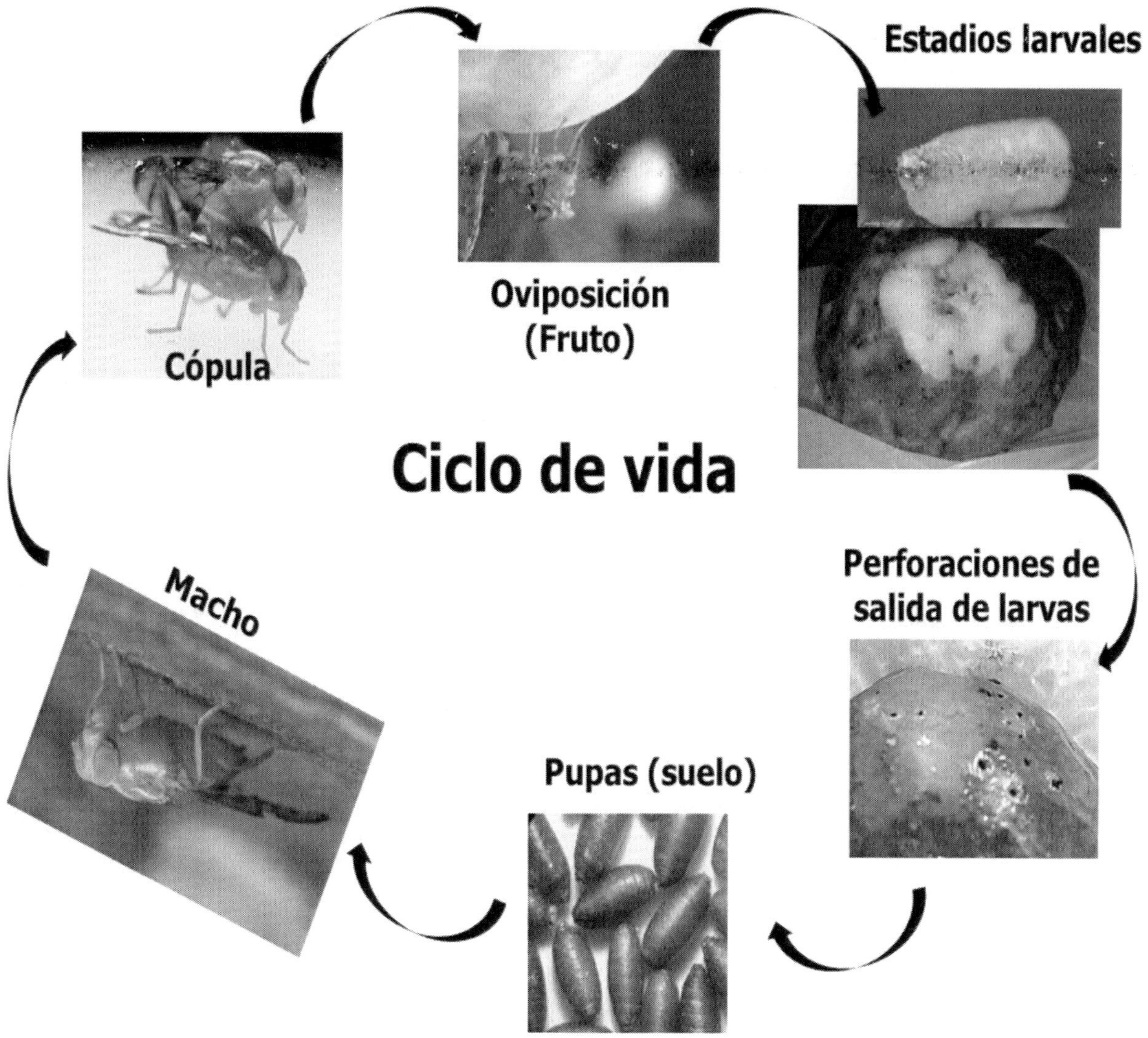

Figura 3.4 Ciclo de vida de A. fraterculus o mosca sudamericana

3.2.4.2. Enfermedades comunes

Además de las moscas de las frutas ya mencionadas, numerosos hongos atacan al chirimoyo, provocando daños severos principalmente en los frutos. Los más comunes son *Cladosporium* sp., donde algunas especies provocan la "viruela" característica que aparece como pequeñas manchas puntiformes de color marrón que pueden fusionarse formando manchas de mayor tamaño. Si bien el crecimiento del hongo es superficial y no daña la pulpa comestible, esta morfología claramente disgusta al consumidor, provocando pérdidas económicas importantes.

Otra enfermedad muy común en el cultivo de chirimoya es la antracnosis, causada por especies de *Colletotrichum*. Esta enfermedad ataca el tallo, las hojas y al fruto, y conlleva definitivamente a su putrefacción (Figura 3.5).

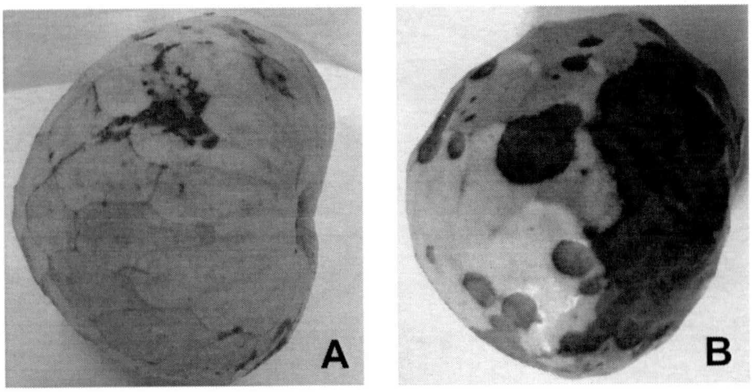

Figura 3.5 Antracnosis en fruto inmaduro (A) y maduro (B)

Las manchas de *Colletotrichum* son características, y existen numerosas especies dentro de este género particular. Una de las más comunes y de amplia distribución en las zonas subtropicales es *C. acutatum.*

Debido a las plagas que atacan al chirimoyo, se requiere la aplicación de productos de control, especialmente durante el momento de la fructificación.

El manejo integrado de plagas y los productos que se aplican dependen de cada región o país. En la mayoría de los casos para evitar la antracnosis se recomienda una buena poda y la incorporación de algún fungicida específico para evitar el desarrollo del organismo plaga.

Una alternativa amigable con el ambiente para el control de las moscas de la fruta es mediante la envoltura del fruto con mallas plásticas, fundas de papel o plásticas (Andino-Encalada, 2014). Sin embargo, este proceso afecta el costo final del producto.

3.2.5. Distribución y producción mundial

Esta fruta se encuentra naturalmente distribuida en América Central y del Sur, donde se explota tanto por su valor nutricional como por sus usos medicinales. Evidencias antropológicas registran que la chirimoya fue cultivada y empleada como alimento por los Incas (Bonavia et al., 2004; Gupta-Elera et al., 2011). Sin embargo el centro de origen del chirimoyo no está bien definido y el origen más aceptado se sitúa entre Perú y Ecuador.

En la actualidad el cultivo del árbol chirimoyo se ha expandido a numerosas regiones del mundo además de Sudamérica y Centroamérica (Popenoe, 1975, González-Vega, 2013), donde reciben diferentes nombres vulgares.

Debido a su sabor poco convencional y su alto valor nutritivo, la chirimoya ha logrado insertarse en el mercado europeo donde se comercializa como fruta exótica, siendo actualmente producida en algunos países a grandes escalas como España y Portugal.

Por otro lado, en ciertos países de Sudamérica su cultivo está subdesarrollado y su producción y/o consumo no adquiere importancia a escala económica. En este grupo se puede citar a Argentina, donde el chirimoyo se cultiva en zonas restringidas de las provincias del noroeste (NOA), mayormente como cultivos particulares en zonas rurales.

El cultivo total de chirimoya en el mundo se estima en un área de 13.500 ha, con una producción media de 81.000 toneladas/año (Pinto et al., 2005).

A pesar de ser una fruta originaria de América, España es el principal productor actual de chirimoya donde las condiciones relativas al clima Mediterráneo favorecen su cultivo y desarrollo. España registra más de 3.000

ha. cultivadas, donde la chirimoya es considerada y comercializada como una fruta exótica con importantes propiedades funcionales. Siguiendo en importancia en cuanto a su producción, se pueden mencionar países sudamericanos como Perú, Chile, Bolivia y Ecuador. Portugal es también un productor importante de chirimoya (Cuadro 3.3) (Cautín Morales, 2008; Alburqueque et al. 2016). En menor escala, la chirimoya se produce en México, Israel y Estados Unidos (van Zonneveld et al., 2012).

El rendimiento por superficie cultivada es variable, dependiendo de factores como polinización, fertilización y poda, éste oscila entre 1 y 6 toneladas/ha.

En Argentina no se cuenta con grandes plantaciones de chirimoya, hallándose los cultivos dispersos en provincias del noroeste, principalmente en las provincias de Salta y Jujuy debido a su régimen climático.

Cuadro 3.3 Condiciones de cultivo de Annona cherimola Mill.

País	Hectáreas cultivadas	Producción (Toneladas/año)
España	3000	35000
Perú	1800	15000
Bolivia	1100	7000
Ecuador	1500	2000
Chile	1136	5500
Portugal	115	850

Fuente: Cautín Morales (2008), Andino Encalada (2014).

3.3. Características nutricionales

La pulpa o fracción comestible es dulce, blanca y cremosa, con un sabor típico ligeramente ácido, definido por los consumidores como "exótico", "mezcla de frutas", "ananá-banana", entre otros. El sabor oscila entre dulce y ligeramente ácido, según la percepción del consumidor. Las características organolépticas y sensoriales de esta fruta subtropical son únicas, comercializándose a nivel mundial como una de las frutas más deliciosas y exóticas.

Las semillas son utilizadas frecuentemente en la medicina tradicional, siendo de color marrón oscuro hasta negras, de forma ovalada y ligeramente aplanadas. Al ser un fruto tipo agregado conformado por varios carpelos unidos, posee varias semillas (en general una por carpelo) variando el tamaño del fruto y el número de semillas según la cantidad de carpelos fusionados.

En general la chirimoya se consume como fruta fresca, aunque existen países donde se producen otros alimentos como helados, yogures, budines, y pueden además producir jugos y bebidas alcohólicas. El procesamiento de esta fruta debe ser controlado, ya que rápidamente puede ocurrir el pardeamiento de la pulpa.

3.3.1. Composición química y nutricional de la fracción comestible

La composición nutricional de la pulpa de chirimoya evidencia un alto valor de hidratos de carbono, aportando un 8 % respecto a la dosis diaria de consumo. Entre los azúcares se encuentran principalmente glucosa (11,75 %) y sacarosa (9,4 %) (Kawamata 1977); contiene bajo contenido de proteínas y carece casi totalmente de lípidos.

Además de los macronutrientes mencionados, la chirimoya posee un alto contenido de potasio y vitamina C (Cuadro 3.4). En cuanto a las vitaminas del complejo B, la chirimoya junto al pepino dulce son los que contienen mayor cantidad de tiamina, y con la palta son de las que aportan una alta concentración de riboflavina. La chirimoya posee además una alta concentración de niacina (Díaz, 1991).

La fruta es altamente susceptible a la oxidación, causada principalmente por la enzima polifenol oxidasa (PPO), lo que claramente reduce su valor nutricional y las características sensoriales de la misma. Estudios recientes demuestran que la enzima catecol oxidasa de Anonna cherimola Mill se localiza en el aparato de Golgi (Olmedo et al., 2018).

Uno de los aspectos relacionados al sabor característico de esta fruta es la variación de concentración que muestran ciertos ácidos orgánicos durante el proceso de maduración. De esta manera, los niveles de ácido málico se mantienen estables durante todo el periodo madurativo, mientras las concentraciones de los ácidos cítrico, succínico y ascórbico disminuyen significativamente a lo largo de esta etapa (González-Agüero et al., 2016).

El incremento en la dulzura de la fruta se relaciona con el aumento en el contenido de sólidos totales, lo que a su vez se debe a una mayor concentración de azúcares.

Cuadro 3.4 Composición nutricional de la pulpa (g/100 g)

Componente	Concentración (g/ 100 g)	Aporte *
Agua	77,1	——
Proteína	1,9-4,48	6 %
Lípidos	0,1-1,5 g	0,18 %
Hidratos de Carbono	10,32- 18,2	8 %
Fibra	2,0 -7,0	
Cenizas	0,25- 0,7	
Calcio	32,0-41,0 mg	5-6 %
Fósforo	37,0 mg	5,3 %
Hierro	0,5 mg	3,7 %
Vitamina A	0,01 IU	
Tiamina (B1)	0,1 mg	9 %
Riboflavina (B2)	0,14 mg	12-13 %
Niacina (B3)	0,9 mg	6 %
Ácido Ascórbico (C)	5- 42 mg	8-70 %
Calorías	73 kcal	3 %

Fuente: Amoo et al., 2008; Arun Jyothi et al., 2011; Pareek et al., 2011.
*Según la dosis diaria recomendada basado a una dieta de 2000 Kcal diarias.

3.3.2. Composición nutricional y usos de subproductos

De la chirimoya sólo se consume la pulpa carnosa, dejando subproductos interesantes para ser aprovechados tales como la piel o cáscara y las semillas.

Uno de los subproductos más importantes en el procesamiento de las frutas es la piel, la cual presenta compuestos bioactivos que impactan positivamente en la salud del consumidor tales como polifenoles, clorofila y carotenoides.

3.3.2.1. Exocarpo o piel

De los subproductos del procesamiento de las frutas, la cáscara resulta interesante para su aprovechamiento debido a que presenta altas concentraciones de polifenoles, carotenoides y otros compuestos bioactivos de interés (Chantaro et al., 2008; Soquetta et al., 2016).

Una de las alternativas más empleadas para utilizar el exocarpo es su procesamiento hasta formar harinas, método que resulta rápido y eficaz para la explotación de estos subproductos, y que además tiene la ventaja de presentar bajo costo. Como se elimina la cantidad de agua por el secado, la actividad microbiana se ve reducida en gran medida. Sin embargo, una de las desventajas que resulta necesario destacar es la temperatura que se requiere para el secado, lo que puede derivar en la alteración o disminución de algunos compuestos bioactivos de interés.

La piel de chirimoya secada y macerada, hasta formar polvo o harina, presenta valores de polifenoles totales en un rango de 37 a 60 mg/g, dependiendo del estado madurativo y una buena capacidad antioxidante (Bas-Sarrió, 2017), siendo un producto interesante para ser empleado como ingrediente funcional en el desarrollo de alimentos.

3.3.2.2. Semillas

La composición nutricional de las semillas, tal como se muestra en la Cuadro 3.5, está caracterizada por un elevado contenido de fibra cruda y lípidos. El aceite obtenido de sus semillas tiene alrededor un 76 % de ácidos grasos insaturados siendo los ácidos oleico y linoleico los más abundantes (Amoo et al., 2008). Uno de los compuestos bioactivos de interés presentes en las semillas son las acetogeninas.

Las semillas y sus extractos en general no se usan en alimentos aunque se propone su empleo para alimentación animal.

Figura 3.5 Composición nutricional de las semillas (g/100 g)

Componente	Concentración (g/100 g)
Agua	9,67
Proteína	17,36
Lípidos	29,39
Hidratos de Carbono	10,52
Fibra	32,5
Cenizas	0,81
Calcio	125,2 mg
Fósforo	1,8 mg
Hierro	–
Vitamina A	–
Tiamina (B1)	–
Riboflavina (B2)	–
Niacina (B3)	–
Ácido Ascórbico (C)	–
Calorías	375 Kcal

Fuente: Amoo et al., 2008; Pareek et al., 2011.

3.3.3. Propiedades funcionales

El incremento en la demanda de productos naturales con propiedades funcionales o bioactivas por parte de los consumidores genera un área extensa para el estudio exhaustivo de los alimentos naturales, así como también de los subproductos que de ellos se generan.

En los frutos maduros se encuentran compuestos bioactivos de interés como alcaloides, terpenoides, flavonoides, acetogeninas y aceites saponificables (Chen et al., 1999, 2001).

Como muchas frutas tropicales, la chirimoya posee componentes antioxidantes de interés tales como compuestos fenólicos y aminoácidos (Adarsh Vermaet al., 2011).

De la chirimoya se han aislado diversos tipos de acetogeninas que poseen una elevada actividad anticarcinogénica comprobada en numerosos cultivos celulares. Estas sustancias tipo alcaloide muestran actividad antiparasitaria y citotóxica de interés para la industria farmaceútica (Sahpaz et al., 1996).

Las acetogeninas de la Familia *Annonaceae* representan un grupo de más de 300 compuestos con propiedades bioactivas como antimicrobianos, antitumorales, efecto cardiotónico e insecticidas (Sanewski et al., 1991).

Entre las acetogeninas provenientes de semilla de chirimoya se destacan la anonacina, cherimolina y esquamocina, entre otras (Figura 3.6). Estos compuestos presentan un perfil citotóxico destacable, altamente tóxico para células carcinogénicas y de baja toxicidad frente a células normales (Quispe-Mauricio et al., 2009).

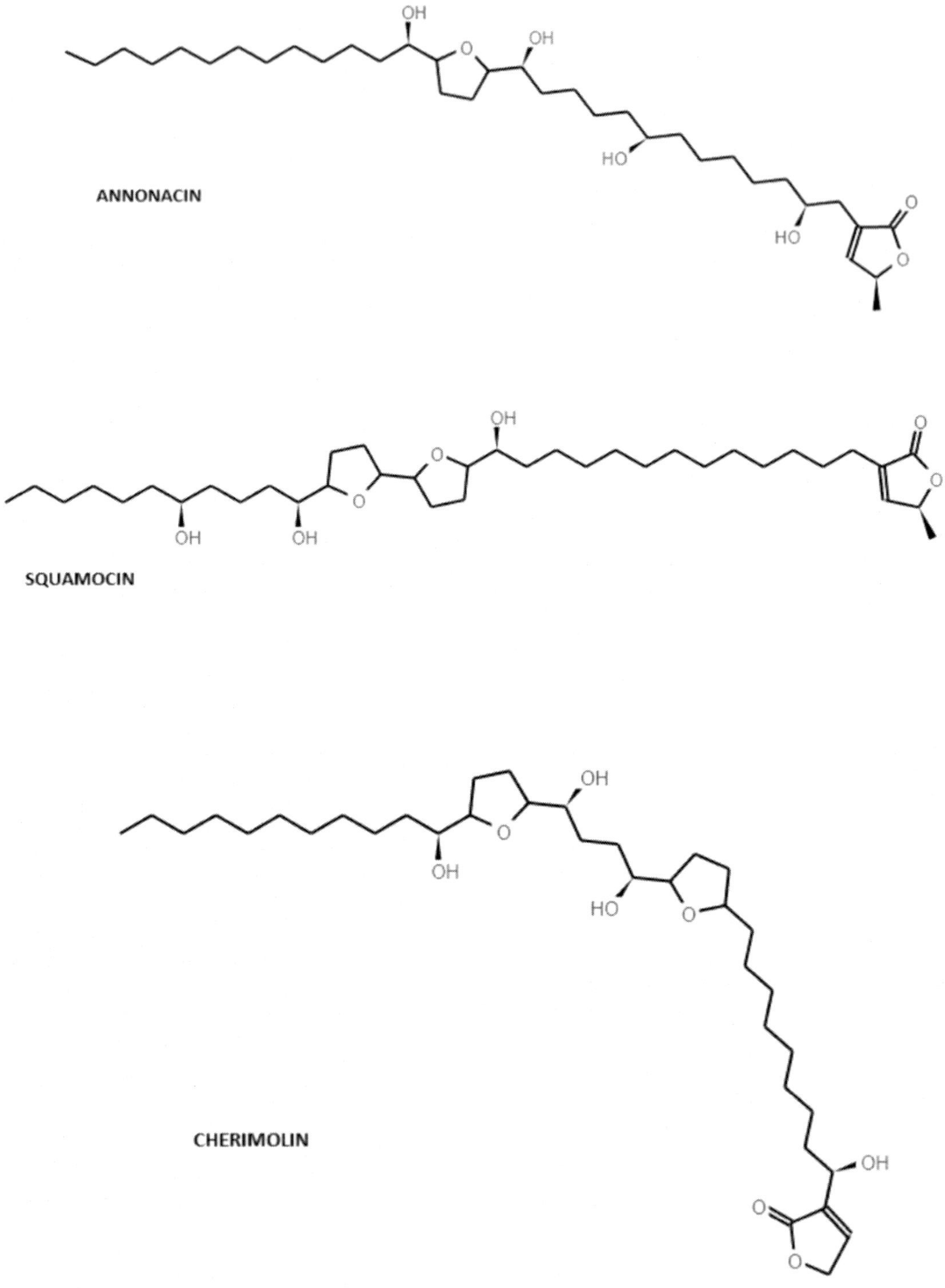

Figura 3.6 Acetogeninas presentes en las semillas de chirimoya

3.3.4. Propiedades terapéuticas y farmacológicas

Diversas plantas de la familia Annonaceae se consumen de manera popular como infusión de hojas, en general por sus efectos sobre el sistema digestivo (García Barriga, 1974).

En el caso particular de la chirimoya, su uso medicinal radica en la presencia de diversos componentes bioactivos de hojas, raíz, pulpa y semillas. En la medicina tradicional se utiliza como insecticida y antiparasitario (García Barriga, 1974). El efecto anti-estrés asociado a su consumo de debe principalmente a diversos fitoquímicos con capacidad antioxidante (Adarsh-Verma et al., 2011).

Además de la fruta y las semillas, los extractos de hoja, tallo y raíz poseen también importantes efectos benéficos para la salud como antidiabético, antitumoral y antimicrobiano (Arun Jyothi et al. 2011).

Los extractos de hojas de chirimoya han sido empleados para evaluar el potencial hipolipemiante en animales de experimentación. Los extractos metanólicos se administraron a ratas Wister hiperlipidémicas durante 7 días consecutivos observando en los grupos tratados con extractos de hojas de chirimoya una disminución significativa del colesterol y triglicéridos en los animales luego de 24 h de administración (Adarsh Verma, 2011).

La citotoxicidad de los extractos de semillas de chirimoya ha sido comprobada sobre líneas tumorales de pulmón, mama, colon, próstata y páncreas (Woo et al., 1999). La citotoxicidad de la mayoría de los compuestos es superior al de algunas drogas de referencia (Kim et al., 2001).

3.4. Referencias

Albuquerque, T.G., Santos, F., Sanches-Silva, A., Oliveira, M.B., Bento, A.C., Costa, H.S., 2016. Nutritional and phytochemical composition of Annona cherimola Mill. fruits and by-products: Potential health benefits. Food chemistry, 193, 187-195.

Amoo, I.A., Emenike, A.E., Akpambang, V.O.E., 2008. Compositional Evaluation of Annona cherimoya (Custard Apple) Fruit. Trends in Applied Science Research, 3(2), 216-220.

Andino-Encalada, F.J., 2014. Determinación de la eficiencia de cuatro niveles de flores polinizadas, utilizando dos métodos de polinización manual, en chirimoya (Annona cherimola Mill), Guachapala-Azuay-Ecuador". Tesis de grado. Facultad de Ciencias Agropecuarias, Universidad de Cuenca. Ecuador.

Arun, Jyothi B., Venkatesh, K., Chakrapani, P., Rani, R., 2011. Phytochemical and pharmacological potential of Annona cherimola-A Review. International Journal of Phytomedicine 3, 439-447. Bas-Sarrió, S., 2017. Efecto del estado de madurez de la chirimoya (Annonacherimola, Mill.) sobre la composición fisicoquímica y funcional de la piel para el desarrollo de harinas.

Bonavia, D., Ochoa, C.M., Tovar S., Ó., Palomino, R.C., 2004. Archaeological evidence of Cherimoya (Annona Cherimolia Mill.) and Guanabana (Annona Muricata L.) in Ancient Peru. Econ. Bot. 58, 509–522. https://doi.org/10.1663/0013-0001(2004)058%5B0509:AEOCAC%5D2.0.CO;2.

Cautín Morales, R.Ó., 2008. Propuesta de un nuevo sistema de conducción en alta densidad de cultivo del chirimoyo (Annona cherimola Mill.). Sus efectos sobre factores microambientales, fisiológicos y productivos.

Chantaro, P., Devahastin, S., Chiewchan, N., 2008. Production of antioxidant high dietary fiber powder from carrot peels. LWT - Food Science and Technology 41, 1987–1994. https://doi.org/10.1016/j.lwt.2007.11.013.

Chen, C.-Y., Chang, F.-R., Chiu, H.-F., Wu, M.-J., Wu, Y.-C., 1999. Aromin-A, an Annonaceous acetogenin from Annona cherimola. Phytochemistry 51, 429–433. https://doi.org/10.1016/S0031-9422(99)00002-3.

Chen, C.-Y., Chang, F.-R., Pan, W.-B., Wu, Y.-C., 2001. Four alkaloids from Annona cherimola. Phytochemistry 56, 753–757. https://doi.org/10.1016/S0031-9422(00)00486-6.

Díaz, L., 1991. La chirimoya (Annona chirimoya, Mill). Pasado, presente y futuro de esta fruta exótica. Alimentos, 16(3), 48-62.

Ellstrand, N.C., 1997. Cherimoya cultivars. Cherimoya handbook, California Growers Association. García-Barriga, H., 1974. Flora medicinal de Colombia. Botánica Médica. Tomo I. Instituto de Ciencias Naturales. Universidad Nacional de Colombia.

González-Agüero, M., Tejerina Pardo, L., Zamudio, M.S., Contreras, C., Undurraga, P., Defilippi, B.G., 2016. The unusual acid-accumulating behavior during ripening of Cherimoya (Annona cherimola Mill.) is linked to changes in transcription and enzyme activity related to citric and malic acid metabolism. Molecules 21, 398. https://doi.org/10.3390/molecules21050398.

Gupta-Elera, G., Garrett, A.R., Martinez, A., Robison, R.A., O'Neill, K.L., 2011. The antioxidant properties of the cherimoya (Annona cherimola) fruit. Food Research International, Exotic Fruits: their Composition, Nutraceutical and Agroindustrial Potential 44, 2205–2209. https://doi.org/10.1016/j.foodres.2010.10.038.

Herrero, M, 1983. Factors affecting fruit set in 'Agua de Aranjuez' pear. Acta Hort., 139: 91-96.

Higuchi, H., Utsonomiya, N., Sakuratani, T, 1998. High temperature effects on cherimoya fruit set, growth and development under greenhouse conditions. Scientia Horticulture 77:23-31.

Kawamata, S., 1977. Bulletin studies on determining the sugar composition of fruits by gas-liquid chromatography. Agricultural Experimental Station Tokio, 10, 53-67.

Kim, D.H., Ma, E.S., Suk, K.D., Son, J.K., Lee, J.S., Woo, M.H., 2001. Annomolin and Annocherimolin, new cytotoxic Annonaceous acetogenins from Annona cherimolia seeds. Journal of Natural Products 64, 502–506. https://doi.org/10.1021/np000335u.

León Fuentes, J.F, 1999. Production of cherimoya (Annona cherimola Mill.) in Ecuador. Acta Horticulturae 497:59-63.

Olmedo, P., Moreno, A.A., Sanhueza, D., Balic, I., Silva-Sanzana, C., Zepeda, B., Verdonk, J.C., Arriagada, C., Meneses, C., Campos-Vargas, R., 2018. A catechol oxidase AcPPO from cherimoya (Annona cherimola Mill.) is localized to the Golgi apparatus. Plant Science 266, 46–54. https://doi.org/10.1016/j.plantsci.2017.10.012.

Pareek, S., Yahia, E.M., Pareek, O.P., Kaushik, R.A., 2011. Postharvest physiology and technology of Annona fruits. Food Research International, 44(7), 1741-1751.

Pinto, A.C. de Q., 2005. Origin and distribution: Annona species. In J. T. Williams, R. W. Smith, A. Hughes, N. Haq, C. R. Clement (Eds.). International Centre for Underutilised Crops. University of Southampton, UK, 17-20.

Popenoe, J., 1975. Status of Annona culture in South Florida. Annual Meeting. Florida State Horticultural Society, 87, 342-344.

Quispe-Mauricio, A., Callacondo Riva, D., Rojas-Camayo, J., Zavala Curzo, D., Rivera, P., C, M., Wolach, V., J, A., 2009. Cytotoxic effect of Annona cherimola seeds on cell cultures of cervical and breast cancer and chronic myeloid leukemia. Acta Medica Peru. 26, 156–161.

Sahpaz, S., Carmen^González, M., Hocquemiller, R., Zafra-Polo, M.C., Cortes, D., 1996. Annosenegalin and annogalene: Two cytotoxic mono-tetrahydrofuran acetogenins from Annona senegalensis and Annona cherimola. Phytochemistry 42, 103–107. https://doi.org/10.1016/0031-9422(95)00891-8.

Sanewski, G., 1991. Custard apples cultivation and crop protection (No. C021. 038). Queensland Department of Primary Industries.

Soquetta, M.B., Stefanello, F.S., Huerta, K. da M., Monteiro, S.S., da Rosa, C.S., Terra, N.N., 2016. Characterization of physiochemical and microbiological properties, and bioactive compounds, of flour made from the skin and bagasse of kiwi fruit (Actinidia deliciosa). Food Chemistry 199, 471–478. https://doi.org/10.1016/j.foodchem.2015.12.022.

Van Damme, P., Scheldeman, X., 1999. Commercial development of cherimoya (Annona cherimola Mill.) in Latin America. Acta Horticulturae 497:17-28.

Van Zonneveld, M., Scheldeman, X., Escribano, P., Viruel, M.A., Damme, P.V., Garcia, W., Tapia, C., Romero, J., Sigueñas, M., Hormaza, J.I., 2012. Mapping genetic diversity of Cherimoya (Annona cherimola Mill.): application of spatial analysis for conservation and use of plant genetic resources. PLOS ONE 7, e29845. https://doi.org/10.1371/journal.pone.0029845.

Woo, M.H., Chung, S.O., Kim, D.H., 1999. cis-Annonacin and (2,4)- cis-and trans-isoannonacins: cytotoxic monotetrahydrofuran annonaceous acetogenins from the seeds of Annona cherimolia. Archives in Pharmaceutical Research, 22(5), 524-528.

4

Cas

(*Psidium friedrichsthalianum* Nied.)

Ana M. Pérez, Carolina Rojas-Garbanzo

Centro Nacional de Ciencia y Tecnología de Alimentos (CITA)

Universidad de Costa Rica

Código Postal 11501-200, San José, Costa Rica

Autor para correspondencia: **ana.perez@ucr.ac.cr**

4.1. Características agronómicas

4.1.1. Taxonomía

El fruto *Psidium friedrichsthalianum*, perteneciente a la familia Myrtaceae, es originario de Costa Rica donde recibe el nombre de cas, que proviene del vocablo indígena brunca costarricense "kas"; se le conoce también como guayaba agria o guayaba coronilla en Colombia, guayaba del Chaco en Ecuador, arrayán en El Salvador, guayaba ácida en Guatemala, guayaba de danto y guayaba de Costa Rica en Honduras, guayaba de fresco en Nicaragua, guayaba de agua en Panamá, y guayabo cas en Venezuela, mientras que en inglés se le denomina Costa Rican guava (Morton, 1987; Baraona & Rivera, 1995; Quintero et al., 1999; Pino et al., 2002; Cordero & Boshier, 2003; Lim, 2012).

En el cuadro 4.1 se presenta la clasificación taxonómica del fruto de cas *P. friedrichsthalianum*.

Cuadro 4.1 Clasificación taxonómica del cas (*Psidium friedrichsthalianum*).

Reino	Plantae
Sub-reino	Viridiplantae
División	Tracheophyta
Clase	Magnoliopsida
Orden	Myrtales
Familia	Myrtaceae – myrtles, myrtacées
Género	Psidium L. – guavas
Especie	Psidium friedrichsthalianum (O. Berg) Nied.

Fuente: ITIS (s.f.)

Es un árbol de tamaño mediano tipo arbusto, de copa globosa. Presenta ramas rojizas, follaje abundante de color verde intenso. La corteza es de color café rojiza con manchas grisáceas y desprendible. Presenta un follaje perennifolio, sus hojas son simples, opuestas, con pecíolos cortos, borde entero, de color verde oscuro en el haz y pálidas en el envés. Sus ramitas son lustrosas y cuadrangulares. Sus flores son solitarias, perfectas, blancas, de 15 cm de largo. Sus frutos son redondos u ovalados, de 3 a 6 cm de diámetro, con semillas aplanadas de 5 a 8 mm de largo, cuya cáscara presenta en su estado maduro una coloración verde a amarillenta, con una areola en el sitio donde estaba el cáliz (Figura 4.1) (Morton, 1987; Cordero & Boshier, 2003; Rojas-Rodríguez & Torres-Córdoba, 2013).

Figura 4.1 Frutos maduros y árbol de *Psidium friedrichsthalianum.*

4.1.2. Condiciones de cultivo

En Costa Rica se han sembrado tradicionalmente árboles de cas aislados o en pequeños grupos en patios y jardines caseros, así como en potreros o pastizales, y, de acuerdo con Vargas Sáenz (2014), más recientemente en plantaciones más extensas en los cantones de Pococí (Limón), Puriscal (San José) y Paraíso (Cartago), las cuales representan respectivamente 39 %, 30 % y 21 % de la producción nacional. También se han plantado árboles de cas asociados con el cultivo de café (Rojas-Rodríguez & Torres-Córdoba, 2013; Montero, 2018). Las plantaciones existentes se han generado por medio de semillas, lo que lleva a una gran variabilidad en las características de los árboles (Baraona, 2000).

Es un árbol que puede alcanzar de 6 a 10 m de altura y crece naturalmente desde Chiapas en el sur de México hasta Colombia y el oriente de Venezuela, en zonas de bosque húmedo tropical y subtropical, con pluviometría de 1400 a 3000 mm, a una altitud entre 90 y 1550 m, una temperatura entre 15 y 25 °C, en suelos de pH ácido, con poca tolerancia a las heladas o zonas bajas con sequía prolongada (Carabalí et al., 1989; Pino et al. 2002; Cordero & Boshier, 2003; Cuadrado Silva, 2016).

Los árboles de semilla pueden comenzar a producir fruto a los tres años (Cordero & Boshier, 2003). La producción primaria y comercialización del fruto fresco de cas a nivel nacional no es muy tecnificada (Sibaja

Li, 2015). La producción promedio es de 30 kg/árbol, pero, en suelos con mejores condiciones de la provincia de Heredia se han registrado hasta 45 kg/árbol (Baraona & Rivera, 1995).

El cas "brasileño" es una variedad de fruto más grande, cosechada en Costa Rica, que fue introducido proveniente de Sur América en una época desconocida (Bogantes-Arias & Mora-Newcomer (2010), posee un sabor similar al cas criollo aunque más acentuado, y es un fruto más compacto, lo que permite mayores facilidades para su manejo poscosecha (Montero, 2018).

Para el período 2010-2017 las estadísticas del PIMA (Programa Integral de Mercadeo Agropecuario) indicaron en Costa Rica una producción anual máxima en el año 2014 que alcanzó un valor de 382,8 toneladas métricas, mientras que se reporta el valor más bajo para el año 2017, en el que se contabilizaron 202,6 toneladas comercializadas (PIMA, 2018). De acuerdo con Cuadrado-Silva (2016), en el 2011 en Colombia se reportó una producción anual de P. friedrichsthalianum de 563 toneladas, que se emplea para consumo a nivel doméstico, así como para la elaboración de jugos, sorbetes, helados y mermeladas.

Para cosechar el fruto en Costa Rica se consideran dos indicadores, el cambio de color de la cáscara de verde oscuro a un verde claro y la facilidad de desprendimiento del fruto de la rama; además, en temporada alta de cosecha, el productor acostumbra recoger del suelo aquellos frutos que se encuentran en buenas condiciones (Baraona & Sancho, 1992; Baraona, 2000). Por otra parte, el fruto de cas posee la ventaja de que debido a su uso la apariencia externa no es un factor muy relevante, por lo que los niveles de rechazo del producto son bajos (Cordero & Boshier, 2003).

De acuerdo con Quintero et al. (1999), el árbol de P. friedrichsthalianum se propaga principalmente por semilla alcanzando 92 % de germinación en Colombia. Estos autores recomiendan utilizar semillas sin tratamientos pregerminativos, provenientes de frutos maduros y sin almacenar, mientras que Carabalí et al. (1989) indican que la semilla almacenada hasta por seis meses no se vio afectada en su germinación. Rojas-Rodríguez & Torres-Córdoba (2013) reportan un porcentaje de germinación de un 60 a 84 % en Costa Rica, que varía en función de la calidad de la semilla. En el estudio realizado por Madrigal Ortiz (2011) se concluye que 25 °C sería la temperatura más adecuada para la germinación de las semillas de cas. De acuerdo con esta autora, dicha temperatura combinada con el uso de una pectinasa para la remoción de la pulpa (lo que permite además reducir la carga microbiana en la superficie de la semilla) aumenta la velocidad de germinación de las semillas.

La reproducción puede darse también por medio de estacas y acodos, aunque los métodos asexuales no son tan efectivos (Cordero & Boshier, 2003).

4.1.3. Estacionalidad

En Costa Rica, los árboles pueden producir frutos todo el año, con un máximo de cosecha de noviembre a diciembre, disminuyendo la producción de febrero a mayo, en la estación seca donde se presenta un déficit hídrico, factor que también afecta el tamaño del fruto (Baraona & Rivera, 1995). En Colombia, Carabalí et al. (1989) reportaron que la mayor época de fructificación corresponde a los meses de agosto-septiembre y enero-febrero.

4.1.4. Plagas y enfermedades

Baraona & Rivera (1995) reportaron daños por ninfas de homópteros (Fam. Membracidae), que pueden provocar el secamiento del pedicelo y la caída de flores. Estos autores también observaron gran cantidad de colembolas, trips y algunos coleópteros en las flores; además, entre las principales causas de deterioro del fruto desde el cuaje hasta la cosecha, se encuentran la mancha de asfalto y el daño provocado por Gloesporium sp., el cual puede producir caída cuando ataca frutos pequeños. A partir de la octava semana se observaron frutos dañados tanto por mancha de asfalto producida por el hongo Phyllachora sp., como por el mal del clavo (Gloeosporium psidii), y problemas de antracnosis causada por Colletotrichum sp., lo que acelera su deterioro, con posible momificación y caída (Baraona & Rivera, 1995). Además, se han observado ataques por mosca de la fruta y ácaros (Cordero & Boshier, 2003). El cas es resistente a nemátodos del género Meloidogyne sp., una plaga importante para el cultivo de guayaba (Madrigal Ortiz, 2011).

4.2. Características nutricionales

A partir de frutas ricas en compuestos bioactivos se pueden desarrollar alimentos funcionales beneficiosos para la salud. En la actualidad, hay una demanda creciente por parte de los consumidores, de alimentos que no solo tengan un alto valor nutricional, sino que aporten beneficios adicionales a la salud con el fin de retardar el envejecimiento y disminuir la incidencia de enfermedades crónicas o degenerativas como los problemas cardiovasculares, la diabetes y algunos tipos de cáncer. Estos efectos positivos en la salud se atribuyen a las distintas actividades biológicas asociadas a los compuestos bioactivos (Chang et al., 2013; Fracassetti et al., 2013).

Dentro del género Psidium, las especies comestibles más cultivadas son la guayaba fresa (P. cattleianum Sabine), la guayaba brasileña (P. guineense Sw.), la guayaba rosada (P. guajava L.) y el cas (P. friedrichsthalianum Nied.) (Mani et al., 2011), siendo estas dos últimas las frutas de este género más comunes en Costa Rica. La especie P. guajava L. es de las más populares en México y Centroamérica, donde el aprovechamiento de la planta incluye el uso de las hojas para realizar infusiones o tés. Las plantas P. cattleianum Sabine, P. guineense S.w. y P. littorale son más comunes en Brasil, siendo la fruta fresca la parte de la planta de mayor consumo.

A pesar de la importancia tradicional de P. friedrichsthalianum, existen muy pocos trabajos publicados que reporten su valor nutricional y contenido de compuestos bioactivos. Los estudios de la planta se han enfocado principalmente en la determinación de las condiciones de cultivo para prevenir el ataque de las moscas a la fruta o de otras plagas (Chaverri Sánchez, 2000; Morera Montoya, 2008; Soto Gallardo, 2010), condiciones agronómicas para el cultivo (Madrigal Ortiz, 2011; Picado González, 2002) o en la evaluación de alternativas de procesamiento (Bastos Alfaro, 2010; Herrera Campos, 2006; Lorenzo Jara, 1998; Sibaja Li, 2015; Vargas Sáenz, 2014).

De las frutas del género Psidium, la guayaba (P. guajava L.) es de las frutas más estudiadas, encontrándose reportes de composición físico-química y de compuestos bioactivos no solo del fruto sino también de las hojas. En el caso del cas (P. friedrichsthalianum), por el contrario la información es aún muy escasa y se limita a algunos estudios realizados con la fruta fresca o jugos. Dicha información se detalla a continuación en los siguientes apartados realizando una comparación de lo reportado por varios autores.

4.2.1. Composición nutricional del fruto

La primera descripción del valor nutricional del cas corresponde a la caracterización realizada por Morton (1987) con fruto de Guatemala, la cual se limita al reporte del contenido de humedad, proteína, grasa, carbohidratos y cenizas (Cuadro 4.2), luego Menchú y Méndez (2007) extienden esta caracterización reportando el contenido de vitamina C. En el estudio realizado por Vargas Sáenz (2014), la caracterización se amplía a la determinación del valor energético total y por grasa, fibra dietética, perfil de azúcares, polifenoles totales y la medición de la capacidad antioxidante hidrofílica (H-ORAC, por sus siglas en inglés) del fruto entero (cáscara y pulpa) y de un jugo obtenido por microfiltración tangencial. Recientemente, Rojas-Garbanzo (2017) realizó una caracterización del fruto y evaluó el efecto del proceso de elaboración de pulpa de cas bajo dos condiciones distintas de pasteurización, sobre su composición proximal, perfil de ácidos orgánicos y contenido de compuestos bioactivos polares. La información nutricional reportada para este fruto se detalla en el Cuadro 4.2.

Cuadro 4.2 Caracterización físico-química del fruto del cas (Psidium friedrichsthalianum Nied.). (Resultados en base húmeda).

Parámetro (g/100 g)	Calibarí (1989)	Morton (1987)	Mitra et al. (2012)	Menchú y Méndez (2007)	Rojas-Garbanzo (2017) (1)	Vargas Sáenz (2014) (2)

Humedad	85,8	83,15	83,2	86,5	81,6	82,4
Grasa	0,8	0,39 – 0,52	0,44	0,8	–	0,2
Cenizas	0,2	0,80		1,1	–	0,64
Proteína (Nx6,25)	0,8	0,78 - 0,88	0,82	1,2	–	0,5
Carbohidratos totales		5,75 – 6,75	6,2	10,4	–	13,1
Carbohidratos disponibles		–	–	–	–	6,2
Valor energético (kJ/100 g; kcal/100 g)		–	–	200 / 48	–	212 / 51
Valor energético por grasa (kJ/100 g / kcal/100 g)		–	–	–	–	7 (2)
Acidez (expresada como mg ácido cítrico/100 g)	2,1	–	–	–	3.13	3,28
pH	2,7	–	–	–	2,77	2,7
Sólidos solubles (° Brix)	6,0	–	–	–	11,2	12,9
Fructuosa		–	–	–	1,99	1,4
Glucosa		–	–	–	2,83	0,3
Sacarosa		–	–	–	1,90	3,1
Parámetros de color	L*	–	–	–	1,1	66
	a*	–	–	–	3,5	4,23
	b*	–	–	–	36,2	36

(1) Valor promedio de 9 muestras; (2) valor promedio de 4 muestras.

Se puede observar la variabilidad en la composición fisicoquímica del fruto, que depende de las zonas de cultivo, grado de madurez del fruto y metodología de análisis utilizada. Como se observa en el cuadro 4.2 se destaca la alta acidez del fruto. El bajo pH del fruto se puede considerar también como una ventaja para el desarrollo de productos que requieren tratamiento térmico, pues el valor, muy por debajo de 4,5, permite aplicar tratamientos de pasteurización leves para un eficiente control de microorganismos patógenos en jugos (Mazzotta, 2001). Además, de acuerdo con Menchú y Méndez (2007), el cas es fuente de vitaminas B1, B2, B3 y de los minerales calcio, fósforo y hierro. En cuanto al contenido de carbohidratos totales, al menos el 40 % corresponde a azúcares simples tales como fructuosa, glucosa y sacarosa.

Con respecto a los atributos sensoriales del cas, Pino et al., (2002) realizaron una primera caracterización de los compuestos responsables del aroma de la fruta, la cual se describe como dulce y con ciertos tonos de maderas y notas florales inclusive mucho más fuerte que el de la guayaba. Estos autores reportan la caracterización de 173 compuestos volátiles, de los cuales (E)--caryopheleno, -terpineol, -pineno, -selineno y -selineno fueron los compuestos mayoritarios. Los autores indican que son los ésteres alifáticos y compuestos terpénicos los responsables del aroma único y particular del cas.

Según Cuadrado Silva (2016, 2017a), el aroma del cas se caracteriza por ser agradable e intenso, que recuerda a la guayaba común (P. guajava), pero con notas olfativas diferentes como verde, terrosa, láctea, azufrada, y un descriptor de sabor característico que es el ácido. Estos autores caracterizaron 18 compuestos orgánicos volátiles activos olfativamente, por medio de la aproximación sensómica, sobre el extracto SAFE (Solvent-Assisted Flavour Evaporation) de los frutos frescos del cas. Entre ellos, se identificaron ésteres alifáticos, compuestos alifáticos tipo C6 y compuestos de tipo azufrado, como responsables de las notas olfativas frutal, dulce, verde, tropical, y azufrada, siendo los compuestos clave del aroma: el butanoato de etilo, el hexanoato de etilo y el (Z)-3-hexenal. Los compuestos azufrados, disulfuro de dimetilo, 2-metilditiolano, metional, acetato de 3-sulfanilhexilo, 3-sulfanil-1-hexanol y bis(metiltio)metano se reportaron como biomarcadores del aroma de este fruto (Cuadrado-Silva et al. 2017a). En la figura 4.2, se representan las estructuras químicas de los biomarcadores del aroma de cas.

1. Dimetil-disulfato
2. 2-Metil-1,3-ditiolano
3. Metional
4. 3-Sulfanilhexilacetato
5. 3-Sulfanil-1-hexanol
6. Bis(metiltio)metano

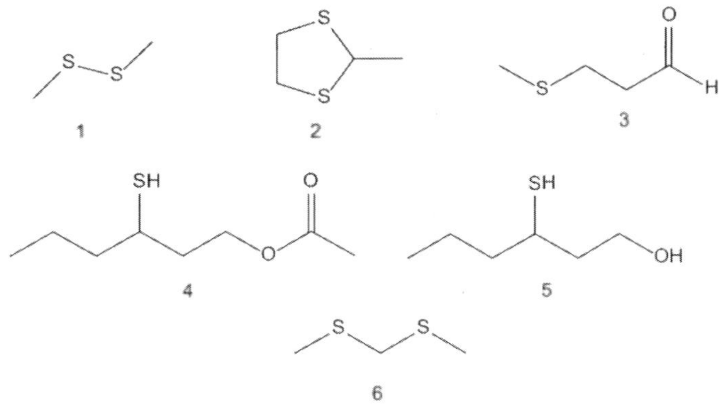

Figura 4.2 Estructura química de los principales compuestos volátiles sulfatados responsables del aroma particular del cas. Fuente: Cuadrado-Silva (2017).

4.2.2. Composición funcional del fruto

En el caso del P. friedrichsthalianum, Flores et al. (2013) realizan un primer reporte donde el perfil de compuestos bioactivos se basa en 6 sustancias de carácter principalmente flavonoide (ácido elágico, miricetina, aldehído 4-O--piranósido-sinápico, quercitrina y quercetina. Los autores no indican sin embargo, cuál es el componente mayoritario del extracto metanólico obtenido, atribuyen a la quercetina el efecto antioxidante y antiinflamatorio obtenido en los ensayos in vitro desarrollados.

Posteriormente, Cuadrado-Silva et al. (2017b) extienden dicha caracterización a 22 compuestos fenólicos derivados de ácidos hidroxibenzoicos, fenilacéticos e hidroxicinámicos, flavonoides y taninos condensados. El compuesto mayoritario en la fruta fresca fue (+)-catequina (17,95 mg/g), seguido de procianidina B1 (14,15 mg/g), procianidina B2 (10,82 mg/g), (-)-epicatequina (9,53) y ácido elágico (4,76), correspondiendo la suma de estos cinco compuestos al 95 % del total de los polifenoles cuantificados.

En el estudio realizado por Rojas-Garbanzo (2017), se reporta sin embargo la caracterización de 102 compuestos fenólicos, un sesquiterpenoide, un iridoide y 6 triterpenoides en la cáscara y pulpa del cas de manera independiente (Cuadro 4.3). La cáscara muestra un perfil más complejo que la pulpa al tener 30 compuestos fenólicos más y 44 metabolitos secundarios que son detectados únicamente en la cáscara (eucaglobulina, isómeros cis del ácido cafeoil-quínico, derivados de flavanolignanos y varias proantociandinas tipo B), por otro lado, 17 compuestos fueron detectados únicamente en la pulpa (biflavonoides y elagitaninos C-glicosidados). Los autores reportan un contenido de polifenoles en la cáscara 29,5 % mayor que en la pulpa (1260.0 ± 3.8 mg/100 g b.s. y 887.4 ± 5.7 mg/100 g b.s., respectivamente). En ambas partes de la planta, los principales polifenoles fueron las proantocianidinas tipo B, correspondiendo a 52 % y 35 % de los polifenoles cuantificados, en cáscara y pulpa respectivamente. El segundo grupo en importancia fueron elagitaninos C-glicosidados (19 % y 34 %, respectivamente). Las principales proantocianidinas son dímeros y trímeros de (epi)catequina y los principales elagitaninos son isómeros de geranina, pedunculagina, vescaligina y castalagina.

Al analizar el fruto completo (cáscara y pulpa juntas), los principales polifenoles son los elagitaninos C-glicosidados antes mencionados y el compuesto fenol cinnamoil-O-glucosa, siendo los dos isómeros de geranina el 42 % del total de los polifenoles cuantificados (Rojas-Garbanzo, 2017).

Cuadro 4.3 Principales compuestos bioactivos en cáscara y pulpa del fruto de Psidium friedrichsthalianum Nied.

Grupo de compuesto	Nombre	Parte del fruto
Ácido gálico y derivados	Galloil-hexosa	Cáscara y pulpa
	Ácido gálico	Cáscara y pulpa
	Metilfloroglucinol-galoil-hexosa	Cáscara y pulpa
	Eucaglobulina	Cáscara
	Cinnamoil-galoil-O-hexosa	Cáscara y pulpa
	Dihidroferuloil-O-hexosa-galato	Cáscara y pulpa
Derivados de ácido cinámico	Ácido protocatecoil-cafeíco	Cáscara y pulpa
	Cafeoil-O-hexosa	Cáscara y pulpa
	Ácido 5-p-Cumaroilquínico	Cáscara y pulpa
	Ácido3-p-Cumaroilquínico	Cáscara y pulpa
	Ácido cafeico	Cáscara
	Cinnamoil-O-hexosa	Cáscara y pulpa
	Dihidroferuloil-O-hexosa	Cáscara
	Dimetoxicinnamoil-O-hexosa	Cáscara y pulpa
	Ácido cafeoil-feruloil-quínico	Cáscara y pulpa
Isómeros de ácido clorogénico	Ácido 1-O-cafeoilquínico	Cáscara
	Ácido cis-1-O- cafeoilquínico	Cáscara
	Ácido 3-O- cafeoilquínico	Cáscara y pulpa
	Ácido cis-3-O- cafeoilquínico	Cáscara
	Ácido 5-O- cafeoilquínico	Cáscara y pulpa
	Ácido 4-O- cafeoilquínico	Cáscara
	Ácido cis-5-O- cafeoilquínico	Cáscara
	Ácido cis-4-O- cafeoilquínico	Cáscara
Derivados de ácido elágico y elagitaninos	Vescalagina	Cáscara y pulpa
	Pedunculagina	Pulpa
	Geranina	Pulpa
	Galoil-bis-HHDP-glucosa	Pulpa
	Castalagina	Cáscara y pulpa
	Ácido elágico-pentosa	Cáscara y pulpa
Flavanonas	Naringenina-O-hexosa	Cáscara y pulpa
Flavonoles	Quercetina-galoil-hexosa	Cáscara
	Quercetina-3-O-galactosa	Cáscara y pulpa
	Quercetina-3--D-glucosa	Cáscara y pulpa
	Quercetina-glucuronídica	Cáscara y pulpa
	Quercetina-O-pentosa	Cáscara
	Quercetina-O-hexosa	Cáscara y pulpa
	Quercetina-(galoil)-O-pentosa	Cáscara y pulpa
	Quercetina-deoxihexosil-hexosa	Cáscara
	Quercetina Cáscara	
	Quercetina-(galoil-O-hexosa)	Cáscara
	Isorhamnetina	Cáscara
Flavanoles monoméricos	Galocatequina	Cáscara y pulpa
	Epigalocatequina	Cáscara y pulpa
	Catequina	Cáscara y pulpa
	Epicatequina	Cáscara y pulpa
	Galocatequina-galato	Cáscara y pulpa
	Epicatequina-galato	Cáscara y pulpa
Proantocianidinas	PAC Tipo-B (E)C-(E)GC	Cáscara
	PAC Tipo-B (E)GC-(E)C	Cáscara
	PAC Tipo-B (E)GC-(E)GC	Cáscara
	PAC Tipo-B (E)C-(E)C	Cáscara y pulpa
	PAC Tipo-B (E)C-(E)C-(E)C	Cáscara
Flavanolignanos	Deoxicinchonaína I	Cáscara

	Cinchonaína I	Cáscara y pulpa
Dihidrocalconas	Notofagina	Cáscara y pulpa
	Floretina- O-hexosa	Cáscara y pulpa
	Floretina-3-O-glucosa	Cáscara y pulpa
	Floretina Cáscara	
Acetofenonas	Mirciafenona B	Cáscara
Benzofenonas	Guavinoside B	Cáscara y pulpa
Biflavonoides	Agatisflavona	Pulpa
	II-2,3-dihydro-I3',II8-biapigenina	Pulpa
	Amentoflavona	Pulpa
Terpenoides		
Sesquiterpenoide	Ácido abscísico	Cáscara y pulpa
Iridoide	Ácido logánico	Cáscara y pulpa
Triterpenoides	Ácido madecásico	Cáscara y pulpa
	Ácido asiático	Cáscara
	Ácido guavenoico	Cáscara

Fuente: Rojas-Garbanzo (2017)

Ejemplos de las estructuras químicas de algunos de los principales compuestos bioactivos en el cas se muestran en la figura 4.3.

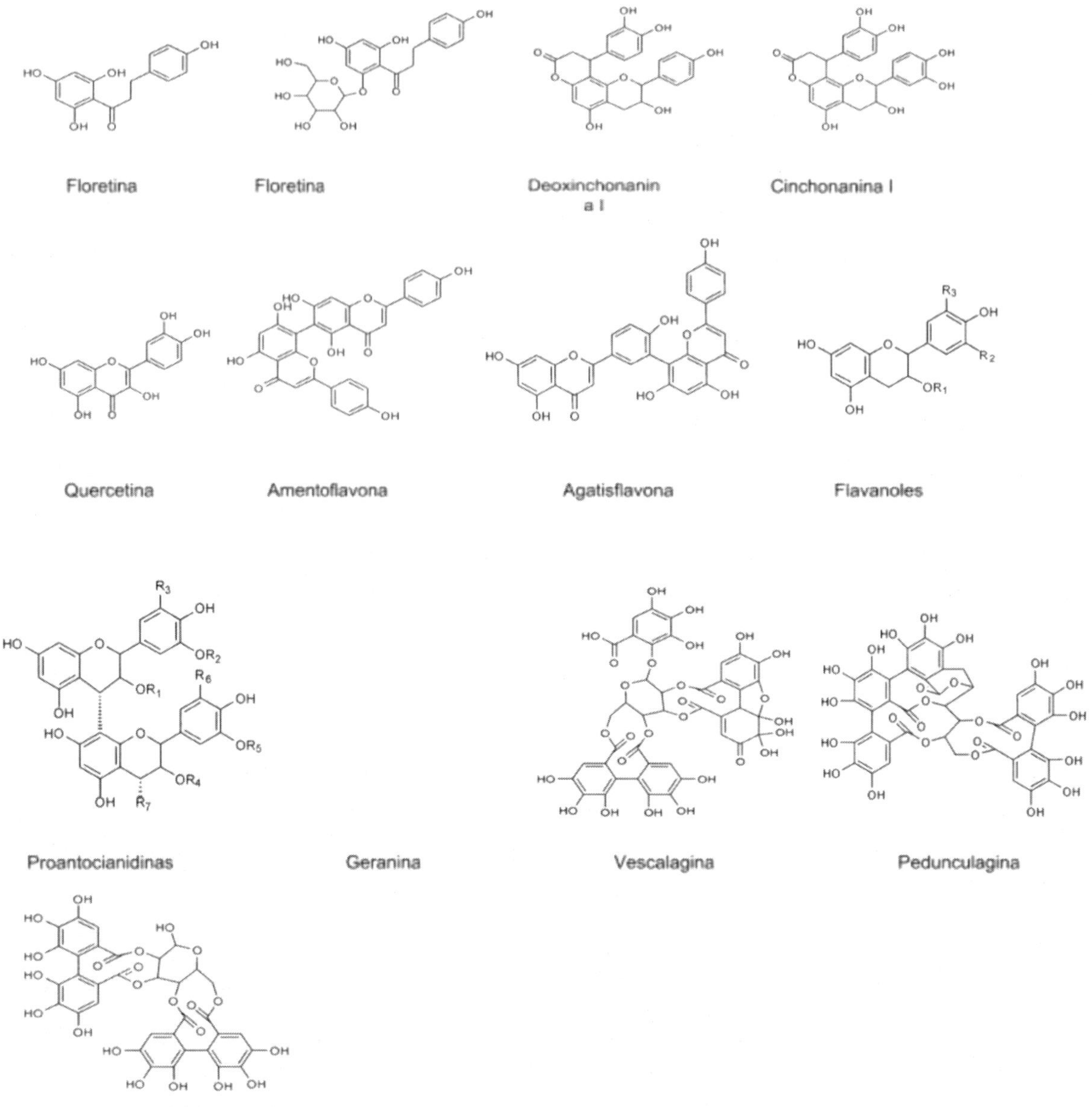

Estructura química base de principales compuestos bioactivos en el fruto de *Psidium friedrichsthalianum.*

Cabe resaltar sin embargo, que los polifenoles presentes mayoritariamente en el cas, corresponden a los polifenoles llamados no extraíbles. Los resultados de estos estudios se basan en la obtención de un extracto de metanol donde los polifenoles considerados no extraíbles no son cuantificados en su totalidad, debido a que el método de extracción utilizado no es suficiente para eliminar la interacción de estos compuestos con estructuras tales como la pared celular (Dominguez-Rodriguez et al., 2017), por tanto, la cuantificación actualmente reportada es subestimada.

Existen otros compuestos bioactivos presentes en el cas fuera de la categoría de polifenoles tales como fibra dietética y ácidos orgánicos, dentro de los que se contabilizan los ácidos ascórbico y dehidroascórbico. En el cuadro 4 se presenta una comparación del contenido de algunos de estos compuestos reportados por varios autores.

Contenido de fibra dietética y ácidos orgánicos en la fruta Psidium friedrichsthalianum Nied. (Resultados en base húmeda).

Parámetro (g/100 g)	Mitra et al. (2012)	Menchú y Méndez (2007)	Rojas-Garbanzo (2017)	Vargas Sáenz (2014)
Fibra dietética	– – – 6,9			
Polifenoles totales (mg ácido gálico/100 g)	–	–	485,8	755,7
H-ORAC (µmol de trolox/100 g)	–	–	4539	6349
Ácido cítrico	–	–	1,5	–
Ácido málico	–	–	0,24	–
Ácido succínico	–	–	1,27	–
Vitamina C total (mg/kg)	22 - 50	240	422	1108
Ácido ascórbico (mg/kg)	–	–	218	393
Ácido dehidroascórbico	–	–	205	–

En el caso de frutas Psidium, existe un reporte donde se compara la capacidad antioxidante de siete variedades de la guayaba (*P. guajava* L.) (Flores *et al.*, 2015). Estos valores no son comparables con el valor de H-ORAC para el cas (Cuadro 4) dado que son análisis distintos, DPPH y ORAC, respectivamente. Sin embargo, Flores et al. (2015) atribuyen la actividad antioxidante de la guayaba a la vitamina C y a flavonoides tales como flavonoles y antocianinas dependiendo de la variedad. En el caso de las cas, se podría atribuir el valor de H-ORAC también a la vitamina C y a los flavanoles, polifenoles que se encuentran en mayor cantidad que los flavonoles (Rojas-Garbanzo, 2017).

El cas presenta un contenido de vitamina C mayor a varias frutas cítricas, la cuales son reconocidas por ser una buena fuente de esta vitamina. De acuerdo a Lee y Kader (2000), el contenido de vitamina C en frutas cítricas tales como limón, mandarina y naranja oscila entre 37,3 mg/100 g b.h.y 83,2 mg/100 g b.h., valores menores a los reportados para el cas (Rojas-Garbanzo, 2017; Vargas Sáenz, 2014).

De acuerdo al Reglamento Técnico Centroamericano RTCA 67.01.60:10 de Etiquetado nutricional de productos alimenticios preenvasados para consumo humano para la población a partir de 3 años de edad (MEIC-MS, 2002), el fruto del cas fresco puede ser considerado como un alimento alto, buena fuente, rico en, o excelente fuente de fibra dado que el valor mínimo para dicha declaración corresponde a 6 g/100 g b.h.[1] El consumo de fibra en la alimentación aporta beneficios a la salud ya que permite un mayor control del sistema digestivo humano, mejorando la eliminación de triglicéridos de baja densidad, así como la disminución de problemas de estreñimiento (Manach *et al.*, 2004.

4.2.3. Productos alimenticios

La pulpa de cas, de textura suave, color blanco y muy ácida, se emplea en Costa Rica en la elaboración de bebidas, helados, jaleas y mermeladas, salsas de frutas o *toppings* para productos lácteos, principalmente. Se comercializa como fruta fresca y pulpa pasteurizada, la que se distribuye a restaurantes, servicios de alimentación y heladerías pequeñas (Baraona & Rivera, 1995; Cordero & Boshier, 2003; Lim, 2012). La apariencia del fruto no es tan importante como su sabor y aroma, por lo que la cantidad de fruta que se desecha es muy poca dentro del total de la producción (Cordero & Boshier, 2003), y esta sería una ventaja del cultivo puesto que no se consume como fruta fresca sino procesada.

A pesar de la gran aceptación que tiene esta fruta a nivel nacional, se considera que la elaboración de productos procesados en Costa Rica a partir del cas es incipiente; esto debido principalmente a la escasa información disponible sobre el manejo técnico de las plantaciones y a una producción insuficiente de materia prima, dado que el mercado no asegura al productor un volumen y precio mínimo de compra (Montero, 2018).

Aún con estas limitaciones, algunos intentos de desarrollo de productos se han llevado a cabo enfocados en la aplicación de tecnologías o evaluación de los parámetros de la tecnología tradicional que permitan mantener las características nutricionales y funcionales de la fruta fresca. El primer ejemplo es el desarrollo de un jugo clarificado de cas por medio de microfiltración tangencial (Vargas Sáenz, 2014). Previo a la etapa de filtración, se aplicó una etapa de tratamiento enzimático con el objetivo de aumentar el rendimiento de extracción de jugo y disminuir los sólidos insolubles, lograr una liberación de los compuestos bioactivos que presentan interacciones con las paredes celulares y mejorar la eficiencia de la operación de microfiltración. En esta última operación, Vargas Sáenz (2014) evaluó el efecto de la temperatura sobre los parámetros de eficiencia de la microfiltración y sobre el valor nutricional del jugo de cas, determinando las mejores condiciones a una temperatura de 25 °C. Desde el punto de vista nutricional y funcional, esta temperatura es favorable porque permite realizar el proceso con un menor impacto negativo sobre el contenido de compuestos bioactivos tales como vitamina C, ácidos orgánicos y polifenoles.

A partir del jugo obtenido, se elaboró una bebida de cas que contiene un 35 % del jugo de cas microfiltrado y se evaluó sensorialmente, obtenido un porcentaje de agrado por la bebida y una intención de consumo alto.

Por otro lado, Sibaja Li (2015) evaluó la aplicación de tecnologías emergentes (tratamientos no térmicos) como ultrasonido y ultravioleta como operaciones complementarias previas a los tratamientos térmicos para determinar su efecto sobre las características físico-químicas, calidad microbiológica y sensorial de un jugo de cas. En este estudio se reporta que la aplicación de estas tecnologías de manera independiente o combinadas no afecta el pH, o el contenido de sólidos solubles, pero sí los parámetros de color aumentando la tonalidad del color amarillo (b*) y rojo (a*) y disminuyendo la luminosidad (L*) en el caso del jugo con tratamiento ultravioleta, no así para el jugo tratado con sonicación o combinación de ambas tecnologías. Con ambas tecnologías, el efecto sobre el contenido de vitamina C es con tendencia a su disminución; dicho efecto se hace mayor al aumentar el tiempo de tratamiento. La degradación de la vitamina C puede deberse a procesos oxidativos debido a las reacciones de termólisis y de pardeamiento enzimático (Sibaja Li, 2015). Se ha reportado que la sonicación disminuye el oxígeno disuelto favoreciendo la generación de radicales libres como el hidroxilo que reaccionan con el ácido ascórbico en la superficie de las burbujas (Adekunte *et al.*, 2010; Tiwari *et al.*, 2009).

Por último, en el estudio realizado por Rojas-Garbanzo (2017) se determina el efecto del proceso de elaboración de una pulpa de cas comparando dos condiciones de pasteurización (71,1 °C por 4 s y 60 °C por 8.2 min utilizando un pasteurizador continuo y una marmita, respectivamente). En este estudio se determinó que el proceso de elaboración del jugo tiene un efecto significativo sobre el contenido de humedad, la acidez total, los parámetros de color a*, b* y *hue*, así como en el contenido de ácido cítrico y ácido succínico, en el contenido de los compuestos fenólicos cinnamoyl-*O*-glucosa, un isómero pedunculagina y los isómeros de castalagina, estos últimos afectados negativamente al presentar una pérdida de 40 % del contenido en la fruta fresca. Por el contrario, los parámetros de pH, azúcares, ácido málico, ácidos ascórbico y dehidroascórbicos, los isómeros vescalagina y geranina, así como la capacidad antioxidante hidrofílica no son afectados por el proceso de elaboración del jugo de cas.

En estos tres estudios, el jugo de cas se obtuvo mediante la aplicación de un tratamiento enzimático acoplado a una operación de prensado, presentando valores de pH de 2,59 ± 0,05 a 2,77 ± 0,01, y un contenido de vitamina C total de 75,4 ± 6,8 mg/100 g a 1108 ± 433 mg/100 g (Rojas-Garbanzo, 2017; Sibaja Li, 2015, Vargas Sáenz, 2014), superior al reportado en jugos de otras frutas.

4.2.4. Propiedades terapéuticas y farmacológicas

Los resultados reportados por Cuadrado-Silva (2016) indican que el consumo de *P. friedrichsthalianum*, podría tener efectos positivos para la salud, dado que favorece el crecimiento de una microbiota intestinal benéfica, presentando por lo tanto un efecto prebiótico, y provoca una disminución en la población de firmicutes, bacterias que están asociadas con problemas de obesidad.

El estudio realizado por Montoya Arroyo (2017) indicaría que la ingesta de una bebida de cas en un modelo animal con ratas Wistar, se encuentra asociada con la disminución de la excreción de metabolitos relacionados de manera directa o indirecta con el estado oxidativo celular (citrato, -cetoglutarato, lactato, succinato).

Flores et al. (2013) reportaron actividad antioxidante y antiinflamatoria en una fracción de acetato de etilo de un extracto rico en polifenoles obtenido a partir de pulpa de cas, determinada después de una exposición secundaria a humo de cigarrillo. Estos resultados indicarían el potencial de estos componentes para su aplicación en una terapia dirigida al tratamiento de la enfermedad obstructiva crónica pulmonar.

Granados-Chinchilla et al. (2016) determinaron los aceites esenciales en hojas y frutos de *P. friedrichsthalianum* cultivados en Costa Rica en dos estaciones diferentes (seca y lluviosa), además de estudiar su potencial antimicrobiano contra patógenos que pueden causar enfermedades transmitidas por alimentos. Entre los 75 compuestos volátiles identificados en frutos de cas, estos autores reportaron, como mayoritarios 2H-pirano-2,6-(3H)-diona [26.4 %], ácido cis-13-octadecenoico [14.0 %], -terpineol [11.7 %] y ácido n-hexadecanoico [9.6 %]. Los aceites esenciales de los frutos de cas presentaron una actividad inhibitoria contra *Pseudomonas aeruginosa* y *Proteus mirabilis* similar a la de una solución de oxitetraciclina (concentración de 10 g mL^{-1}).

4.3. Referencias

Baraona, M. 2000. Jocote, anona, cas: tres frutas campesinas de América. EUNA. Heredia: Costa Rica.151 p.

Baraona, M., Rivera, G. 1995. Desarrollo del jocote (Spondias purpurea L.) y del cas (Psidium friedrichsthalianum (Berg.) Niedz) en el bosque húmedo premontano de Costa Rica. Agronomía Mesoamericana 6: 23-31.

Baraona, M., Sancho, E. 1992. Coco, pejibaye, guayaba y cas. Fruticultura especial, fascículo 4. EUNED, San José.

Bastos Alfaro, M. J. 2010. Desarrollo y documentación del plan HACCP y 5 procedimientos requisito del capítulo 7 (Planificación y realización de productos inocuos) de la norma ISO 22000:2055 para la línea de mermeladas y comparación de la eficiencia de dos desinfectantes diferentes en el procedimiento de limpieza y desinfección de la guayaba fresca utilizada como materia prima en la empresa Ujarrás S. A. Tesis de Licenciatura en Tecnología de Alimentos, Universidad de Costa Rica.

Bogantes-Arias, A., Mora-Newcomer, E. 2010. Evaluación de cuatro patrones para injertos de guayaba (Psidium guajava L.). Agronomía Mesoamericana 21(1):103-111.

Carabalí, A., Libreros, J., Muñoz, J., Cruz, G. 1989. Contribución al estudio de la guayaba coronilla, Psidium ffriedrichsthalianum Berg-Niedenzu. Acta Agronómica. 20(3-4):172-181.

Chang, C-H., Hsieh, C-L., Wang, H-E., Peng, C-C., Chyau, C-C., Peng, R. Y. 2013. Unique bioactive polyphenolic profile of guava (Psidium guajava) budding leaf tea is related to plant biochemistry of budding leaves in early dawn. Journal of the Science of Food and Agriculture. 93(4): 944-954.

Chaverri Sänchez, L. G. 2000. Biología y fluctuación poblacional de Anastrepha striata Schiner (Diptera: Tephritidae), plaga de la guayaba (Psidium guajava L.) en una zona húmeda de Costa Rica. Tesis de Licenciatura, Universidad de Costa Rica.

Cordero, J., Boshier, D. 2003. Árboles de Centroamérica. Centro Agronómico Tropical de Investigación y Enseñanza (CATIE). p. 814-816. www.arbolesdecentroamerica.info/index.../209_e982ffa8ca77b33cdc0675d22f98f8f9

Cuadrado Silva, C.T. 2016. Estudio químico de las propiedades sensoriales y biofuncionales de la guayaba agria (Psidium friedrichsthalianum Nied.). Tesis de Doctorado en Ciencias-Química, Universidad Nacional de Colombia, Bogotá, Colombia.

Cuadrado Silva, C.T., Pozo-Bayón, M.A., Osorio, C. 2017a. Identification of aroma compounds and precursors of sour guava (Psidium friedrichsthalianum Nied.) following a sensomics approach. European Food Research and Technology 243(1):1-10.

Cuadrado Silva, C.T., Pozo-Bayón, M.A., Osorio, C. 2017b. Targeted metabolomic analysis of polyphenols with antioxidant activity in sour guava (Psidium friedrichsthalianum Nied.) fruit. Molecules, 22(1), 11.

Flores, G., Dastmalchi, K., Wu, S-B., Whalen, K., Dabo, A. J., Reynertson, K. A., Faronjy, R. F., DÁrmiento, J. M., Kennelly, E. J. 2013. Phenolic-rich extract from the Costa Rican guava (Psidium friedrichsthalianum) pulp with antioxidant and anti-inflammatory activity. Potential for CDPO therapy. Food Chemistry, 141(2), 889-895. Flores, G., Wu, S-B., Negrin, A., Kennelly, E. J. 2015. Chemical composition and antioxidant activity of seven cultivars of guava (Psidium guajava) fruits. Food Chemistry. 170: 327-335.

Fracassetti, D., Costa, C., Moulay, L., Tomas-Barberán, F. A. 2013. Ellagic acid derivatives, ellagitannins, proanthocyanidins and other phenolics, vitamin C and antioxidant capacity of two powder products from camu-camu fruit (Myrciaria dubia). Food Chemistry. 139(1-): 578-588.

Herrera Campos, M. 2006. Plan de exportación de bocadillos de plasta de guayaba hacia República Dominicana para la empresa productos Ujarrás S.A. Tesis de Licenciatura, Universidad de Costa Rica.

ITIS. s.f. Integrated Taxonomic Information System, Report Database, Psidium friedrichsthalianum. Consultado 9 de mayo de 2018. Disponible en https://www.itis.gov/servlet/SingleRpt/SingleRpt?search_topic=TSN&search_value=506171#null

Lee, S. K., Kader, A. A. 2000. Preharvest and postharvest factors influencing vitamin C content of horticultural crops. Postharvest Biology and Technology. 20: 207-220.

Lim, T.K. 2012. Edible Medicinal and Non-Medicinal Plants: Fruits. Volume 3, Springer. p. 681-683.

Lorenzo Jara, F. A. 1998. Almacenamiento y conservación de semillas de guayaba (Psidium guajava L.) y caracterización de doce genotipos de la colección CATIE. CATIE, Turrialba.

Madrigal Ortiz, V. 2011. Determinación del comportamiento germinativo de semillas de cas (Psidium friedrichsthalianum L.), provenientes de la localidad de Coris de Cartago, sometidas a diferentes temperaturas, métodos de extracción de semillas y periodos de almacenamiento. Trabajo final de graduación de Licenciatura en Ingeniería Agronómica, Universidad de Costa Rica.

Manach, C., Scalbert, A., Morand, C., Rémésy, C., Jiménez, L. 2004. Polyphenols: food sources and bioavailability. The American Journal of clinical Nutrition. 79: 727-747.

Mani, A., Rachana, M., Thomas, G. 2011. Elucidation of diversity among Psidium species using morphological and SPAR methods. Journal of Physiology, 3(8), 53-61.

Mazzotta, A. S. 2001. Thermal inactivation of stationary-phase and acid-adapted Escherichia coli O157:H7, Salmonella, and Listeria monocytogenes in fruit juices. Journal of Food protection, 64(3)315-320.

Menchú, M., Méndez, H. 2007. Tabla de composición de alimentos de Centroamérica. 2da ed. INCAP/OPS, Guatemala.

Ministerio de Economía, Industria y Comercio & Ministerio de Salud (MEIC-MS). 2002. RTCR: 135:2002 Etiquetado nutricional de alimentos preenvasados. Decreto N° 30256 MEIC-MS. Gobierno de Costa Rica, San José.

Montero, A. 2018. Cultivo del cas en Costa Rica. Programa de Frutales, Ministerio de Agricultura y Ganadería, San José, Costa Rica. Comunicación personal.

Montoya Arroyo, A. 2017. Efecto de la administración de una bebida de cas (Psidium friedrichsthalianum Ndz.) sobre el perfil metabolómico en orina de rata Wistar. Tesis de Maestría Académica en Ciencias Biomédicas con énfasis en Bioquímica y Fisiología Celular, Universidad de Costa Rica.

Morera Montoya, R.. 2008. Evaluación de diferentes materiales de embolsado para el control de la mosca de la fruta (Anastrepha sp.) en frutos de guayaba (Psidium guajava L.) variedad Tai-Kuo en Carrillos de Alajuela. Tesis de Licenciatura, Universidad de Costa Rica.

Morton, J. 1987. Costa Rican guava. p. 365. In: Fruits of warm climates. Julia F. Morton, Miami, FL.

Picado González, R. 2002. Estudio de viabilidad financiera para la producción del cas en la zona de Turrialba. CATIE.

PIMA. 2018. Volumen de oferta en Centro Nacional de Abastecimiento y Distribución de Alimentos (CENADA): cas, período 2010-2017. Programa Integral de Mercadeo Agropecuario (PIMA). Ministerio de Agricultura y Ganadería. San José, Costa Rica. http://bpm.pima.go.cr:8080/ap/cm/PG29L2/AuraPortal.aspx

Pino, J.A., Marbot, R., Vázquez, C. 2002. Characterization of volatiles in Costa Rican guava [Psidium friedrichsthalianum (Berg) Niedenzu] fruit. Journal of Agricultural and Food Chemistry, 50: 6023-6026.

Quintero, J., Peña, G., Rivero, G. 1999. Evaluación de tratamientos pregerminativos en guayabo Cas (Psidium friedrichsthalianum Berg-Niedenzu). II. Utilización de capa vegetal y humus como sustrato. Revista de la Facultad de Agronomía (LUZ), 16 Supl. 1: 8-12.

Rebouças, E.R., Gentil, D.F.O., Ferreira, S.A.N. 2008. Caracterização física de frutos e semejantes de goiaba-da-Costa-Rica, produzidas em Manaus, Amazonas. Revista Brasileira de Fruticultura Jaboticabal. 30 (2): 546-548.

Rojas-Garbanzo, C. 2017. Morphological and chemical characteristics of fruits of the genus Psidium with special reference to bioactive compounds. Tesis de Doctorado em Trophologiae, Universidad de Bonn, Alemania. Cuvillier Verlag Göttingen.

Rojas-Rodríguez, F., Torres-Córdoba, G. 2013. Árboles del Valle Central de Costa Rica, reproducción: cas (Psidium friedrichthalianum (Berg) Ndzu). Revista Forestal Mesoamericana Kurú (Costa Rica), 10(25): 30-31.

Sibaja Li, P. 2015. Evaluación del efecto de la aplicación de tecnologías emergentes (ultrasonido y ultravioleta) sobre la calidad fisicoquímica, microbiológica y sensorial de jugo de cas (Psidium friedrichsthalianum (Berg.) Niedz.) y agua de pipa (Cocos nucifera L.). Trabajo final de graduación de Licenciatura en Ingeniería de Alimentos, Universidad de Costa Rica.

Soto Gallardo,R. 2010. Evaluación de dos tipos de mallas para la exclusión de la mosca de la fruta Anastrepha striata Schiner, (Diptera: Tephritidae) en guayaba Taiwanesa (Psidium guajava L.) variedad Tai-Kuo en Carrillos de Alajuela. Tesis de Licenciatura en Ingeniería Agronómica, Universidad de Costa Rica.

Vargas Sáenz, D. 2014. Estudio del proceso de elaboración de jugo clarificado de cas (Psidium friedrichstalium (Berg.) Niedz.) mediante microfiltración tangencial para el desarrollo de una bebida. Trabajo final de graduación de Licenciatura en Ingeniería de Alimentos, Universidad de Costa Rica.

5

Murtilla

(Myrtus ugni Molina, Eugenia ugni Molina, Ugni poeppigii O.Berg, Ugni philippi O.Berg, Ugni ugni Macloskie,Ugni myrtus Macloskie)

Luis Torralbo[1]*, Ivette Seguel[2], Erick Scheuermann[3]

[1]Instituto de Agroindustria, Facultad de Ingeniería y Ciencias, Universidad de La Frontera, Temuco, Chile. Luis.torralbo@ufrontera.cl

[2]Instituto de Investigaciones Agropecuarias, Centro Regional de Investigación Carillanca, Camino Cajón – Vilcún Km 10, Chile. iseguel@inia.cl

[3]Departamento de Ingeniería, Facultad de Ingeniería y Ciencias, Universidad de La Frontera, Temuco, Chile. ericks@ufrontera.cl

* Autor para correspondencia

5.1. Introducción

5.1.1. Descripción botánica y etnobotánica

Ugni molinae Turcz., también conocida como "murtilla", "murta", "uñi", "myrtle berry", "Chilean cranberry", o "Chilean guava", es una planta nativa de Chile. Es un arbusto silvestre (aprox. 1.8 m de altura) y de la familia *Myrtaceae* que típicamente habita cerca del litoral y de las montañas pre-Andinas y en el Archipiélago de Juan Fernández (Aguirre, et al., 2006), (Muñoz, 1966), (Belov, 2011). También la murtilla brota rápidamente en áreas desoladas, tales como sitios antiguos de flujo de lava, lo que indica su versatilidad (Lavin & Vega, 1996), (Landrum & Donoso, 1991). La murtilla es una planta regional muy conocida que tiene frutos globulares rojos aromáticos. Estas bayas comúnmente poseen un diámetro que va desde los 0,7 a los 1,3 cm y un peso entre 0,25 y 0,40 g (Muñoz, 1966), (Lavin & Vega, 1996). Se dice que este fruto combina la dulzura de la fresa con la acritud de una guayaba y la textura de un arándano seco (Janick & Paul, 2008). Las hojas de murtilla se han utilizado en la medicina popular chilena para el tratamiento de condiciones tales como diarrea, disentería y el dolor del tracto urinario (Montenegro, 2000). También es usada por sus propiedades astringentes y estimulantes (Muñoz, 1966).

5.1.2. Fitoquímica

La composición fitoquímica de la murtilla incluye una amplia variedad de polifenoles en sus hojas y frutos (Rubilar, et al., 2006), (Shene, et al., 2009) y ácidos pentacíclicos triterpénicos en sus hojas (ácido alfitólico, corosólico y asiático) (Aguirre, et al., 2006), (Rubilar, et al., 2006), (Shene, et al.„ 2009). También ha sido demostrado que la composición química de la murtilla puede variar dependiendo de las condiciones climáticas a las cuales se somete a la planta durante su crecimiento: un clima extremo es la condición que promueve el contenido de polifenoles en sus hojas (Shene, et al., 2009). Además, se han dilucidado 24 compuestos volátiles del aroma de la baya de la murta, de los cuales los componentes principales son metil-2-metil butanoato, etil butanoato, 2-metil etil butanoato, metil hexanoato, etil hexanoato, metilbenzoato y etil benzoato (Scheuermann, et al., 2008).

5.1.3. Actividad biológica y efectos a la salud

Los extractos de hoja de murtilla han mostrado una fuerte actividad tópica antiinflamatoria en ratones, y esto es principalmente debido a la presencia de varios ácidos triterpénicos pentacíclicos, incluyendo los ácidos alfitólico, asiático y corosólico 2--hidroxi derivados (Aguirre, et al., 2006). Además, los extractos de hoja de murtilla han mostrado actividad analgésica *in vivo* en modelos de ratón de dolor térmico y químico (Del Porte, et al.„ 2007) y también propiedades antioxidantes protectoras en eritrocitos humanos expuestos a estrés oxidativo de ácido hipocloroso (Suwalsky, Orellana, Avello, & Villena, 2007). Más aún, el consumo de infusiones de hoja de murtilla ha denotado incrementar la capacidad antioxidante del suero humano (Avello & Pastene, 2005).

La actividad antioxidante y otras propiedades que los extractos de hoja de murtilla han demostrado poseer están posiblemente relacionadas a su capacidad para localizarse en la bicapa de la membrana, restringir su fluidez, impedir la difusión de radicales libres y proteger la alteración de eritrocitos humanos (Suwalsky, Orellana, Avello, & Villena, 2007), (Suwalsky, Orellana, Avello, Villena, & Sotomayor, 2006). En suma, los extractos acuosos de las hojas de murtilla tienen un efecto inhibitorio contra el crecimiento de *Pseudomonas aeruginosa, Klebsiella pneumoniae*, y *Staphylococcus aureus*, con pocos efectos deletéreos sobre las bacterias probióticas beneficiosas (Shene, et al., 2009).

Los extractos de hojas secas de murtilla han mostrado efectos nematicidas contra el nematodo agallador, *Meloidogyne hapla* (Böhm, Arismendi, & Ciampi, 2009).

5.1.4. Uso comercial

El uso de la murtilla está principalmente restringido a Sudamérica, y esta planta actualmente no exhibe un uso comercial extendido. Comúnmente, es recolectado y vendido en ferias locales para su consumo fresco y para su procesamiento a pequeña escala. Jugos, mermeladas, jaleas, y licores son preparados a partir de sus bayas, mientras que de sus hojas se puede hacer té, y bebidas similares al café pueden ser derivadas de sus semillas (Muñoz, 1966), (Landrum & Donoso, 1991). Aunque esta planta y sus productos derivados son vendidos principalmente a nivel local, ha mostrado ser una promesa para el crecimiento comercial futuro. Las hojas de murtilla han despertado el interés en la industria cosmética debido a su contenido de antioxidantes, fitoestrogénico y polifenólico, los cuales pueden ayudar a combatir las arrugas y otros signos de envejecimiento prematuro (Rubilar, et al., 2006).

Además, la murtilla también puede ser usada en la elaboración de alimentos como un preservativo amigable con el medioambiente. Estudios recientes han incorporado extractos de hoja de murtilla en películas comestibles basadas en gelatina para una variedad de alimentos, protegiendo a estos productos alimenticios de la deshidratación y del deterioro causado por la exposición a luz ultravioleta. Las películas basadas en gelatina que contienen extractos de hoja de murtilla muestran potencial para mantener la calidad y vida útil de ciertos alimentos cuando se comparan a las películas típicas de gelatina.

Cuando se incorporan en matrices gelatinosas basadas en pescado, las hojas de murtilla denotan incrementar la transparencia de las películas, y de este modo aumentan los niveles de absorbancia de luz ultravioleta e impiden la oxidación lipídica inducida por luz ultravioleta. El alto contenido de polifenol y la capacidad antioxidante de las hojas de murtilla también dificultan la rancidez de los alimentos y la oxidación lipídica (Gómez-Guillén, Ihl, Bifani, Silva, & Montero, 2007), (Gómez & San Martín, 2007).

Las hojas de murtilla también han sido usadas como un agente "cross-linking" en las películas basadas en carboximetilcelulosa. Su incorporación ha mostrado disminuir la permeabilidad al agua de las películas mientras logran permeabilidad selectiva a gases; este mecanismo se atribuye al alto contenido de polifenoles de las hojas (Bifani, et al., 2007). De esta manera, la murtilla muestra un tremendo potencial como preservante natural para una variedad de productos alimenticios que van desde carnes a frutas y vegetales frescos.

Cuadro 5.1 Características Nutricionales del Fruto (Valores con base en 100 g de parte comestible (p.c.)

Compuesto	Cantidad	Unidad
Calorías	75	Kcal/100 g
Agua	77,2	g/100 g p.c.
Proteína	0,7	g/100 g p.c.
Lípidos	0,3	g/100 g p.c.
Cenizas	0,6	g/100 g p.c.
Carbohidratos	19,4	g/100 g p.c.

Fuente: (Schmidt-Hebbel, Pennacchiotti, Masson, & Mella, 1992)

Cuadro 5.2 Características Funcionales del Fruto

Ítem	Valor	Unidad
Capacidad antioxidante (ORAC)	10.770	µmol ET/100 g p.f.[1]
Fibra cruda	1,8	g/100g p.c.
Fibra insoluble	17,7	g/100g m.s.[2]
Vitamina	65,38	mg/100g
Antocianinas[3]	0,64	g/100 g p.f.

Fuente: (INTA, Universidad de Chile, 2013)
1: p.f.: peso fresco; 2: m.s.: materia seca; 3: Antocianinas expresadas en equivalentes de malvidina 3-glucósido

Cuadro 5.3 Distribución Silvestre Regional

N°	Región	Ausente	Baja presencia	Presencia media	Alta presencia	Muy alta presencia
XV	Arica y Parinacota	X				
I	Tarapacá	X				
II	Antofagasta	X				
III	Atacama	X				
IV	Coquimbo	X				
V	Valparaíso	X				
RM	Metropolitana de Santiago	X				

VI	Libertador General Bernardo O'Higgins	X				
VII	Maule		X			
VIII	Biobío			X		
IX	La Araucanía				X	
XIV	Los Ríos				X	
X	Los Lagos				X	
XI	Aysén del General Carlos Ibáñez del Campo		X			
XII	Magallanes y Antártica Chilena	X				-

5.2. Datos productivos

La mayoría de los datos sobre el cultivo fueron obtenidos de la publicación: *CULTIVO DE LA MURTILLA: PAQUETE TECNOLOGICO PRELIMINAR* (Seguel, et al., 2009)

En general se tiende a pensar que la murtilla en condiciones de cultivo tiene menores requerimientos que otras berries, esto atribuido a su buena adaptación en variados ambientes y tipos de suelo en su estado silvestre. Sin embargo, estudios realizados por INIA Carillanca, permiten señalar que la murtilla destinada a la producción comercial de fruta tiene requerimientos nutricionales, hídricos, de control de plagas y enfermedades similares a otros frutales menores.

La murtilla cultivada presenta mejor adaptación en la zona costera del macro ambiente comprendido entre la Región del Biobío y la Región de Los Lagos, con bajos diferenciales térmicos entre el día y la noche y con elevada humedad relativa.

5.2.1. Ecotipos y/o variedades

El material vegetal para establecer una plantación puede provenir ya sea de ecotipos propagados por los agricultores, o de variedades recientemente liberadas por el INIA. Los ecotipos o plantas silvestres multiplicadas por viveros, sin una evaluación agronómica sistemática, no pueden asegurar rendimiento potencial; sólo pueden garantizar el color de los frutos y su diámetro.

Las variedades de murtilla disponibles son Red Pearl INIA y South Pearl INIA, estas variedades fueron liberadas por el INIA.

Cuadro 5.4 Características Variedades de Murtilla INIA

Característica	Variedad Red Pearl INIA	Variedad South Pearl INIA
Hábito de crecimiento	Erecto	Semi erecto
Color del fruto	Rojo oscuro	Rojo claro
% de cobertura del color del fruto	100 % tapado	100 % tapado
Diámetro del fruto	1,0 cm	1,1 cm
Peso del fruto	0,8 gr	0,9 gr
Sólidos solubles (*)	15 °Brix	14 °Brix
Rendimiento de fruto (año 3)	1,1 kg/planta	0,9 kg/planta

(*) varía uno a dos grados Brix dependiendo del año de evaluación

Las variedades de murtilla INIA son recomendadas para establecer plantaciones en zonas agroecológicas del secano costero y del valle central, entre las regiones del Biobío a la Región de Los Lagos, en zonas libres o de baja ocurrencia de heladas y con disponibilidad de riego.

5.2.2. Consideraciones para la selección del sitio de plantación

Las plantaciones no deben realizarse cerca de quintas de manzanos o membrillos, ya que ambos frutales normalmente son hospederos de plagas como la de sierra del sur, insecto que ataca a la murtilla. Deben evitarse sitios donde se detecte gusano blanco o cuncunilla negra. Idealmente el sitio de plantación debe estar protegido del viento sobre todo en los primeros años de establecimiento del huerto.

5.2.3. Época de plantación

En zonas con inviernos no muy severos como el sector costero de las regiones del sur de Chile, se pueden realizar plantaciones durante todo el año. Sin embargo, plantaciones de primavera e inicio de verano, con riego logran un mejor establecimiento de las plantas pues evitan el daño de heladas.

5.2.4. Preparación del suelo

En general, la murtilla se puede cultivar en todo tipo de suelos, con la consideración de que éstos posean un buen drenaje. Los suelos compactados deben subsolarse para eliminar el "pie de arado" y mejorar su drenaje. En general, en suelos trumaos y transicionales, sin presencia de pie de arado, se recomienda "cincelar" y luego "rastrear", para eliminar los terrones y emparejar la superficie de ellos.

5.2.5. Establecimiento del cultivo

Lo óptimo es formar un huerto con plantas de 1,5 a 2 años sanas y de buena arquitectura, mantenidas en viveros en macetas de 3 a 5 L. La plantación, en lo posible, debe efectuarse con orientación norte-sur para permitir así una adecuada ventilación y una exposición solar uniforme en todas las plantas, durante todo el año. Es recomendable realizar el establecimiento en camellones dado que favorece el desarrollo de las raíces, mejora el drenaje y aleja la planta de posibles ataques de hongos del suelo.

5.2.6. Fertilización

En general, se recomienda fertilizar la plantación, complementando con otras tres fertilizaciones en el primer año de plantación del huerto de murtilla. En los años siguientes también debe realizarse una fertilización anual del huerto con base en el análisis del suelo. En cuanto a la plantación, los fertilizantes deben aplicarse "en el hoyo de plantación" y mezclarse con el suelo, evitando el contacto directo de éstos con las raíces de las plantas. Las dosis totales anuales de fósforo, potasio y nitrógeno recomendadas son: 15-20 gramos de P2O5/planta (Superfosfato triple), de 16 a 20 gramos de K2O/planta (muriato de potasio) y de 16 a 20 gramos de N/planta.

5.2.7. Riego

La disponibilidad de agua en la primavera y verano es un factor para considerar al planificar una plantación de murtilla. Si bien esta especie en su hábitat natural se desarrolla en condiciones edafoclimáticas extremas, no es posible lograr una producción económicamente rentable sin satisfacer sus requerimientos hídricos.

5.2.8. Malezas y su control

Las plantas de murtilla no poseen una buena habilidad para competir con las malezas, principalmente durante los primeros años del huerto. Esto explica que los huertos sean susceptibles casi siempre de ser invadidos por malezas, las que en situaciones extremas pueden ocasionar incluso muerte de plantas. Previo a la plantación las malezas pueden controlarse mecánicamente con implementos de labranza y/o con herbicidas no selectivos aplicados al follaje de las malezas como: glifosato (sistémico, varios nombres comerciales), paraquat o paraquat+diquat (contacto, varios nombres comerciales). Con implementos de labranza los mejores resultados se logran en primavera, verano y principios de otoño, debido a condiciones climáticas más favorables para destruir las malezas. El control de las malezas sobre la hilera puede hacerse en forma manual, con azadón, con cubiertas o mulch y/o con herbicidas selectivos.

5.2.9. Plagas y enfermedades

Plagas: En condiciones de cultivo, la murtilla es hospedera de plagas que afectan principalmente la raíz, cuello y hojas de la planta. Entre las plagas que afectan a las raíces está el gusano blanco, que en estados larvarios consume un gran número de raíces nuevas. Una forma de disminuir su incidencia es mantener una cubierta verde entre las hileras para abastecer de alimento a estas larvas y evitar así el masivo consumo de raíces de la especie cultivada. Otra plaga son los gusanos cortadores (cuncunillas) que se alimentan del cuello de la planta provocando muchas veces un anillado de la corteza, lo que causa una rápida muerte de la planta.

Enfermedades: La murtilla cultivada es también atacada por hongos patógenos que se ven favorecidos por alta temperatura y humedad, y que atacan, indistintamente, raíces, cuello, madera y follaje. Para controlar en forma preventiva este tipo de enfermedades se recomienda podar las ramas enfermas, quemar o eliminar restos de poda del huerto, desinfectar las tijeras al momento de podar, aplicar fungicidas en primavera y otoño, y llevar a cabo lavados de otoño y primavera con productos cúpricos en las zonas afectadas de la planta.

5.2.10. Poda

Poda de formación: Esta práctica tiene como objetivo desarrollar la estructura de soporte de futuras producciones. Para ello debe evitarse el crecimiento en altura eliminando yemas apicales y ramas muy apegadas al suelo.

Poda de producción: Este tipo de poda se realiza en el periodo de madurez de la planta y puede incidir directamente en la producción de fruto y en el calibre de ellos. Aun cuando este tipo de manejo se está evaluando, está dirigido a eliminar la madera vieja o dañada, formar simétricamente la planta para permitir una producción uniforme en todos los sectores del seto, permitir la entrada de luz para estimular la formación de yemas florales e hijuelos en la base y evitar excesivos crecimientos vegetativos.

5.2.11. Polinizadores

La murtilla es una especie predominantemente alógama (reproducción cruzada), en la que se obtienen mayores producciones y mayores calibres de fruto, cuando se favorece este tipo de polinización. Por ello es importante la presencia de agentes polinizadores en el huerto, especialmente abejas, así como moscardones.

5.3. Datos productivos generales

Cuadro 5.5 Datos Productivos Generales

ítem	Valor	Unidad	Año dato	Referencia

Superficie Silvestre en Chile	25.000	Há	2011	Estimación
Rendimiento promedio silvestre	1,5	Ton/há	1996	(AFODECH Ltda.)
Superficie plantada (cultivada) en Chile	31	Há	2011	(Torralbo, 2011)
Rendimiento promedio cultivo (Rendimiento estabilizado, sexto año) con variedades INIA	9	Ton/há	2011	(Seguel, 2011).
Producción/recolección a nivel nacional (silvestre)	37.500	Ton	2011	Estimación (25.000 ha x 1.500 kg/ha)
Producción/recolección La Araucanía	4.500	Ton	2011	Estimación (3.000 ha x 1.500 kg/ha)

5.4. Datos de mercado

Cuadro 5.6 Principales mercados para productos frescos (fruta – hojas – otros)

Mercados (demandas)	Comentario
Ferias y mercados	Gran parte se comercializa directamente o a través de intermediarios y "puesteros", en ferias y mercados o puerta a puerta. Prácticamente la totalidad del producto es comercializado en fresco y de manera informal en ferias y en la calle de ciudades ubicadas en las regiones productoras. La murtilla al igual que lo que ocurre con el calafate y los digüeñes son vendidos directamente por recolectores que luego de acopiarlos los comercializan informalmente en los mercados o vegas locales del sur de Chile. (http://assets.panda.org/downloads/pfnm.pdf, s.f.)
Productos gourmet	Estos productos se enfocan actualmente en turistas con un poder adquisitivo mayor, se producen chocolates, licores, mermeladas, té, conservas, jarabes, entre otros. (Murtillachile, s.f.) (www.supernatural.cl, s.f.)
Cosméticos	Diversas empresas producen líneas cosméticas a base de hojas, cremas, fragancias, jabones. (www.supernatural.cl, s.f.), (Levinia, s.f.)
Suplementos alimenticios	Este producto se encuentra en diversos sitios Web donde es promocionado como un suplemento alimenticio que otorga elementos naturales que ayudan a normalizar las funciones del cuerpo que se encuentran debilitadas. (www.supernatural.cl, s.f.), (http://www.tierra-adentro.cl/archivos /arch_esp.php?prog_id=55&ano_id=2005&cod_id=2005_8, s.f.)
Chocolates	Las empresas procesadoras de chocolates, si bien adquieren fruta, la cantidad es muy mínima por temporada. (Valdivia, s.f.)
Licores	Las empresas productoras, si bien adquieren fruta, la cantidad es muy mínima por temporada. (Myrthus, s.f.), (www.frutosdeafunalhue.cl, s.f.), (Donaguillermina, s.f.)

5.5. Principales empresas procesadoras

Cuadro 5.7 Principales Empresas Procesadoras de Murtilla

Empresa Procesadora	Productos	¿Qué Compra?	Región	Contacto
Frutos del Parador Afunalhue	Licor de Murtilla Mermelada de Murtilla	Frutos	Chile, La Araucanía	www.frutosdeafunalhue.cl
Productos Mickelsen	Mermeladas y Conservas	Frutos	Chile, RM	
Andes Fruit	Vende como productos silvestres la murtilla	Frutos	Chile, RM	
MYRTHUS	Licor de murtilla	Frutos	Chile, Los Lagos	

Licores doña Guillermina	Licor de murtilla	Frutos	Chile, Los Lagos	
Laboratorio Medicinal Fitoterápico Basel	Anticelulítico	S/I	Argentina, Buenos Aires,	http://www.quiminet.com/sh5/ sh_co_1_armadvcvcdadddsaAAss.htm
Murtilla Carahue	Mermelada Conserva Licor Jarabe	Frutos	Chile, La Araucanía	
Altalena	Ingredientes funcionales en formato polvo secados por liofilización o atomización	Frutos	Chile, RM	AV. SALVADOR 149 Oficina 608 Providencia - Chile. Fono: 56 2 - 204 45 50
SAAUT Group	Jarabe de Murta	Frutos	Chile, Los Ríos	
Cosmética Secretos del Bosque Limitada	Gel de Murta Orgánico	S/I	Chile, RM	
Huerto azul	Chutney de murtilla Mermelada de murtilla Helados de murtilla Conservas de murtilla	Frutos	Chile, La Araucanía	
Vilkun	Berries infundidos en jugos de fruta y miel	Frutos	Chile, La Araucanía	
Bayas del Sur	Jugo concentrado de murta	Frutos	Chile, Los Lagos	
Fábrica de Chocolates Norweisser	Chocolates	Frutos	Chile, Magallanes- La Araucanía	
Supernatural	Cápsulas para celulitis y flacidez	S/I	Chile, RM	despachos.supernatural@gmail.com
Ventas Naturales	Crema Natural de Murtilla 60 gramos Jabón líquido	S/I	Chile, RM	
Granero del Goloso	Cápsulas antioxidante, antienvejecimiento, combate celulitis, flacidez, reguladora de la microcirculación	S/I	Chile, RM	Granero Goloso, Rincón De Las Delicias. San Antonio 449. Santiago Centro. Teléfono:(2) 63 86 289.
Antilahue	Crema antioxidante y regeneradora	S/I	Chile, Los Lagos	
Produnatur	Cápsulas de murtilla Antioxidante anticelulitis	S/I	S/I	
Martelnatural	Suplemento alimenticio	S/I		
Machitún	Té de murtilla	Frutos	Chile, Biobío	
Index Salus Ltda.	Hierba medicinal y aromática, té en mezcla	Fruto	Chile, La Araucanía	
Mass productos Artesanales	Jaleas, jarabes y conservas	Fruto	Chile, Los Lagos	productosartesanalesmass@hotmail.com
Levinia Manfredini	Vitamurtilla: Tratamiento facial vivificante-antiestrés	Hojas de murtilla	Chile, RM	
COSEDEB Ltda.	Te Murta Gel Murta Cremas Murta Corporal Línea Capilar	Hojas de murtilla	Chile, RM	

5.6. Exportaciones

Cuadro 5.8 Exportaciones de Murtilla

Ítem	Año 2006	Año 2007	Año 2008	Año 2009	Año 2010
Ton Exportadas (a)	11.887	13.204	12.144	8.439	7.593

US$/Ton Exportadas (b)	1.180	1.203	1.564	1.319	1.404

Fuente: (e-COMEX, 2011).
a) Incluye: murtilla fresca y en conserva; b) En dólares FOB

5.6.1. Glosas de murtilla

20089200: Mezclas de frutas membrillo con murtillas al almíbar en envases de 360cc

08102090: Murtilla fresca murty, categorias todas, calibres todos

20086019: Murtilla en conserva en almibar en frascos de 200 grs.

22087000: Coctel de murtilla, grado alcohólico 20, licor en botella de 0.700 litros

5.6.2. Precios

Precio Murtilla Fresca (US$FOB/Ton)

Ítem	Año 2006	Año 2007	Año 2008	Año 2009	Año 2010
Tonelada fruta fresca (d)	3.963	3.806	6.218	s/i	7.359

Fuente: (e-COMEX, 2011)
d) incluye sólo murtilla fresca

5.6.3. Resultados de envíos de fruta desde los años 1989 a 2010

Envíos de Fruta desde los Años 1989 al 2010

Exportador	Mercado de Destino	US$/Kilo FOB	Tipo Fruta	Año
BERRIES LA UNIÓN	Francia, Alemania, Inglaterra y EUA	13,4	Silvestre	1989
THE FRESH CONNECTION	Japón	13	Silvestre	2007
VITAL BERRY MARKETING	EUA	3,8	Silvestre (en malas condiciones)	2007
VITAL BERRY MARKETING	Japón	8,6	Cultivada (Ecotipos locales)	2010

Fuente: (Torralbo, 2011)

5.7. Estudio de mercado rirdc 2005

Principales Datos del Estudio de Mercado RIRDC 2005

Ítem	Descripción
Solicitante	Tasmanian Myrtus Berries Pty. Ltd.
Institución Ejecutora	Corporación de Investigación y el Desarrollo de las Industrias Rurales (RIRDC), de Australia.
Objetivo	Conocer la demanda por fruta de murtilla, especialmente, las preferencias de mercados asiáticos específicos.
Mercados Estudiados	Hong-Kong (7 millones de habitantes y PIB per cápita: 42 mil dólares). Taipei (2,6 millones de habitantes y PIB per cápita: 30 mil dólares).

Metodología General	Se realizaron demostraciones de cocina y de manera paralela se realizaron encuestas a los participantes en las degustaciones:
Contactados	Dueños de restaurantes, cocineros, pasteleros, panaderos e importadores.

5.7.1. Principales resultados

- Hubo una respuesta muy positiva después de probar los frutos y los alimentos preparados con murtilla.
- Un 75 % de los encuestados indicó que a sus clientes les gustaría consumir esta berry.
- Hubo buena disposición, aunque no universal, de considerar la compra de fruta congelada o seca, cuando no existiese en el mercado fruta fresca.
- Estos mercados están dispuestos a pagar más por la murtilla que por frutas más conocidas por ellos, como la frambuesa.
- De manera conservadora, la demanda combinada de estos dos mercados se estimó en 300 toneladas después del estudio.

5.8. Desafíos del mercado de la murtilla

- *Aumentar el consumo doméstico en el país:* Desde la VI Región al norte, no existe esta especie, y no se la consume. Es decir, Santiago el principal mercado de Chile, no conoce las bondades de la Murtilla. Hay que recordar que no menos de 1 millón de personas de la Región Metropolitana son de origen sureño y por lo tanto, conocen la murtilla. Por otro lado, su utilización doméstica debe seguir evolucionando hacia preparados alimentarios salados y agridulces para ampliar las posibilidades de uso.

- *Aumentar el Consumo agroindustrial del país:* Las grandes agroindustrias de Chile casi no conocen este fruto y no han generado desarrollos de procesados de murtilla (nuevos productos), que sean comercializados por ellas. No conocen los últimos atributos descritos. Por otro lado, desconocen la diversidad que existe entre los distintos genotipos disponibles, en especial las grandes diferencias en sólidos solubles y su capacidad antioxidante, atributo por el cual está descrito por varios autores como una de las superberries.

- *Posicionar a la murtilla y sus derivados como productos distintivos de Chile en el contexto internacional:* Si bien se nos conoce mucho por las uvas de mesa, las manzanas, los arándanos y otros frutos, ninguno de éstos es nativo de Chile. La murtilla en cambio sí lo es y sus características alimentarias y funcionales son tanto o más interesantes que éstos y otros frutos. Es por ello que la fruticultura menor de Chile está frente a una real oportunidad de diversificación y diferenciación en los mercados internacionales. Hoy el rubro depende de la promoción en el exterior. Ya existen estudios de mercado que avalan una apuesta de las exportadoras, en especial al mercado chino. Hay que recordar que para este mercado culturalmente el rojo es de buena suerte.

- *Convencer a los productores de berries del Sur de Chile que la murtilla es un complemento y no una competencia con el arándano o la frambuesa:* Las épocas de cosecha (recolección) de la murtilla, están distanciadas por al menos un mes del proceso de cosecha del arándano y la frambuesa, lo cual permitiría optimizar la utilización de la infraestructura y no habría competencia por mano de obra.

- *Sumar la agricultura familiar campesina a las cadenas de valor actuales y generar emprendimientos asociativos de producción primaria y procesamiento:* Los pequeños productores poseen superficies de murtilla silvestre y además muchos de ellos se ubican en zonas agroecológicas óptimas para su cultivo, como por ejemplo las comunas costeras de La Araucanía y Los Ríos. Por otra parte, existe la posibilidad real de desarrollar procesamientos altamente diferenciados a una escala que hoy posee muchos subsidios por parte del estado.

5.9. Referencias

AFODECH Ltda. (s.f.). FONTEC. Manejo de Ugni molinae Turcz (murta) establecido naturalmente.

Aguirre, M. D., Backhouse, N. E., Letelier, M., Cassels, B., Silva, X., Alegria, S., & Negrete, R. (2006). Topical anti-inammatory activity of 2 alpha-hydroxy pentacyclic triterpene acids from the leaves of Ugni molinae. Bioorg Med Chem 2006, 14:5673–5677.

Avello, M., & Pastene, E. (2005). Antioxidant activity of Ugni molinae Turcz "Murtilla: infuses. Bol Lat Caribe Plantas Med Aromáticas, 4:33–39.

Belov, M. (noviembre de 2011). Chile Flora. Obtenido de http://www.chileflora.com/Florachilena/FloraEnglish/HighResPages/EH0291.htm. Bifani, V., Ramírez, C., Ihl, M., Rubilar, M., García, A., & Zaritzky, N. (2007). Effects of murta (Ugni molinae Turcz) extract on gas and water vapor permeability of carboxymethylcellulose-based edible lms. LTW, 40:1473–1481.

Böhm, L., Arismendi, N., & Ciampi, L. (2009). Nematicidal activity of leaves of common shrub and tree species from Southern Chile against Meloidogyne hapa. Ciencia Investigación Agraria, 36:249–258.

Del Porte, C., Backhouse, N., Inostroza, V., Aguirre, M., Peredo, N., Silva, X., . . . Miranda, H. (2007). Analgesic activity of Ugni molinae (murtilla) in mice models of acute pain. J Ethno-pharmacol, 112: 162–165.

Donaguillermina. (s.f.). Obtenido de http://donaguillermina.cl/ e-COMEX. (noviembre de 2011). Obtenido de www.legalpublishing.cl. Gomez, P., & San Martin, J. (2007). What is the modication of the structure in the edge-inner gradient in three size remnants fragments of Ruil forest? . Agro Ciencia, 23:37–41.

Gómez-Guillén, M., Ihl, M., Bifani, V., Silva, A., & Montero, P. (2007). Edible lms made from tuna-sh gelatin with antioxidant ex-tracts of two different murta ecotypes leaves (Ugni molinae Turcz). Food Hydrocolloids, 21:1133–1143. http://assets.panda.org/downloads/pfnm.pdf. (s.f.). http://www.tierra-adentro.cl/archivos/arch_esp.php?prog_id=55&ano_id=2005&cod_id=2005_8. (s.f.).

INTA, Universidad de Chile. (enero de 2013). Portal Antioxidantes. Obtenido de http://www.portalantioxidantes.com/orac-base-de-datos-actividad-antioxidante-y-contenido-de-polifenoles-totales-en-frutas/

Janick, J., & Paul, R. (2008). Encyclopedia of Fruits and Nuts. Cambridge, MA: CABI. Landrum, L., & Donoso, C. (1991). Ugni molinae (Myrtaceae), a potential fruit crop for regions of Mediterranean, maritime, and subtropical climates. Econ Bot, 44:536–539. Lavin, A., & Vega, A. (1996). Caracterización de frutos de murtilla (Ugni molinae TURCZ) en el área de Cauquenes. Agric Technol, 56:65–67.

Levinia. (s.f.). Obtenido de http://www.levinia.com/ Montenegro, G. (2000). Chile nuestra ora útil. En Montenegro G, Guía de Plantas Apícola en Medicina Folclórica Artesanal y Ornamental (págs. 241–242). Santiago: Universidad Católica de Chile.

Muñoz, C. (1966). Familia de las mirtáceas. Flores Silvestres de Chile, 155–156.

Murtillachile. (s.f.). Obtenido de http://www.murtillachile.cl/

Myrthus. (s.f.). Obtenido de http://www.myrthus.com/

Rubilar, M., Pinelo, M., Ihl, M., Scheuermann, E., Sineiro, J., & Nunez, M. (2006). Murta leaves (Ugni molinae Turcz) as a source of antioxidant polyphenols. J Agric Food Chem, 54:59–64.

Scheuermann, E., Seguel, I., Montenegro, A., Bustos, R., Hormazábal, E., & Quiroz, A. (2008). Evolution of aroma compounds of murtilla fruits (Ugni molinae Turcz) during storage. J Sci Food Agric., 88:485–492.

Schmidt-Hebbel, D. H., Pennacchiotti, D. Q., Masson, D. Q., & Mella, D. Q. (1992). TABLA DE COMPOSICIÓN QUÍMICA DE ALIMENTOS CHILENOS. Obtenido de http://www.repositorio.uchile.cl/handle/2250/121427

Seguel, I. (2011). (Comunicación Personal). Proyecto FONDEF: Variedades y estrategias para la producción y comercialización de murtilla (Ugni molinae Turcz) en el mercado global.

Seguel, I., Flandez, R., Peñaloza, E., Montenegro, A., Torralbo, L., France, A., . . . San Martín, J. (Noviembre de 2009). Cultivo De La Murtilla: Paquete Tecnológico Preliminar. Obtenido de http://www2.inia.cl/medios/biblioteca/informativos/NR36491.pdf

Shene, C., Reyes, A., Villarroel, M., Sineiro, J., Pinelo, M., & Rubilar, M. (2009). Plant location and extraction procedure strongly alter the antimicrobial activity of murta extracts. Eur Food Res Technol, 228:467–475.

Suwalsky, M., Orellana, P., Avello, M., & Villena, F. (2007). Protective effect of Ugni molinae Turcz against oxidative damage of human erythrocytes. Food Chem Toxicol, 45:130–135.

Suwalsky, M., Orellana, P., Avello, M., Villena, F., & Sotomayor, C. (2006). Human erythrocytes are affected in vitro by extracts of Ugni molinae leaves. Food Chem Toxicol, 44:1393–1398.

Torralbo. (2011). Proyecto FONDEF: Variedades y estrategias para la producción y comercialización de murtilla (Ugni molinae Turcz) en el mercado global.

Valdivia, C. E. (s.f.). http://www.norweisser.cl.

www.frutosdeafunalhue.cl. (s.f.).

www.supernatural.cl. (s.f.).

6

Guanábana

(*Annona muricata L.*)

Gabriela Aguilar Hernández, Efigenia Montalvo González [1*]

Tecnológico Nacional de México/Instituto Tecnológico de Tepic

Av. Tecnológico 2595, Col. Lagos del Country CP. 63175, Tepic Nayarit, México.

Autor para correspondencia: **emontalvo@ittepic.edu.mx**

6.1. Características agronómicas

6.1.1. Taxonomía

La guanábana (Annona muricata L.) pertenece a la familia Annonaceae y aunque no se sabe con certeza el origen, probablemente es nativa de las áreas tropicales de América del sur y del norte y está ampliamente distribuida en las regiones tropicales de América Central y del Sur, África Occidental y el Sudeste Asiático (Pinto et al., 2005). En la Cuadro 6.1 se presenta la clasificación taxonómica de la guanábana.

Cuadro 6.1 Clasificación taxonómica de la Guanábana (Annona muricata L.).

Reino	Plantae
Subreino	Tracheobionta
División	Magnoliophyta
Clase	Magnoliopsida
Subclase	Magnoliidae
Orden	Magnoliales
Familia	Annonaceae
Género	Annona
Especie	Muricata Linn

Fuente: CONABIO (1996).

El árbol de Guanábana es un árbol vertical de baja ramificación que alcanza de 8 a 10 m y consta de hojas verdes, brillantes y perennes (Badrie y Schauss, 2010). Los árboles de guanábana producen frutos grandes, con cáscara espinosa de color verde oscuro y pulpa agria y fibrosa, un fruto tipo baya. El fruto es ovalado o en forma de corazón, con frecuencia irregular asimétrico y puede llegar a pesar desde 0.4 hasta 10 kg (Pinto et al., 2005; Jiménez et al., 2014). Los frutos generalmente pueden contener desde 5 hasta 200 o más semillas de forma oval, lisa, dura y negras de 1-2 cm de longitud. Su superficie interna es de color crema y granular y se separa fácilmente de la masa de segmentos jugosos, fibrosos y blancos que rodean el núcleo central blando y compacto (Coelho y Alves, 2011).

6.1.2. Condiciones de cultivo

El cultivo de Guanábana es considerado un cultivo tropical, capaz de soportar temporadas de sequía cortas y medianas en su etapa adulta (Torrente et al. 2016). La producción frutícola por árbol es baja con relación a otros frutales, por lo que el éxito comercial del guanábano depende de una adecuada selección de genotipos con mayor producción y con frutos de calidad (Evangelista-Lozano et al. 2003).

En México la producción de Guanábana reportada por el SIAP (2015) fue de 16620.91 ton/año, siendo los principales estados productores Nayarit, Colima, Michoacán y Guerrero y en menor escala de producción Campeche, Jalisco, Puebla, Tabasco, Veracruz y Yucatán. Sin embargo, aunque la guanábana se cultiva a diferentes altitudes, el mercadeo está limitado por la corta vida poscosecha de la fruta, porque es susceptible a lesiones físicas, debido a que en un periodo de cuatro a cinco días después de la cosecha y a temperatura ambiente, muestran ablandamiento y alteraciones en el sabor y color externo e interno.

La guanábana se caracteriza por ser un fruto climatérico, con alta respiración y producción de etileno, (Montalvo-González et al., 2014), por lo anterior es considerada altamente perecedera.

Cuadro 6.2 Requerimientos de cultivo de la Guanábana.

Requerimientos climáticos	El cultivo es susceptible al frío y requiere de climas más tropicales, húmedos y cálidos (Torrente et al. 2016). La guanábana es cultivada principalmente en regiones tropicales, a altitudes inferiores a 1200 m sobre el nivel del mar y entre latitudes 27 °Norte y 22.5 °Sur, con temperaturas entre 25 y 28 °C, humedad relativa entre 60 y 80 % y precipitaciones anuales por encima de 1500 Mm (Pinto et al., 2005).
Requerimientos de suelo	Los árboles de guanábana no son muy exigentes con el tipo de suelo, pero producen mejor en suelos fértiles, bien aireados, bien drenados y profundos, ricos en materia orgánica y se puede cultivar en una amplia variedad de tipos de suelo a pH desde 5.5 hasta 7.5 (Pinto et al. 2005).

Siembra	Las plantaciones que existen en México, por lo general, se cultivan a partir de semillas (que pueden almacenarse durante varios meses antes de la siembra) en las cuales la germinación generalmente toma 3 semanas, pero en condiciones sub-óptimas puede retrasarse hasta 2 o 3 meses (Vidal-Lezama et al., 2015). Alternativamente, la propagación de la especie Annona se logra mediante esquejes para la multiplicación rápida de nuevos genotipos y la eliminación de la infección viral y la enfermedad. (Badrie y Schauss, 2010).
Fotoperiodo	El requerimiento de luz mínima para el cultivo es de 2000 horas luz/año (Torrente et al. 2016).
Floración	El período desde la polinización hasta la madurez del fruto promedia de 5 a 6 meses. Las flores aparecen en cualquier parte del tronco o cualquier rama y en un mismo árbol pueden presentarse diferentes estados de floración (Miranda et al., 2001).

6.1.3. Estacionalidad

A pesar de que la guanábana tiende a florecer y fructificar continuamente, hay estaciones de fructificación. La distribución de la floración puede presentarse en dos épocas, la primera en los meses de febrero a mayo y la segunda de octubre a noviembre. Aunque dependiendo del país, la floración también puede estar presente durante todo el año (Miranda et al., 2001; Pinto et al., 2005).

6.1.4. Plagas y enfermedades

Un factor que constituye una limitante severa en la producción de frutales en América Central y en el resto del mundo son las plagas y enfermedades. La siembra intensiva y la poca tecnología de algunos frutales, unido al desequilibrio ecológico producido por prácticas inadecuadas de manejo de insectos plagas y enfermedades, han ocasionado que algunas plagas secundarias se conviertan en primarias para muchos de estos cultivos, debido a esto, es importante conocer las especies de insectos plagas y las enfermedades que limitan la producción del cultivo de guanábana para efectuar el correcto uso de métodos de control que sean amigables con el medio ambiente, eficientes y que, además, permitan incrementar la productividad.

6.1.4.1. Principales plagas de la guanábana

Uno de los principales problemas del cultivo son las plagas, principalmente los barrenadores de fruto, semilla y tallo; ya que los árboles al ser atacados por éstas, no solo producen pérdidas al productor, sino que se convierten en focos permanentes de infestación, proyectándose como una seria amenaza para futuras plantaciones (Becerra y Rosas, 2015). La guanábana es hospedante de más de 30 especies de insectos pertenecientes a Coleoptera, Hymenoptera, Lepidoptera, y Hemiptera (Pinzón-García et al., 2016). Vidal et al. (2014) mencionan que las plagas que más se destacan por producir daños económicos al cultivo son: la avispita o barrenador de la semilla del fruto Bephratelloides cubensis, el perforador del fruto o palomilla Cerconota anonella y la chinche de encaje Corythuca gossypii, también menciona el caso de otras plagas como Acantocephala femorata, Pseudococcus citri, Thecla ortygnus, Membracis mexicana, Saissetia sp, Lonchaeidae. Pinzón-García et al. (2016) mencionan daños esporádicos e imprecisos causados por Gonodonta pyrgo. Hernández et al. (2015) también reportan a Maconellicoccus hirsutus como una de las plagas de mayor importancia en la guanábana.

La infestación del Perforador del fruto Cerconota annonella y el perforador de la semilla Bephratelloides cubensis inicia cuando la hembra deposita los huevos dentro de la semilla en desarrollo. Las larvas se desarrollan dentro de la semilla destruyendo gran porcentaje de éstas mientras la fruta permanece en el árbol. Después que completa el desarrollo, la avispa perfora un pequeño agujero a través de la pulpa para salir fuera de la fruta. El daño ocasionado afecta la calidad de la fruta, cuando el ataque se realiza en flores o frutos pequeños, éstos se secan, se tornan negros y caen al suelo o permanecen momificados en el árbol. Los orificios pueden facilitar la entrada de hongos, como el causante de la antracnosis (Cabrera y Martínez, 2001; Rosas y Becerra, 2012).

En el caso de la Chinche de encaje Corytucha gosypii Fabricius, debido a la succión de savia, se produce senescencia prematura de las hojas y se retarda el crecimiento. En el haz, los daños se observan inicialmente como un punteado blanco cremoso, seguido por manchas de color amarillo pálido, mientras que, en el envés, los daños son semejantes a raspaduras (Rosas y Becerra, 2012; Vidal et al., 2014).

6.1.4.2. Principales enfermedades de la guanábana

Las enfermedades al igual que las plagas que atacan a los frutales tropicales resultan de gran impacto económico debido a las pérdidas que ocasionan en el rendimiento y calidad de la fruta en el cultivo. Las principales enfermedades de la guanábana reportadas son: antracnosis (Colletotrichum gloeosporioides), pudrición blanda, (Rhizopus stolonifer Ehr.), mancha negra de la hoja (Phyllosticta sp), mancha del ápice de la hoja (Pestalotia sp.), mancha blanca de la hoja (Macrophoma sp.), Fusarium sp, Botryodiplodia theobromae y Phytophthora sp (Vidal et al., 2014; Vidal-Lezama et al., 2015).

La enfermedad de mayor importancia en el cultivo del guanábano es la antracnosis ya que disminuye la producción y calidad de los frutos. El agente causal responsable de esta enfermedad es el hongo Colletotrichum gloeosporioides que se presenta en plántulas y plantas adultas atacando tallos, ramas, hojas, flores y frutos, ocasionando bajos rendimientos por hectárea. Presenta dos afecciones, la primera es cuando se presenta sobre flores y en los frutos donde causa una pudrición negra que ataca en todas las etapas de su desarrollo, principalmente en los tejidos tiernos (pequeños o medianos) de guanábana, donde causa una momificación y caída; en ocasiones, también pueden formarse áreas de color rosa, cuando el hongo fructifica; en este caso, los frutos caen o quedan colgando del árbol, pero vanos, siendo la fuente de nuevas infecciones. La segunda sintomatología es la formación de manchas color café, más o menos redondeadas sobre la epidermis de cualquier parte de los frutos. Las lesiones que provocan los barrenadores de la semilla o fruto pueden favorecer la penetración del hongo en los frutos (Andrades et al., 2009; Becerra y Rosas, 2015).

Otra enfermedad importante es la pudrición blanda causada por Rhizopus stolonifer (Ehrenberg: Fries) Vuillemin. El daño de este hongo se inicia como pequeñas manchas de consistencia acuosa, que crecen conforme pasa el tiempo. En la parte inicial del fruto, los micelios del hongo forman un afelpado de color gris-negro; la pudrición avanza tanto en la superficie del fruto, como en la parte interna, hasta que se pudre totalmente y cae al suelo. Como control pueden eliminarse frutos dañados para que no sirvan de inóculo (Vidal-Lezama et al., 2015).

Así mismo la pudrición del pedúnculo Pestalotia sp y Lasiodiplodia sp es una enfermedad que se manifiesta por una coloración oscura sobre el pedúnculo del fruto, que lo une al tronco o a una rama del árbol de guanábana; si se hace un corte longitudinal a través del pedúnculo, se observa una pudrición de color café oscuro a lo largo de éste, que avanza progresivamente hacia la cáscara pudriendo completamente el fruto de adentro hacia fuera (Vidal-Lezama et al., 2015).

6.2. Características nutricionales

El fruto de guanábana consiste en 67.5 % de pulpa (fracción comestible), 20 % cáscara, 8.5 % semillas y 4 % núcleo central o columela por peso (Badrie y Schauss, 2010).

6.2.1. Composición nutricional de la pulpa

La composición proximal (Cuadro 6.3) de la pulpa de guanábana varía dependiendo del lugar de origen. Sin embargo, los datos reportados coinciden en que el valor nutricional de la pulpa de guanábana se debe a su contenido en fibra dietética, cantidades significativas de vitamina C, calcio, fósforo y niacina (Badrie y Schauss, 2010).

Cuadro 6.3 Composición proximal de pulpa de guanábana.

Nutriente	Badrie y Schauss, 2010	Moreno-Hernández et al., 2014	Onimawo, 2002; Onyechi et al., 2012

Humedad (%)	82.80	80.71	81
Proteínas (%)	1.00	0.20	0.9
Grasas (%)	0.97	0.15	0.97
Carbohidratos (%)	14.63	18.21	12.5
Fibra cruda	0.79	3.82*	0.79
Cenizas (%)	0.60	0.64	0.61
Calcio (mg/100 g)	10.30	—	0.01
Fósforo (mg/100 g)	27.70	—	0.3
Hierro (mg/100 g)	0.64	—	—
Vitamina A (mg/100 g)	0.00	—	14.45
Tiamina (mg/100 g)	0.11	—	2.10
Riboflavina (mg/100 g)	0.05	—	0.2
Niacina (mg/100 g)	1.28	—	0.21
Ácido ascórbico (mg/100 g)	29.60		—

*Fibra dietética

6.2.2. Composición nutricional de las semillas

Las semillas de la fruta de guanábana son ricas en aceite y proteínas. Las semillas contienen un 22.10 % de aceite y 21.43 % de proteína. El aceite consiste en un 28.07 % de ácidos grasos saturados y un 71.93 % de ácidos grasos insaturados. Los ácidos grasos son: 12-33 % de linoleico, 41-58 % de oléico, 16 % de palmítico y 5 % de esteárico con un rastro de mirístico. Este aceite puede tener un valor económico como un aceite comestible si algunos componentes posiblemente tóxicos logran eliminarse. La semilla tiene un mayor contenido de magnesio y zinc que la pulpa. Las semillas también contienen 0.2 % de ceniza, 0.79 % de acidez valorable y 17.0 mg de calcio/100 g (Badrie y Schauss, 2010).

6.2.3. Productos alimenticios

Además de los usos etnomedicinales, la pulpa de la guanábana se come y se usa como ingrediente en muchos alimentos y bebidas. Se bebe diariamente como té y a menudo se mezcla con otras decocciones a base de hierbas (Sejal-Patel y Patel, 2016). Además, se utiliza comúnmente para preparar jugo, néctar, dulces, puré, helados y yogurt (Moghadamtousi et al., 2015).

6.2.4. Propiedades funcionales

En guanábana la evaluación fitoquímica extensiva de las diferentes partes de la misma ha demostrado la presencia de varios CB tales como: compuestos fenólicos (CF), ciclopéptidos, vitaminas, megastigmanes, aceites esenciales, ACGs y ALKs (Coria-Téllez et al., 2016). Los principales compuestos de interés en la guanábana son los CF, ACGs y ALKs.

6.2.4.1. Compuestos fenólicos (CF)

En la pulpa de guanábana se han encontrado principalmente derivados del ácido hidroxicinámico y flavonoles como el kaempferol y miricetina (Correa et al., 2012; Jiménez et al., 2014). De acuerdo a la revisión bibliográfica realizada por Coria-Téllez et al. (2016) en la hoja de guanábana se han reportado 33 compuestos fenólicos, mientras que en la pulpa 13 compuestos fenólicos; sin encontrar reportes en semilla, columela o cáscara (Cuadro 6.4).

Cuadro 6.4 Compuestos fenólicos presentes en pulpa y hoja de guanábana.

N°	Compuesto	Parte de la planta	Tipo	Referencia
1	Emodina	Hoja	Antraquinona	George et al. (2014)

2	Ácido cafeoilquínico	Hoja Pulpa	Ácido clorogénico	Marques y Farah (2009); Jiménez et al. (2014)
3	Ácido clorogénico	Hoja	Ácido clorogénico	Nawwar et al. (2012)
4	Galocatequina	Hoja	Flavonoide	George et al. (2014)
5	Genisteína	Hoja	Flavonoide	George et al. (2014)
6	Gliciteína	Hoja	Flavonoide	George et al. (2014)
7	Homoorientinina	Hoja	Flavonoide	George et al. (2014)
8	Ácido isoferúlico	Hoja	Flavonoide	George et al. (2014)
9	Kaempferol	Hoja Pulpa	Flavonoide	Nawwar et al. (2012); Sandoval et al. (2014)
10	Kaempferol 3-O-rutinósido	Hoja Pulpa	Flavonoide	Nawwar et al. (2012); Sandoval et al. (2014)
11	Luteolin 3´7-di-O-glucósido	Hoja Pulpa	Flavonoide	George et al. (2014); Sandoval et al. (2014)
12	Morina	Pulpa	Flavonoide	Correa-Gordillo et al. (2012)
13	Miricetina	Pulpa	Flavonoide	Correa-Gordillo et al. (2012)
14	Quercetina	Hoja	Flavonoide	George et al. (2014); Nawwar et al. (2012)
15	Quercetina 3-O-glucósido	Hoja	Flavonoide	Nawwar et al. (2012)
16	Quercetina 3-Oneohesperidósido	Hoja	Flavonoide	Nawwar et al. (2012)
17	Quercetina 3-O-robinósido	Hoja	Flavonoide	Nawwar et al. (2012)
18	Quercetina –O-rutinósido	Hoja	Flavonoide	Nawwar et al. (2012)
19	Quercetina 3-O-a-rhamnosyl	Hoja	Flavonoide	Nawwar et al. (2012)
20	Robinetina	Hoja	Flavonoide	George et al. (2014)
21	Tangeretina	Hoja	Flavonoide	George et al. (2014)
22	Taxifolina	Hoja	Flavonoide	George et al. (2014)
23	Vitexina	Hoja	Flavonoide	George et al. (2014)
24	Ácido cafeico	Hoja	Ácido hidroxicinámico	Jiménez y col. (2014)
25	Ácido gentísico	Hoja	Hidroquinona	TDRG (2002)
26	Ácido gálico	Hoja	Tanino	George et al. (2014); Nawwar et al. (2012)
27	Fisetina	Pulpa	Flavonoide	Correa-Gordillo et al. (2012)
29	Ácido dicafeolquínico	Hoja Pulpa	Ácido clorogénico	Marques y Farah (2009); Jiménez et al. (2014)
30	Ácido feruloilquínico	Hoja	Ácido clorogénico	Marques y Farah (2009)
31	Ácido cinámico	Hoja Pulpa	Ácido cinámico	George et al. (2014); Jiménez y col. (2014)
32	Apigenina-6-C-glucósido	Hoja	Flavonoide	George et al. (2014)
33	Argentinina	Hoja	Flavonoide	Nawwar et al. (2012)
34	Catequina	Hoja	Flavonoide	Nawwar et al. (2012)
35	Ácido coumárico	Hoja Pulpa	Flavonoide	George et al. (2014); Jiménez y col. (2014)
36	Daidzeína	Hoja	Flavonoide	George et al. (2014)
37	Dihidrokaempferol-hexósido	Pulpa	Flavonoide	Jiménez et al. (2014

6.2.4.2. Alcaloides (ALK)

La presencia de alcaloides en la guanábana se ha identificado en diferentes órganos de esta especie, los más abundantes son la reticulina y coreximina. Se han reportado 29 alcaloides diferentes presentes en esta especie, los cuales se encuentran principalmente en pulpa, semillas, hojas, raíz, corteza y tallo, no existiendo reportes de alcaloides presentes en cáscara y columela (Coria-Téllez et al., 2016).

Cuadro 6.5 Alcaloides presentes en la pulpa y semilla de guanábana.

N°	Compuesto	Parte de la planta	Tipo	Referencia
1	Annonacina	Pulpa	Aporfina	Hasrat et al. (1997); Fofana et al. (2012).
2	Asimilobina	Pulpa	Aporfina	Hasrat et al. (1997)
3	Nornuciferina	Pulpa	Isoquinolina	Hasrat et al. (1997)
4	Reticulina	Pulpa	Isoquinolina	Leboeuf et al. (1981) y Lannuzel et al. (2002)
5	N-metilcoculaurina	Pulpa	Isoquinolina	Kotake et al. (2004)
6	N-graso acil triptaminas	Semilla		Moghadamtousi et al. (2015)

6.2.4.3. Acetogeninas (ACGs)

Las ACGs, son los compuestos naturales de particular interés debido a sus actividades antitumoral, citotóxica, antiparasitaria, insecticida, antimicótica e inmunosupresora (González-Esquinca et al., 2011; Laguna-Hernández et al., 2017; Moghadamtousi et al., 2015; Coria-Téllez et al., 2016).

El mecanismo de acción de las ACGs de anonáceas es debido a su potencia inhibidora del complejo I (NADH: ubiquinona oxidorreductasa) en sistemas de transporte de electrones mitocondriales de mamíferos e insectos; son potentes inhibidores de la NADH oxidasa de las membranas en plasmáticas de las células cancerosas. Estas acciones reducen la producción oxidativa, así como la producción de ATP citosólico (Alali et al., 1999).

6.2.4.3.1. Acetogeninas reportadas en guanábana

Los ACG se han aislado de varias partes de las plantas, pero principalmente de las semillas, que son ricas en aceites. La annonacina fue la acetogenina más abundante reportada tanto en hojas (Liaw et al., 2002) como en fruta (Champy et al., 2005, 2009), pero también se ha reportado en semillas (Wu et al., 1995), cáscara (Jaramillo et al., 2000) y raíces (Champy et al., 2004).

Se han identificado una gran diversidad de ACGs en extractos metanólicos, etanólicos y otros extractos orgánicos de diferentes órganos y tejidos de Annona muricata, tales como hojas, semillas, pulpa, tallos y corteza (Coria-Téllez et al., 2016). En la Cuadro 6.6 se muestran algunos de los tipos de ACGs reportados en los diferentes partes de la planta de *Annona muricata.*

Cuadro 6.6 Acetogeninas presentes en diferentes partes de la planta de Annona muricata

Nombre químico	Órgano	Tipo	Referencia
Cohibin A y B	Semillas Raíz	Lineal, insaturado, 2OH	Alali et al. (1999) y Gleye et al. (2000)
Montecristina	Raíz, pulpa y néctar	Lineal, insaturado, 2OH	Alali et al. (1999) y Champy et al. (2009)
Epomuriceninas A, B o epoximurina	Semillas Raíz Pulpa	Mono epoxi insaturado	Zafra-Polo et al. (1996) y Melot et al. (2009)
Epomurininas A, B	Pulpa	Mono epoxi	Melot et al. (2009)
Epomuseninas A B	Pulpa	Mono epoxi insaturado	Melot et al. (2009)
Sabadelin	Raíz Pulpa	Mono epoxi, 1 carbonil	Gleye et al. (1999) Ragasa et al. (2012)
Annocatalin	Hojas	Mono THF, 4OH	Liaw et al. (2002)
Annohexocina	Hojas	Mono THF, 6OH	Zeng et al. (1996)
Annomontacina	Semillas Hojas	Mono THF, 4OH	Liaw et al. (2002), Nakanishi et al. (2003) y Castillo-Sánchez et al. (2010)

Annonacina	Hojas Semillas Raíz Pulpa Nectar	Mono THF, 4OH	Wu et al. (1995c), Guadaño et al. (2000), Liaw et al. (2002), Jaramillo et al. (2000), Nakanishi et al. (2003), Champy et al. (2004, 2009), Castillo-Sánchez et al. (2010), y Ko et al. (2011).

6.2.5. Propiedades terapéuticas y farmacológicas

Todas las partes del árbol de guanábana se han usado ampliamente como medicinas tradicionales contra una variedad de dolencias y enfermedades humanas, especialmente cáncer e infecciones parasitarias. La preparación más utilizada en la medicina tradicional es la decocción de corteza, raíz, semilla u hoja (Sejal-Patel y Patel, 2016).

La fruta de guanábana no solo se usa como alimento, sino que se utiliza como medicina natural para el dolor artrítico, la neuralgia, la artritis, la diarrea, la disentería, la fiebre, la malaria, los parásitos, el reumatismo, como tratamiento hepático y también se consume para elevar la leche materna después del parto. Las hojas se emplean para tratar la cistitis, diabetes, dolores de cabeza e insomnio; como antirreumáticos, neurálgicos y tópicamente para tratar abscesos. Las semillas trituradas tienen actividades antihelmínticas. En África tropical, la planta se usa como agente astringente, insecticida y piscicida y para tratar la tos, el dolor y las enfermedades de la piel. En India, la fruta y la flor se emplean como remedios contra el catarro, mientras que la corteza de la raíz y las hojas tienen actividades antiflogísticas. En Malasia, la mezcla de hojas trituradas de *A. muricata* junto con A. *squamosa* e *Hibiscus* rosa-sinensis se usa como tratamiento contra el desmayo (Moghadamtousi et al., 2015). Las frutas, semillas, hojas y raíces inmaduras también se usan como bioplaguicidas, bioinsecticidas y repelentes de insectos tópicos (Coria-Tellez et al., 2016).

Las propiedades farmacológicas de la guanábana se han estudiado para dar una respuesta científica a los efectos causados por los compuestos bioactivos en esta especie. En el cuadro 6.7, se presentan algunas de las actividades farmacológicas, de extractos de hojas y pulpa principalmente, en donde se puede observar los estudios en líneas celulares cancerosas, como antibacteriales, insecticidas, antioxidantes y antiparasitarias.

Cuadro 6.7 Actividades farmacológicas de extractos de Annona muricata evaluados in vivo.

Órgano	Actividad	Solvente	Sujeto de estudio	Resultado	Referencia
Hojas	Citotóxica	n-Butanol	MDA-MB-435S	IC50=29.2 µg/mL	George et al. (2012)
Hojas	Citotóxica	Agua-EtOH	HaCat	1.6 a 50 µg/mL	Nawwar et al. (2012)
Hojas	Antiparasitaria Antiprotozoaria	Pentano Hexano	P. falciparum	IC50: 8 g/mL	Menán et al. (2006); Osorio et al. (2005)
Pulpa	Antiprotozoaria	EtOH MeOH Agua		IC50= 6.01 g/mL IC50= 5.17 g/mL IC50>10 g/mL	Osorio et al. (2005)
Hojas	Insecticida	Agua	A. aegypti	CL50 =3.33 mg/mL	
Pulpa	Antioxidante	NR	FRAP, ORAC, ABTS+, DPPH	503,14.51, 287.67 y 2.88 µmol de Tr/g	Correa-Gordillo et al. (2012)
Hojas	Antioxidante	n-Butanol	DPPH	400 µg de extracto: 60 % inhibición.	George et al. (2012)
Hojas	Antibacterial	EtOH	S. aureus	MIC=128 mg/mL	Bussmann et al. (2010)

6.3. Referencias

Alali, F. Q., Liu, X. X., y McLaughlin, J. L. (1999). Annonaceous acetogenins: Recent progress. Journal of Natural Products, 62(3), 504–540.

Andrades, I., Yender, F., Labarca, J., Ulacio, D., Paredes, C., y Marín, Y. (2009). Evaluación de la antracnosis (Colletotrichum sp.) en guanábana (Annona muricata L.) tipo Gigante en el sector Moralito del estado Zulia, Venezuela. Revista UDO Agrícola, 9(1), 148-157.

Badrie, N., y Schauss, A. G. (2010). Soursop (Annona muricata L.): Composition, Nutritional Value, Medicinal Uses, and Toxicology. En: Ronald Ross Watson y Victor R. Preedy (Eds), Bioactive Foods in Promoting Health. Oxford: Academic Press (Editorial). pp. 621-643.

Becerra, L.E.N. y Rosas, G.X. (2015). Manejo integral de plagas y enfermedades del guanábano. En: González-Esquinca, A.R., Luna-Cazáres, L.M., Gutiérrez-Jiménez, J., Schlie-Guzmán, M.A., Vidal-López, D.G. (Eds), Anonáceas: Plantas antiguas. Estudios recientes. Parte 2. Universidad de Ciencias y Artes de Chiapas (Universidad Editora). pp. 173-192.

Bussmann, R.W., Malca, G., Glenn, A., Sharon, D., Nilsen, B., Parris, B. y Townesmith, A. (2010). Minimum inhibitory concentrations of medicinal plants used in Northern Peru as antibacterial remedies. Journal Ethnopharmacology, 132(1), 101–108.

Cabrera, I. y Martínez, S. (2001). Susceptibilidad a insectos en selecciones y variedades de Annona muricata L. y Persea americana M. en Puerto Rico. Agronomía mesoamericana, 12(1), 99-103.

Castillo-Sánchez, L. E., Jiménez-Osornio, J. J. y Delgado-Herrera, M. A. (2010). Secondary Metabolites of the Annonaceae, Solanaceae and Meliaceae Families Used As Biological Control of Insects. Tropical and Subtropical Agroecosystems, 12(3), 445–462.

Coêlho de Lima M. A. y Alves R. E. (2011). Soursop (Annona muricata). En: Yahia E. (Ed). Postharvest Biology and Technology of Tropical and Subtropical Fruits, Woodhead Publishing (Editorial), Cambridge, Reino Unido. pp. 363-395.

CONABIO. (1996). Sistema Integrado de Clasificación Taxonómica en México. https://www.gob.mx/conabio.

Coria-Téllez, A. V., Montalvo-Gónzalez, E., Yahia, E. M. y Obledo-Vázquez, E. N. (2016). Annona muricata: A comprehensive review on its traditional medicinal uses, phytochemicals, pharmacological activities, mechanisms of action and toxicity. Arabian Journal of Chemistry In press: doi.org/10.1016/j.arabjc.2016.01.004

Correa-Gordillo, J., Ortiz, J., Sánchez-Mejía, M. y Pachón, H. (2012). Actividad antioxidante en guanábana (Annona muricata L.) una revisión bibliográfica. Boletín Latinoamericano y del Caribe de Plantas Medicinales y Aromáticas, 11(2), 111–126.

Champy, P., Guérineau, V., y Laprévote, O. (2009). MALDI-TOF MS profiling of annonaceous acetogenins in Annona muricata products for human consumption. Molecules, 14(12), 5235–5246.

Champy, P., Höglinger, G. U., Féger, J., Gleye, C., Hocquemiller, R., Laurens, A. y Ruberg, M. (2004). Annonacin, a lipophilic inhibitor of mitochondrial complex I, induces nigral and striatal neurodegeneration in rats: possible relevance for atypical parkinsonism in Guadeloupe. Journal of Neurochemistry, 88 (1), 63–69.

Champy, P., Melot, A., Guérineau, V., Gleye, C., Fall, D., Höglinger, G. U. y Hocquemiller, R. (2005). Quantification of acetogenins in Annona muricata linked to atypical Parkinsonism in Guadeloupe. Movement Disorders, 20 (12), 1629–1633.

Evangelista-Lozano, S., Cruz-Castillo, J. G., Pérez-González, S., Mercado-Silva, E. y Dávila-Ortiz G. (2003). Producción y calidad frutícola de guanábanos (Annona muricata L) provenientes de semilla de Jiutepec, Morelos, México. Revista Chapingo Serie Horticultura, 9 (1), 69-79.

González-Esquinca, A. R., Luna-Cazáres, L.M., Gutiérrez-Jiménez, J., Schlie-Guzmán, M.A. y Vidal-López, D.G (2011). Anonáceas: Plantas antiguas, Estudios recientes, Parte 2. Universidad de Ciencias y Artes de Chiapas. pp. 234-256.

Gleye, C., Laurens, A., Laprévote, O., Serani, L., y Hocquemiller, R. (1999). Isolation and structure elucidation of sabadelin, an acetogenin from roots of Annona muricata. Phytochemistry, 52 (8), 1403–1408.

Gleye, C., Raynaud, S., Fourneau, C., Laurens, A., Laprévote, O., Serani, L. y Hocquemiller, R. (2000). Cohibins C and D, two important metabolites in the biogenesis of acetogenins from Annona muricata and Annona nutans. Journal of Natural Products, 63(9), 1192–1196.

Hasrat, J., De Bruyne, T., De Backer, J. P., Vauquelin, G. y Vlietinck, J. (1997). Isoquinoline derivatives isolated from the fruit of Annona muricata as 5-HTergic 5-HT1A receptor agonists in rats: unexploited antidepressive (lead) products. The Journal of Pharmacy and Pharmacology, 49(11), 1145–1149.

Fofana, S., Keita, A., Balde, S., Ziyaev, R., y Aripova, S. F. (2012). Alkaloids from leaves of annona muricata. Chemistry of Natural Compounds, 48(4), 714.

George, V.C., Kumar, D.R., Rajkumar, V., Suresh, P.K. y Ashok, K. (2012). Quantitative assessment of the relative antineoplastic potential of the n-butanolic leaf extract of Annona muricata Linn. In normal and immortalized human cell lines. Asian Pacific Journal of Cancer Prevention, 13(2), 699–704.

Guadaño, A., Gutiérrez, C., de la Peña, E., Cortes, D., y González-Coloma, A. (2000). Insecticidal and mutagenic evaluation of two annonaceous acetogenins. Journal of Natural Products, 63(6), 773–776.

Hernández-Fuentes, L.M, Valdez-Carrasco, J.M., Urías-López, M.A. y Gómez-Jaimes, R. (2015). Identificación, daños y fluctuación poblacional de Gonodonta pyrgo (Lepidoptera: Noctuidae) en Annona muricata. Revista Mexicana de Ciencias Agrícolas, 6 (5), 1001-1012.

Jaramillo, M. C., Arango, G. J., González, M. C., Robledo, S. M., y Velez, I. D. (2000). Cytotoxicity and antileishmanial activity of Annona muricata pericarp. Fitoterapia, 71 (2), 183–186.

Jiménez, V.M., Gruschwitz, M., Schweiggert, R.M., Carle, R. y Esquivel, P (2014). Identification of phenolic compounds in soursop (Annona muricata) pulp by high-performance liquid chromatography with diode array and electrospray ionization mass spectrometric detection. Food Research International, 65(1), 42-46.

Ko, Y. M., Wu, T. Y., Wu, Y. C., Chang, F. R., Guh, J. Y., & Chuang, L. Y. (2011). Annonacin induces cell cycle-dependent growth arrest and apoptosis in estrogen receptor--related pathways in MCF-7 cells. Journal of Ethnopharmacology, 137 (3), 1283–1290.

Kotake, Y., Okuda, K., Kamizono, M., Matsumoto, N., Tanahashi, T., Hara, H. y Ohta, S. (2004). Detection and determination of reticuline and N-methylcoclaurine in the Annonaceae family using liquid chromatography-tandem mass spectrometry. Journal of Chromatography B: Analytical Technologies in the Biomedical and Life Sciences, 806 (1), 75–78.

Laguna-Hernández G., Brechú-Franco A.E., De la Cruz-Chacón I., González-Esquinca A.R. (2017). A Histochemical Technique for the Detection of Annonaceous Acetogenins. En: Pellicciari C., Biggiogera M. (Eds) Histochemistry of Single Molecules. Methods in Molecular Biology, Humana Press, New York, NY. vol 1560, pp. 331-338.

Lannuzel, A., Michel, P. P., Caparros-Lefebvre, D., Abaul, J., Hocquemiller, R. y Ruberg, M. (2002). Toxicity of annonaceae for dopaminergic neurons: Potential role in atypical parkinsonism in Guadeloupe. Movement Disorders, 17 (1), 84–90.

Liaw, C. C., Chang, F. R., Lin, C. Y., Chou, C. J., Chiu, H. F., Wu, M. J. y Wu, Y. C. (2002). New cytotoxic monotetrahydrofuran annonaceous acetogenins from Annona muricata. Journal of Natural Products, 65(4), 470–475.

Leboeuf, M., Legueut, C., Desconclois, J. F. y Jacquemin, H. (1981). Alcaloides des Annonacées XXIX1: Alcaloides de Annona muricata L, Planta Médica, 42(5), 37–44.

Marqués, V. y Farah, A. (2009). Chlorogenic acids and related compounds in medicinal plants and infusions. Food Chemistry, 113(4), 1370–1376.

Ménan, H., Banzouzi, J.T., Hocquette, A., Pélissier, Y., Blache, Y. y Koné, M. (2006). Antiplasmodial activity and cytotoxicity of plants used in west African traditional medicine for the treatment of malaria. Journal

Ethnopharmacology, 105(1-2),131- 136.

Melot, A., Fall, D., Gleye, C. y Champy, P. (2009). Apolar Annonaceous acetogenins from the fruit pulp of Annona muricata. Molecules, 14(11), 4387–4395.

Miranda-Lasprilla, D., Barragan, Q.E. y Barreto, J.D. (2001). Manejo integrado del cultivo de la guanábana. En: Norato-Forero T (Ed.), Aspectos ecofisiológicos del cultivo de la guanábana. El Poira, S.A (Editorial), Bogotá, Colombia pp. 1-70.

Moghadamtousi, S. Z., Fadaeinasab, M., Nikzad, S., Mohan, G., Ali, H. M., y Kadir, H. A. (2015). Annona muricata (Annonaceae): A review of its traditional uses, isolated acetogenins and biological activities. International Journal of Molecular Sciences, 16(7), 15625–15658.

Montalvo-González, E., León-Fernández, A. E., Rea-Paez, H., Mata-Montes de Oca, M., & Tovar-Gómez, B. (2014). Uso combinado de 1-Metilciclopropeno y emulsiones de cera en la conservación de guanábana (Annona muricata). Revista Brasileira de Fruticultura, 36(SPE1), 296-304

Moreno-Hernández, C.L., Sáyago-Ayerdi, S.G., García-Galindo, H.S., Mata-Montes De Oca, M. y Montalvo-González, E. (2014). Effect of the application of 1-methylcyclopropene and wax emulsions on proximate analysis and some antioxidants of soursop (Annona muricata). Scientific World Journal 1(1), 1-9.

Nakanishi, Y., Chang, F.-R., Liaw, C.-C., Wu, Y.-C., Bastow, K. F. y Lee, K.-H. (2003). Acetogenins as selective inhibitors of the human ovarian 1A9 tumor cell line. Journal of Medicinal Chemistry, 46(15), 3185–3188.

Nawwar, M., Ayoub, N., Hussein, S., Hashim, A., El-Sharawy, R., Wende, K. y Lindequist, U. (2012). A flavonol triglycoside and investigation of the antioxidant and cell stimulating activities of Annona muricata Linn. Archives of Pharmacal Research, 35(5), 761–767.

Osorio, E., Arango, G., García, E., Muñoz, K., Ruiz, G., Gutiérrez, D. y Giménez, A. (2005). Actividad antiplasmódica in vitro e inhibición de la formación de la b-hematina de plantas colombiana de la familia Annonaceae. Acta Farma Bonaerense, 24(4), 527–532.

Onimawo, I.A. (2002). Proximate composition and selected physicochemical properties of the seed, pulp and oil of soursop (Annona muricata). Plant Foods Human Nutrition, 57(2), 165–171.

Onyechi, U.A., Ibeanu, V.N., Eme,P.E. y Madubike, K. (2012). Nutrient, phytochemical composition and sensory evaluation of soursop (Annona muricata) pulp and drink in south Eastern Nigeria. International Journal Basic Applications Sciences,12(6), 53–57.

Pinto, A.C.Q., Cordeiro, M.C.R., Andrade, S.R.M., Ferreira, F.R, Filgueiras, H.A.C., Alves, R.E. y Kinpara, D.I. (2005). Annona species. Ed. International Centre for Underutilised Crops, University of Southampton, Southampton, UK.

Pinzón-García, J.M., Hernández-Fuentes, L.M., Luna-Esquivel, G., Isiordia-Aquino, N. y Ortiz-Catón, M. (2016). Biología y Hábitos de Gonodonta pyrgo Cramer en Annona muricata. South western Entomologist, 41(1), 251-258.

Ragasa, C. Y., Soriano, G., Torres, O. B., Don, M.-J. y Shen, C.-C. (2012). Acetogenins from Annona muricata. Pharmacognosy Journal, 4 (32), 32–37.

Rosas, G.X. y Becerra, L.E.N. (2012). Manual de producción de guanábana (Annona muricata L.). Folleto técnico No. 67. INIFAP. CIRGOC. Campo Experimental Cotaxtla. Pp. 89-90.

Sandoval, L., Ettiene, G. y Fuenmayor, M. (2014). HPLC determination of flavonoids in fruits of soursop (Annona muricata L.) from different plants. Revista de la Facultad de. Agronomia, 1(1), 785–800.

Sejal-Patel, M.S. y Patel, J.K. (2016). A review on a miracle fruits of Annona muricata. Journal of Pharmacognosy and Phytochemistry, 5(1), 137-148.

SIAP (15 de Febrero de 2017). Producción Agrícola: Ciclo de Cíclicos y Perennes 2015. Modalidad de Riego + Temporal, Guanábana. Recuperado el 15 de Febrero de 2017, de http://infosiap.siap.gob.mx/aagricola_

siap_gb/icultivo/index.jsp.

Torrente-Trujillo, A., Méndez G.I.D y López R.E.I. (2016). Diseño de un sistema de riego por microaspersión automatizado para el cultivo de guanábana "Annona muricata" mediante el uso de las herramientas SIG. Revista de la Facultad de Ingeniería - Universidad Surcolombiana, 2(1), 1-14.

Vidal-Hernández, L., López-Moctezuma, H., Vidal-Martínez, N.A., Ruiz-Bello, R., Castillo-Rocha, D.G. y Chiquito-Contreras, R.G. (2014). La situación de las annonaceae en México: Principales plagas, enfermedades y su control. Revista Brasileira de Fruticultura, 36(1), 44-54.

Vidal-Lezama, E., Vidal M. N. A. y Vidal H. L. (2015). Anonáceas. Plantas antiguas. Estudios recientes. Parte 2. Universidad Autónoma Chapingo. Versión electrónica. Chapingo, Texcoco, Edo. de México. pp. 232-264.

Wu, F.E., Zeng, L., Gu, Z.M., Zhao, G. X., Zhang, Y., Schwedler, J. y McLaughlin, J. (1995). New bioactive monotetrahydrofuran annonaceous acetogenins, annomuricin C and muricatocin C, from the leaves of Annona muricata. Journal of Natural Products, 58 (6), 909-915.

Wu, F.E., Zhao, G. X., Zeng, L., Zhang, Y., Schwedler, J. y McLaughlin, J. (1995c). Additional bioactive acetogenins, annomutacin and (2,4-trans and cis) 1or-annonacin-a-ones, from the leaves of Annona muricata. Journal of Natural Products, 58(9), 1430-1437.

Zafra-Polo, M. C., González, M. C., Estornell, E., Sahpaz, S. y Cortes, D. (1996). Acetogenins from Annonaceae, inhibitors of mitochondrial complex I. Phytochemistry, 42(2), 253–271.

Zeng, L., Ye, Q., Oberlies, N. H., Shi, G., Gu, Z.-M., He, K., y McLaughlin, J. L. (1996). Recent advances in annonaceous acetogenins. Natural Product Reports, 13(4), 275-306.

7

Guámara - Cocuixtle

Guámara (*B. pinguin L.*) | Cocuixtle (*B. karatas L.*)

Guámara (B. pinguin L.)

Cocuixtle (B. karatas L.)

Martha Guillermina Romero-Garay, Efigenia Montalvo-González, María De Lourdes García-Magaña[1]*

Tecnológico Nacional de México/ Instituto Tecnológico de Tepic Av Tecnológico 2595, Col Lagos del Country CP 63175, Tepic Nayarit, México.

Autor para correspondencia: **mgarciam@ittepic.edu.mx**

7.1. Generalidades

7.1.1. Guámara (B. *pinguin*)

Su nombre proviene del tarasco o purépecha timbiriche, proveniente de tumbire, que significa racimo; en México es común este nombre. En el estado de Nayarit, principalmente en el municipio de Rosamorada, se conoce como guámara, en Sinaloa, se conoce como aguama. En otros países, como en Panamá se le conoce como Piro; en Costa Rica, Honduras, Guatemala, El Salvador, Nicaragua y Colombia se le conoce como piñuela. B. *pinguin* fue descrita por Carlos Linneo y publicado en *Species Plantarum* 1: 285. 1753 (Linnaeus, 2018; Biblioteca Digital de la Medicina Tradicional Mexicana, 2009). Etimológicamente *Bromelia* es el nombre genérico que fue otorgado en honor al botánico sueco Olof Bromelius (1639 – 1705) y *pinguin* es el epíteto latino que significa "grueso". En el norte de Nayarit, se consume para aliviar enfermedades respiratorias, se hierve en agua, se agrega piloncillo y se cocina a fuego lento hasta que el piloncillo se convierte en miel, también, se puede comer cruda, pero debe estar madura, de lo contrario, puede saber un poco amarga. En Yucatán se recomienda para el tratamiento de la tos ferina; con el fruto se prepara un cocimiento junto con menta, poleo y toronjil y se toma varias veces al día (Biblioteca Digital de la Medicina Tradicional Mexicana, 2009). En Colombia específicamente en el norte del Cauca se usa en jugos, en El Salvador se usa para realizar el Atol de Piñuela, uno de los atoles más típicos y cotidianos desde las épocas nahuat-pipil, esta especie se encuentra en peligro de extinción debido al uso indiscriminado de los agroquímicos, las quemas sin control y talas de los bosques, las cuales están acabando con las especies de vegetaciones y animales. En el municipio de Rosamorada, Nayarit, existía en abundancia, pero, debido al desmonte, los lugares donde crece la planta, se han reducido drásticamente.

7.1.2. Cocuixtle *(B. Karatas)*

El fruto de Cocuixtle *(Bromelia karatas L.)* conocido como "Timbiriche" es una especie utilizada como cerco vivo en la elaboración de bebidas refrescantes y coadyuvante contra la diabetes (Albarrán-Mondragón et al., 2016). Es un fruto de pulpa dulce y agridulce, presenta similitud con el sabor de la piña, su corte inicia del sur a norte en Yucatán, Chiapas, Nayarit y Sinaloa. En Chiapas, México los frutos de Piñuela se cocinan sobre las brasas de las fogatas, ya que si se consume más de una fruta cruda, es posible se desarrollen ampollas y quemaduras, experimentando ardor bucal. Numerosos usos medicinales tradicionales han sido documentados para este jugo de fruta de Piñuela. Se usa para tratar el escorbuto y la diabetes, y una tintura alcohólica se usa para las úlceras. Se dice que las semillas hervidas y trituradas endulzadas con azúcar expulsan los parásitos internos (Conrad's, 2017). Estudios realizados sobre B. *karatas L.*, indican que tiene importancia etnobotánica, se ha reportado su uso en la construcción de cercos vivos, así como su empleo ornamental, mientras que del fruto se elaboran bebidas refrescantes. También se utiliza en la medicina tradicional, a la especie se le ha atribuido actividad hipoglucémica, antiparasitaria, antioxidante, entre otras. Además, tiene importancia ecológica, evita la erosión y actúa como hábitat único para muchas especies animales. Adicionalmente, se vislumbra su aplicación agrosocioeconómica, ya que en algunos lugares la especie vegetal es vista con potencial de exportación en el mercado, por su fruto comestible (Espejo-Serna et al., 2007; Albarrán, 2008; Vázquez, E. 2007; Orellana, 2004).

En México pocos son los estudios que reportan la presencia del Timbiriche en el Estado de México (Pérez y Madrigal, 2005). Albarrán (2009) reporta la distribución de dicha especie en el Sur de Malinalco, donde el fruto se comercializa de manera local en el mercado de la comunidad, sin embargo, no existe producción formal y conocimiento de la importancia socioeconómica que esto puede representar (Albarrán, 2009). Aunado a ello, en las nuevas generaciones ha disminuido el conocimiento del uso de la especie en la medicina tradicional y por consiguiente también en el consumo y uso de B. *karatas*, probablemente debido a la pérdida de identidad cultural (usos y costumbres) y la continua disminución de las poblaciones de dicha planta, que se ha observado en la comunidad, ya sea por adopción de nuevas tecnologías como las cercas de alambre espigado y/o el uso y habilitación de tierras para labores agrícolas o casa habitación (Orellana, 2004; Konings y Wolf, 1999).

7.2. Características agronómicas

7.2.1. Taxonomía y Botánica

Los frutos Guámara (*B. pinguin L.*) también conocida como "maya" o "piña de ratón" y Cocuixtle (*B. karatas L.*) también conocida como *Bromelia plumieri* (E. Morren), "aguamas" o "piñuela", forman parte del género de Bromelias dentro de la familia Bromeliácea, integrado por plantas con relevancia ecológica por su grado de endemismo y relación con la fauna de su hábitat (Figura 7.1 y 7.2).

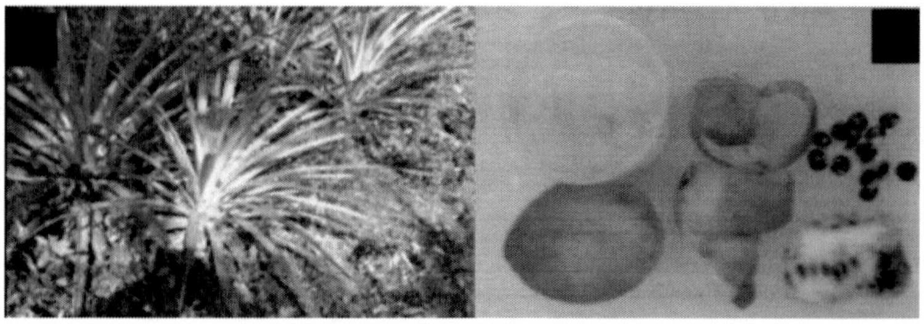

Figura 7.1 Fruto guámara (*B. Pinguin*)

Figura 7.2 Fruto cocuixtle (*B. Karatas*)

La familia de estas especies vegetales se dividen en tres subfamilias: Pitcairnioideae, Tillandsioideae y Bromelioideae, se caracterizan con base en su forma de vida, posición del ovario, tipo de fruto, morfología de la semilla y margen de las hojas. Estas plantas son originarias de la zona neotropical y tropical, y se producen en gran parte de América Latina (Hornung-Leoni, 2011; Martinelli et al., 2008). En el cuadro 7.1, se presenta la descripción taxonómica y botánica de los frutos.

Cuadro 7.1 Descripción taxonómica y botánica de Bromelia Pinguin L. y Bromelia Karatas L.

NOMBRE	GUÁMARA	COCUIXTLE
Nombre común	"guámara"	"cocuixtle"
Especie	Bromelia Pinguin L	Bromelia Karatas L.
Descripción Taxonómica		
Reino	Plantae	Plantae
Subreino	Tracheobionta	Tracheobionta
División	Magnoliophyta	Magnoliophyta
Clase	Liliopsida	Liliopsida
Subclase	Commelinidae	Commelinidae
Orden	Poales	Poales
Familia	Bromeliaceae	Bromeliaceae
Subfamilia	Bromelioideae	Bromelioideae
Género	Bromelia	Bromelia
Descripción botánica	1. Inflorescencia pedunculada. 2. Pétalos de 1.5 a 2 cm de largo, libres, densamente tomentosos en el ápice. 3. Vainas de las hojas pardas a rojizas, oblongas, de 3.8 a 5 cm de ancho, glabrescentes densamente blancas a pardo-lepidotas.	1. Inflorescencia nidular 2. Pétalos de 4.8 a 5 cm de largo, connados en la base, glabros. 3. Vainas de las hojas amarillas o amarillas pajizas a pardas, anchamente triangulares, de 5.5 a 10 cm de ancho, densamente ferrugíneo-lepidotas
	4. Bayas esféricas, amarillas a amarillas ocre, de 2.5 a 4 cm de largo, espaciadamente lepidotas a glabrescentes.	4. Bayas elipsoides, rosadas, de 5.5 a 11 cm de largo, ferrugíneo-lepidotas.

	5. De 50 a 100 frutos por racimo.	5. De 50 a 100 frutos por racimo

*Espejo Serna et al., (2010)

7.2.2. Reproducción

Las bromelias son esencialmente un grupo de especies hermafroditas, aunque algunas presentan sistemas de cruzamiento diferentes y poco comunes como dioecia (individuos estaminados e individuos pistilados), andromonoica (individuos con flores hermafroditas e individuos estaminados), monoecia (flores estaminadas y pistiladas en el mismo individuo) y poligamomonoecia (flores estaminadas, pistiladas y hermafroditas en el mismo individuo). En cuanto a la dispersión de frutos y semillas, en los miembros de la subfamilia Bromelioideae los frutos son carnosos, generalmente de tipo baya, con semillas desnudas, es decir, sin apéndices, y el fruto o fragmentos de éste son dispersados por vertebrados o, en raras ocasiones, por hormigas que se alimentan del fruto o de las semillas, en particular de aquellas que presentan un cuerpo aceitoso llamado elaiosoma, la producción de frutos en especies de esta sub-familia suele ser alta (como en *B. pinguin*), ya que en muchas de ellas, las flores se autopolinizan (Chaparro et al., 2011).

7.2.3. Condiciones de hábitat y distribución

La planta *B. pinguin L.* se distribuye en el Neotrópico, desde las Antillas y norte de México hasta las Guayanas y Ecuador, donde se emplean como cercas vivas para separar linderos y es conocida por los nombres comunes guámara, conquistle, muta, maya, piñuela y piña de ratón, entre otros (Espejo Serna et al., 2010; Pío León et al.,2009). La planta *B. karatas* se distribuye geográficamente en el Neotrópico creciendo en bosques tropicales caducifolios y subcaducifolios a una altura de 350-450 m desde las Antillas y México hasta Brasil y Ecuador, floreando y fructificando de enero a marzo. Es conocida por los nombres comunes aguama, cocuixtle, piñuela, timbiriche, entre otros (Espejo Serna et al., 2010). En el estado de Nayarit se distribuye en los municipios de Acaponeta, Huajicori, Rosamorada, Ruíz, Santiago Ixcuintla, Tecuala, Ahuacatlán, Amatlán de cañas, Ixtlán del Río y Jala (INIFAP, 2010). En general, a estas dos especies en México, se les puede encontrar en Campeche, Chiapas, Guerrero, Jalisco, Michoacán, Nayarit, Oaxaca, Querétaro, Sinaloa, San Luis Potosí, Veracruz y Yucatán (Espejo-Serna y cols, 2010). Debido a que estas especies son consideradas en peligro de extinción, se conservan en jardines botánicos particulares o institucionales, principalmente en el sureste del país. Son muy pocas las especies de bromelias mexicanas que se conservan en bancos de germoplasma; entre ellas están *B. pinguin*, conservada a –20 ºC en el Banco de Semillas FESI y Ananas comosus en el Banco Nacional de Germoplasma Vegetal (BANGEV) de la Universidad Autónoma Chapingo, de la misma manera en el Jardín Botánico del Centro de Investigación Científica de Yucatán A. C. se encuentran *B. karatas* y *B. pinguin* en resguardo, en el Jardín Botánico "Francisco Javier Clavijero" del Instituto de Ecología, A. C. (INECOL), Xalapa, Veracruz, se encuentra B. pinguin (Chaparro et al., 2017).

7.2.4. Estacionalidad

La producción de fruta ocurre principalmente en los meses de marzo a julio y su corte inicia desde el mes de octubre, sin embargo la mayoría de los agricultores que cultivan *B. pinguin* y *B. karatas* los utilizan para cercar sus terrenos, y en la temporada de producción del fruto, los cosechan y se alimentan de ellos, sin darle mayor importancia a su manejo por su casi nula inversión económica, debido a que la piñuela es resistente a la sequía que medra en suelos marginales (Orellana, 2004). Es decir, el cultivo de la especie no tiene una producción formal, o al menos, no está bien documentada y entendida (Albarrán-Mondragón et al., 2016).

7.2.5. Plagas y enfermedades

Las enfermedades en las bromelias son provocadas por diversos organismos. Los hongos como *Curvularia sp.*, *Phoma sp.* y *Macrophoma sp.* Causan manchas foliares, y su presencia se fomenta por el exceso de humedad.

Las manchas de color amarillo, café, negro, rojizo o violeta por lo general se extienden a partir de la punta de las hojas hasta afectarlas totalmente (Chaparro et al., 2011). Especies de Fusarium causan marchitez en las hojas, las cuales adquieren una tonalidad café. Otros organismos, como los piojos harinosos, se hospedan en lugares inaccesibles de las hojas, se propagan rápidamente y dañan las plantas al succionar sus fluidos. Dichos organismos se ven favorecidos por el escaso movimiento del aire y los calores secos. Los áfidos son los pulgones que al alimentarse de la savia de las hojas causan su enrollamiento y atrofia y en ocasiones transmiten virus. Para controlarlos se observan periódicamente las hojas tiernas de las bromelias para retirar las dañadas y los pulgones visibles. Las escamas son insectos chupadores estacionarios que debilitan las plantas y segregan una mielecilla promotora de afecciones por los hongos. Para evitar su proliferación, se deben revisar y regular cuidadosamente todos los hijuelos del vivero a fin de detectar y eliminar estos organismos, y mantener limpias las herramientas y la ropa de trabajo (Miranda et al., 2007).

7.3. Características nutricionales

7.3.1. Composición nutricional

La caracterización nutricional de los frutos de Bromelia hasta ahora es escasa, ya que sólo tres de 11 especies frutícolas identificadas se han caracterizado (Meza-Espinoza et al., 2017a). Análisis realizados en Cuba y otros países han detectado un alto contenido de componentes nutricionales (Cuadro 7.2), además de considerar estos frutos como un alimento funcional por la presencia de compuestos fenólicos, terpenos, saponinas y ácidos grasos (Payrol et al., 2005; Pío León et al., 2009).

Cuadro 7.2 Caracterización nutrimental de frutos de Bromelias.

Composición proximal (g 100 g ^{1} base seca)	Bromelia pinguin L.[1] (Fruto fresco)	Bromelia Karatas L.[2] (Fruto fresco, maduro-verde)
Humedad	80.41	76.59-86.65
Proteína	7.20-13.87	3.13-13.33
Lípidos	1.40	2.65-1.20
Cenizas	6.63-10.60	4.22-12.00
Fibra cruda	3.35-3.41	0.62-9.20
Carbohidratos	5.31-15.14	15.92-9.65
Minerales (mg 100 g 1 bs)	Minerales (mg 100 g 1 bs)	Minerales (mg 100 g 1 bs)
Calcio	1200-1290	290-1650
Hierro	1.70	0.056-0.092
Potasio	903-2160	670-630
Magnesio	320-500	470-390
Sodio	250	0.27
Fósforo	56.65-160	220-1140
Vitamina C (mg 100 g 1)	126.0	3.00-1.00

[1]Payrol et al., (2005a), [2]Pío-León et al., (2009).

Los análisis fitoquímicos evidenciaron la presencia de flavonoides, terpenos, cumarinas, taninos, fenilpropanoides, vitamina C y vitamina E en los frutos maduros, lo que explica los valores de capacidad antioxidante que se presentan en el cuadro 7.3 (Moyano et al., 2012).

Cuadro 7.3 Capacidad antioxidante de los jugos de pulpa de Bromelia karatas L.

Estadio	Contenido fenólico totall	CATH2	PRF3	Inhibición del O2-4
Jugo verde	290.3±0.0	91.8±0.7	2.48±0.0	4.0±0.0
Jugo Maduro	407.9±0.0	169.7±2.0	2.74±0.0	35.3±0.0
BHT	BHT	-	1.66±0.0	15.1±0.0
Ácido ascórbico	Ácido ascórbico	511.37±0.2	0.353±0.2	95.8±0.0
1 Capacidad Total Hidrosoluble en mg equivalente de ác. gálico/100g 2 Poder Reductor Férrico mg equivalente de ác. ascórbico/100g 3 Abs 700nm; 4 Porcentaje Moyano et al., 2012	1 Capacidad Total Hidrosoluble en mg equivalente de ác. gálico/100g 2 Poder Reductor Férrico mg equivalente de ác. ascórbico/100g 3 Abs 700nm; 4 Porcentaje Moyano et al., 2012	1 Capacidad Total Hidrosoluble en mg equivalente de ác. gálico/100g 2 Poder Reductor Férrico mg equivalente de ác. ascórbico/100g 3 Abs 700nm; 4 Porcentaje Moyano et al., 2012	1 Capacidad Total Hidrosoluble en mg equivalente de ác. gálico/100g 2 Poder Reductor Férrico mg equivalente de ác. ascórbico/100g 3 Abs 700nm; 4 Porcentaje Moyano et al., 2012	1 Capacidad Total Hidrosoluble en mg equivalente de ác. gálico/100g 2 Poder Reductor Férrico mg equivalente de ác. ascórbico/100g 3 Abs 700nm; 4 Porcentaje Moyano et al., 2012

[1]Capacidad Total Hidrosoluble en mg equivalente de ác. gálico/100g
[2]Poder Reductor Férrico mg equivalente de ác. ascórbico/100g
[3]Abs 700nm;
[4]Porcentaje

7.3.2. Usos Tradicionales

Algunas bromelias proporcionan frutos carnosos que se usan para la elaboración de bebidas, como el agua de piñuela, elaborada con frutos de cocuixtle (B. *karatas*) (Mondragón-Chaparro et al., 2011, Hornung-Leoni, 2011). Estos usos, tienen sus orígenes en las culturas prehispánicas hace miles de años (Bennett, 2000). Los Aztecas, Mayas, Incas, Quechuas, los Yanomami y otros pueblos las utilizaban como alimento, fibra, en ceremonias religiosas, como medicina y plantas ornamentales, al igual que se sigue utilizando en la actualidad (Bennett, 2000; Pierce 2000; Rondón, 2003). Chaparro et al., (2011), presentan los usos actuales que se han documentado en el país de las diferentes especies de bromelias, en el cual, se presentan al menos nueve usos diferentes para 110 especies mexicanas de bromelias (figura 7.3).

Actualmente esta fruta se come abundantemente en Chiapas, y en Hidalgo. En Hidalgo, la fruta conocida como "timbiriche" se encuentra en los mercados populares en forma de "agua de sabor", un jugo endulzado y diluido hecho de B. *karatas*; en Jalisco, el fruto de B. *karatas*, conocido como "piñuelas", "cocuixtle" o "jocuixtle", se encuentra comúnmente en áreas subtropicales entre abril y mayo y se consume directamente o se usa para preparar una salsa para tacos; esta fruta también se consume en Zacatecas, donde es transportada desde el estado de Jalisco.

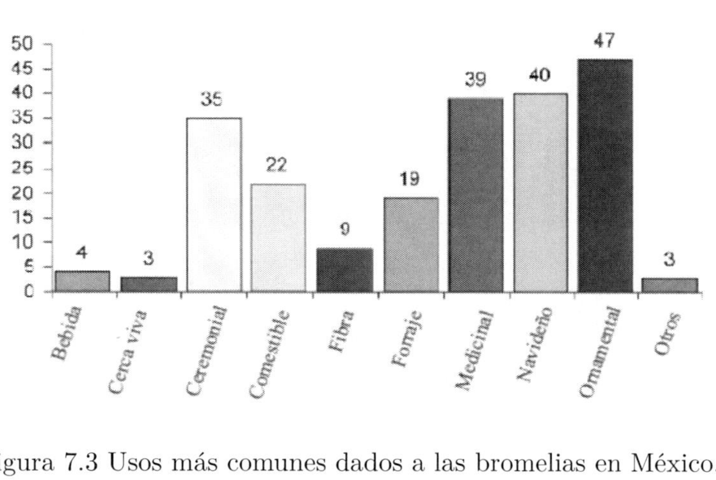

Figura 7.3 Usos más comunes dados a las bromelias en México.

En otros países estas especies también son utilizadas; por ejemplo en Perú, el jugo es succionado del fruto de Bromelia plumieri (E. Morr.) y de esta forma es consumido, se refiere que su sabor es parecido al de la piña (Hornung-Leoni, 2011). En Colombia los frutos silvestres de B. *pinguin* se usan como alimento. En Venezuela, los frutos de B. *karatas* L. se comen, se convierten en bebidas o en un dulce de conserva. En el cuadro 7.4 se describe el uso estas especies frutícolas de *B. karatas* y *B. pinguin* reportadas para América Latina.

Cuadro 7.4 Usos tradicionales en América latina de Bromelia karatas y L., Bromelia pinguin L

Uso	Especies	País
Comestible	Bromelia karatas L., Bromelia pinguin L.	Argentina, Bolivia, Chile, Colombia, Costa Rica, Cuba, Ecuador, El Salvador, Honduras, México, Nicaragua, Panamá, Perú, Puerto Rico, Venezuela
Medicinal	Bromelia karatas L., Bromelia pinguin L,	Argentina, Bolivia, Brasil, Chile, Colombia, Cuba, Ecuador, Honduras, México, Nicaragua, Perú, Puerto Rico, Venezuela
Fibra textil	Bromelia pinguin L.	Brasil, Bolivia, Chile, Ecuador, México, Nicaragua, Venezuela
Cercas vivas	Bromelia karatas L.	Colombia, Ecuador, México, Panamá, Venezuela

Meza-Espinoza et al., (2017a), Hornung-Leoni (2011a; b).

7.3.3. Propiedades biológicas y funcionales

Los frutos de guámara *(B.pinguin L.)* y cocuixtle *(B. karatas L.)*, han despertado un interés creciente en los últimos años por ser importantes fuentes de enzimas proteolíticas catalogadas como cisteín proteasa (cuadro 7.5). La importancia de la extracción de proteasas de estos frutos va relacionada a diversos estudios que han mostrado cómo las enzimas proteolíticas poseen un potente efecto anticancerígeno, debido a la propiedad de autofagia inducida de la bromelina (proteasa extraída de otra bromelia) contra células de carcinoma mamario. Otros autores señalan que la bromelina de la piña tiene cualidades medicinales que incluyen funciones antiinflamatorias, antitrombóticas, fibrinolíticas y anticancerígenas (Hornung-Leoni, 2011a).

Cuadro 7.5 Características enzimáticas de proteasas aisladas de frutos de Bromelias.

Proteasa	Especie	pH óptimo	Temperatura óptima (°C)	Actividad específica	Peso molecular (kDa)	Referencias
Karatasina	Bromelia plumieri (E. Morren) L.B.Sm.	3.4-10.4	60	0.5 U mg^{1}	23.84	Montes et al., (1990)
Pinguinaína	Bromelia pinguin L.	7.2-8.8	45-60	3.2 mg^{1} 11 U mL^{1}	23.00	Moreno-Hernández et al., (2016); Payrol et al.,(2005b); Payrol et al., (2008)

Referencia: Meza-Espinoza et al., (2017a)

Por otra parte, estos frutos se caracterizan por tener compuestos fitoquímicos de interés; los frutos maduros de *B. karatas L.* presentan un mayor contenido de fenoles totales en comparación con los frutos verdes (409.9 y 290.3 mg 100 g-1, respectivamente), así mismo, se ha identificado cualitativamente la presencia de flavonoides, terpenos y cumarinas tanto en la pulpa de frutos verdes como en frutos maduros; sin embargo, en frutos maduros se evidenció la presencia de taninos y fenilpropanoides, los cuales han presentado actividad antimicrobiana, antihelmíntica, antitumoral y antiinflamatoria, cuyos efectos son atribuidos a metabolitos secundarios (fenoles, saponinas terpenoides, etc.) y cisteína proteasas (Pío-León et al., 2009); estos autores reportan la composición fitoquímica de diferentes extractos orgánicos obtenidos de la fruta B. *pinguin L.* (cuadro 7.6).

Se han reportado actividades biológicas de extractos obtenidos de guámara y cocuixtle (cuadro 7). Los jugos y extractos de frutas exhiben un efecto antibacteriano significativo, donde la actividad se asocia con el contenido mineral y los constituyentes biológicamente activos (Ruiz-Ruiz et al., 2017). Por lo tanto, estos jugos de frutas pueden recomendarse para su uso como un agente antimicrobiano alternativo en la medicina natural para el tratamiento de enfermedades infecciosas (Nascimento et al., 2000). En este sentido, se ha determinado que la fracción proteica obtenida del jugo de frutas B. *pinguin L.* ha demostrado actividad contra *Lumbricus terrestris* y *Trichomonas vaginalis* (Abreu-Payrol et al., (2005a).

Cuadro 7.6 Evaluación fitoquímica de los extractos orgánicos obtenidos de la fruta Bromelia pinguin L

Extractos	Alcaloides	Taninosa	Flavonoides (a)	Cumarinasa	Saponinasa	Terpenos y/o esterolesa
Metanólico (ME)	-	++	+	-	-	+
Fracción hexánica (HF)	+++	-	-	-	-	+++
Fracción clorofórmica (CF)	+	-	++	++	-	++
Fracción de acetato de etilo (EaF)	+	+++	+	-	+	+
Fracción acuosa (AqF)	-	+	-		-	-

a) (+++) fuerte, (++) medio, (+) presencia deficiente y (-) ausencia completa de metabolito.

Además, los extractos de la pulpa de fruta han mostrado actividad contra *Candida albicans (*Camacho-Hernández et al., 2002). A partir de la pulpa de fruta de B. *pinguin* L. se obtuvieron fracciones polares, las cuales mostraron actividad contra varios géneros de bacterias patógenas humanas (Staphylococcus, Streptococcus, Enterococcus, Salmonella, Shigella, Escherichia y Pseudomonas) (Pío-León et al., 2009).

Ruiz-Ruiz et al., (2017), aislaron y caracterizaron proteínas bioactivas de la pulpa de la fruta B. *pinguin L.*, las cuales demostraron tener actividad antibacteriana y actividad proteolítica. La actividad antibacteriana de las proteínas extraídas de la pulpa del fruto de B. *pinguin L.* podría estar relacionada con la presencia de enzimas, inhibidores de proteasas y péptidos (Ruiz-Ruiz et al., 2017).

Andrade-Cetto y Medina-Hernández, (2013), evaluaron el efecto hipoglucémico que generaba el consumo vía oral de dos extractos obtenidos a partir de hojas del fruto (extracto con agua y extracto etanol: agua) de cocuixtle, en ratas diabéticas inducidas. Los resultados obtenidos, mostraron un efecto hipoglucémico significativo en comparación a los grupos control, similar al efecto que generaba el consumo de glibenclamida, un fármaco utilizado para el control de la diabetes. El efecto hipoglucémico puede estar relacionado con la presencia de flavonas y flavonoides presentes en los extractos elaborados. Estos componentes ya han mostrado un efecto hipoglucémico previamente evaluado por Torres-Piedra et al., (2010).

Cuadro 7.7 Actividades biológicas de extractos obtenidos de los frutos de B.karatas y B. pinguin.

Actividad	Especie	Extracto	Modelo	Dosis	Efecto	Referencia
Citotoxicidad	B. pinguin L.	Etanólico	Artemia salina	10-1000 µg mL-1	Baja toxicidad con un DL50 de 1000 µg mL-1	Abreu-Payrol et al., (2001); Payrol et al., (2005a)
Antihelmíntica	B. pinguin L..	Etanólico	Lumbricus terrestris, Trichomonas vaginalis.	10 % de extracto Etanólico :agua (v/v)	Actividad antihelmíntica superior a piperazina al 2 %.	Abreu-Payrol et al., (2001); Payrol et al., (2005a)

Antibacteriana	B. pinguin L..	Etanólico, acuoso, acetato de etilo	Staphylococcus aureus ATCC 29213, Enterococcus faecalis ATCC 29212, Salmonella typhi, Shigella flexneri, Shigella dysenteriae, Pseudomonas aeruginosa ATCC 27853, Escherichia coli ATCC 25922	50 L de extracto a 106 UFC mL-1	Las fracciones polares mostraron actividad antimicrobiana inhibiendo los microorganismos evaluados.	Pío-León et al., (2009)
Pío-León et al., (2009)	Antibacteriana	Acuoso	Escherichia coli ATCC 25922, Staphylococcus aureus ATCC 25923.	59 L de extracto a 106 UFC mL-1	Concentración mínima inhibitoria para E. coli de 0.35 mg mL-1 y para S. aureus de 0.68 mg mL-1.	Ruiz-Ruiz et al.,. (2017)
Hipoglucémico	B. plumieri (E. Morren). L.B. Sm.	Acuoso y Etanólico obtenido de la hoja	Ratas diabéticas inducidas con estreptozotocinanicotinamida	35 y 350 mg kg-1 acuoso, 30 y 350 mg kg-1 etanólico	Hipoglucemia después de 120 min de tratamiento, en cualquiera de los dos extractos	Andrade-Cetto y Medina-Hernández (2013)

La actividad catalítica de las cisteín proteasas depende de la reactividad del grupo tiol del residuo de cisteín del centro activo, el cual rompe enlaces peptídicos de otras proteínas, por otro lado, las cisteín proteasas presentan buena absorción en el intestino delgado después de ser administradas vía oral y por lo tanto, se sugiere que las cisteín proteasas pueden ser utilizadas como un eficaz suplemento alimenticio para prevenir enfermedades (Meza-espinoza et al., 2017a).

7.4. Referencias

Abreu-Payrol, J., Miranda Martínez, M., Toledo Carrabeo, G., & Castillo García, O. (2001). Actividad farmacológica preliminar del fruto de Bromelia pinguin L.(piña de ratón). *Revista Cubana de Farmacia, 35*(1), 56-60.

Albarrán, M. F. J. (2008). *Estudio Florístico de los Huertos familiares de la parte sur de Malinalco, Estado de México*(Doctoral dissertation, Tesis de Licenciatura. Facultad de Ciencias. Universidad Autónoma del Estado de México. Toluca, Estado de México, México).

Albarrán-Mondragón, F. J, Buendía-González. L., Orozco-Villafuerte, J., Mulia-Rodríguez, J., (2016). Establecimiento de cultivos in vitro de *bromelia karatas L. y* su análisis fitoquímico preliminar (Tesis por artículo especializado para obtener el grado de maestra en ciencias). Universidad autónoma del estado de México, México.

Andrade-Cetto A. and A. E. Medina-Hernández (2013) Hypoglycemic effect of Bromelia plumieri (E. Morren) L.B. Sm., leaves in STZ-NA-induced diabetic rats. Frontiers in Pharmacology 4. doi: 10.3389/ fphar.2013.00036.

Beynon R., Bond J. (2001). Proteolytic Enzymes: A practical approach. Tercer edición. Oxford University Press. New York, Estados Unidos.

Barrett, A. (1989) Proteolytic enzymes: nomenclature and classification. En: Proteolytic Enzymes. A Practical Approach (R. Beynot & J. Bond, eds.). Oxford University Press, Oxford. pp. 13-39.

Bruno, M. (2007) "Aislamiento, purificación y caracterización de las proteasas de frutos Bromelia hieronymi Mez. (Bromeliaceae)" Tesis para optar al Doctorado de la Facultad de Ciencias Exactas. Universidad Nacional de La Plata.

Biblioteca Digital de la Medicina Tradicional Mexicana. (2009). Atlas de las Plantas de la Medicina Tradicional Mexicana. México. Recuperado de http://www.medicinatradicionalmexicana.unam.mx/monografia.php?l=3&t=Pi%C3%B1uela&id=7922. www.velvet.unam.mx.

Bromelia Pinguin. (2018). En Wikipedia. Recuperado el 14 de Mayo del 2018 https://es.wikipedia.org/wiki/Bromelia_pinguin#cite_note-3

Camacho-Hernández, I. L., Chávez-Velázquez, J. A., Uribe-Beltrán, M. J., Rıos-Morgan, A., & Delgado-Vargas, F. (2002). Antifungal activity of fruit pulp extract from Bromelia pinguin. *Fitoterapia*, *73*(5), 411-413.

Camacho-Diaz, S.p., Vargas-Delgado, F., Inzunza-Parra, M.A. y González-Cristerna, J.L. (2011). Method for preparing beverages containing *Bromelia pinguin*. WPO patent A111874204.

Chaparro, D. M. M., Morillo, I. M. R., Cruz, M. F., & García-Franco, J. G. (2011). *La familia Bromeliaceae en México*. SAGARPA, Secretaría de Agricultura, Ganadería, Desarrollo Rural, Pesca y Alimentación, SNICS, SINAREFI, Sistema Nacional de Recursos Filogenéticos para la Alimentación y la Agricultura.

Conrad's, J. (2017). PIÑUELAS FRUITING. Naturalist Newsletter. Extraído de http://www.backyardnature.net/chiapas/pinuela.htm.

Espejo-Serna A., A. R. López-Ferrari, I. Ramírez-Morillo, B. K. Holst, H. E. Luther and W. Till (2004) Checklist of Mexican Bromeliaceae with notes on species distribution and levels of endemism. Selbyana 25:33-86.

Espejo-Serna, A., López-Ferrari, A. R., Martínez-Correa, N., & Pulido-Esparza, V. A. (2007). Bromeliad flora of Oaxaca, Mexico: richness and distribution. *Acta Botanica Mexicana*, (81).

Espejo-Serna A., Ramírez-Morillo A. I. López-Ferrari R. (2010). Flora del bajío y de regiones adyacentes. Fascículo 165.

Fasman, G. D. (1976). (ed.), Handbook of Biochemistry and Molecular Biology, 3rd Ed., "Proteins," Vol. III, CRC Press, p. 356.

Gonzales-Borrayo, J., (2015). "Características enzimáticas de proteasas extraídas de los frutos de cocuixtle (Bromelia Caratas) y guámara (Bromelia pinguin) para su evaluación en la obtención de péptidos bioactivos". Tesis para obtener el grado de Maestro en Ciencias en Alimentos en el Instituto Tecnológico de Tepic.

Gonzalez-Salvatierra, C., Andrade, J. L., Escalante-Erosa, F., García-Sosa, K., & Peña-Rodríguez, L. M. (2010). Antioxidant content in two CAM bromeliad species as a response to seasonal light changes in a tropical dry deciduous forest. *Journal of plant physiology*, *167*(10), 792-799.

Hornung-Leoni C. T. (2011a). Bromeliads: traditional plant food in Latin America since prehispanic times. Polibotánica 32:219-229.

Hornung-Leoni C. T. (2011b) Avances sobre usos etnobotánicos de las Bromeliaceae en Latinoamérica. Boletín Latinoamericano y del Caribe de Plantas Medicinales y Aromáticas 10:297-314.

INIFAP, Nayarit. (2010). Guía PROGAN. Nayarit México.

Konings, K. y J. Wolf. (1999). "Bromelias como productos no maderables. Aprovechar poblaciones naturales de bromelias en Los Altos de Chiapas. Ponencia presentada en el Seminario Retos y oportunidades para el aprovechamiento sostenible de especies no maderables en México y Centroamérica" Oaxaca, 23 al 26 de noviembre de 1999.

Linnaeus, C.V. (2018). Missouri Botanical Garden. Recuperado de http://www.tropicos.org/Name/4300903

López, L. M., Sequeiros, C., Natalucci, C. L., Brullo, A., Maras, B., Barra, D., et al. (2000). Purification and Characterization of Macrodontain I, a Cysteine Peptidase from Unripe Fruits of *Pseudananas macrodontes* (Morr.) Harms (*Bromeliaceae*). *Protein Expression and Purification* 18(2): 133-140.

Martinelli, G., C. M. Vieira, M. Gonzalez, P. Leitman, A. Piratininga, A. F. da Costa and R. C. Forzza. (2008). Bromeliaceae da Mata Atlântica brasileira: lista de espécies, distribuição e conservação. Rodriguésia 59:209-258.

Meza-Espinoza, L., de Lourdes Garcia-Magana, M., de los Angeles Vivar-Vera, M., Sayago-Ayerdi, S. G., Chacon-Lopez, A., Becerra-Verdin, E. M., ... & Montalvo-Gonzalez, E. (2017a). ETHNOBOTANICAL AND NUTRITIONAL ASPECTS, AND BIOLOGICAL ACTIVITY OF FRUIT EXTRACTS OF THE GENUS Bromelia. *REVISTA FITOTECNIA MEXICANA*, *40*(4), 425-437.

Meza-Espinoza, L., de los Ángeles Vivar-Vera, M., de Lourdes García-Magaña, M., Sáyago-Ayerdi, S. G., Chacón-López, A., Becerrea-Verdín, E. M., & Montalvo-González, E. (2017b). Enzyme activity and partial characterization of proteases obtained from Bromelia karatas fruit and compared with Bromelia pinguin proteases. Food Science and Biotechnology, 1-9.

Miranda, J. M. E.; J. J. Arellano M.; B. Z. Salazar A.; F. Hernández M.; R. Quero C. y L. Pérez S. (2007). Bases para el manejo comunitario de bromelias ornamentales. Colección Manejo Campesino de Recursos Naturales y Red de Aprendizaje Intercambio y la Sistematización de Experiencias hacia la Sustentabilidad (RAISES). 98 p.

Mondragón-Chaparro D. M., Ramírez-Morillo I., Flores-Cruz M. M., García-Franco J. G. (2011). La familia Bromeliaceae en México. Universidad Autónoma Chapingo.

Montes C., M. Amador, D. Cuevas and F. Cordoba (1990) Subunit structure of karatasin, the proteinase isolated from Bromelia plumieri (karatas). Agricultural and Biological Chemistry 54:17-24.

Moreno-Hernández, J. M., X. D. Hernández-Mancillas, E. L. Coss N., M. A. Mazorra-Manzano, I. Osuna-Ruiz, V. A. Rodríguez-Tirado and J. A. Salazar-Leyva (2017) Partial characterization of the proteolytic properties of an enzymatic extract from "Aguama" Bromelia pinguin L. fruit grown in Mexico. Applied Biochemistry and Biotechnology 182:181-196.

Moyano D. D., M. Osorio R., E. Murillo P., W. Murillo A., J. Solanilla D., J. Méndez A. y J. Aristizabal S. (2012) Evaluación de parámetros bromatológicos, fitoquímicos y funcionalidad antioxidante de frutos de Bromelia karatas (Bromeliaceae). Vitae 19:S439-S441.

Nascimento, G.G.F.; Locatelli, J.; Freitas, P.C.; Silva, G.L. (2000). Antibacterial Activity of Plant Extracts and Phytochemicals on Antibiotic Resistant Bacteria. Brazilian Journal of Microbiology, 31, 247–256.

Orellana A. (2004)."Sondeo agrosocioeconómico y recolección de cultivares de muta (Bromelia sp.) en el oriente de Guatemala. (En red). Disponible en: http://www.icta.gob.gt/fpdf/recom_/rec_nat/%28INFORME% 20SONDEO%20Y%20 RECOLECCI_323N %20MUTA %20040105 %29.pdf.

Pardo, M.F., L.M.I. López, N.O. Caffini & C.L. Natalucci, (2001). "Properties of a milk clotting protease isolated from Fruits of Bromelia balansae Mez". Biological Chemistry Hoppe-Seyler., 382: 871-874.

Payrol, J. A., Mosquera, D. M. G., & Meneses, A. (2005a). Determinación de parámetros farmacognósticos y bromatológicos y evaluación de la actividad antiparasitaria de una preparación obtenida del fruto de Bromelia pinguin L. que crece en Cuba. *Acta Farm. Bonaerense*, *24*(3), 377-82.

Payrol, J. A., Obregón, W. D., Natalucci, C. L., & Caffini, N. O. (2005b). Reinvestigation of the proteolytically active components of Bromelia pinguin fruit. *Fitoterapia*, *76*(6), 540-548.

Payrol, J. A., Obregón, W. D., Trejo, S. A., & Caffini, N. O. (2008). Purification and characterization of four new cysteine endopeptidases from fruits of Bromelia pinguin L. grown in Cuba. *The protein journal*, *27*(2), 88-96.

Pérez, J. I., & Madrigal Uribe, D. (2005). Huertos, diversidad y alimentación en una zona de transición ecológica del estado de México. *CIENCIA ergo sum*, *12*(1).

Pío-León J. F., López-Angulo G., Paredes-López O. Uribe-Beltrán M. de J., Díaz-Camacho S. P., Delgado-Vargas F. (2009). Physicochemical, Nutritional and Antibacterial Characteristics of the Fruit of Bromelia pinguin L. Plant Foods Hum Nutr. 64:181–187.

Ruiz-Ruiz J. J., J. Ramón-Sierra, C. Arias-Argaez, D. Magaña-Ortiz and E. Ortiz-Vázquez (2017) Antibacterial activity of proteins extracted from the pulp of wild edible fruit of Bromelia pinguin L. International Journal of Food Properties 20:220-230.

Torres-Piedra, M., Ortiz-Andrade, R., Villalobos-Molina, R., Singh, N., Medina-Franco, J. L., Webster, S. P., & Estrada-Soto, S. (2010). A comparative study of flavonoid analogues on streptozotocin–nicotinamide induced diabetic rats: Quercetin as a potential antidiabetic agent acting via 11-hydroxysteroid dehydrogenase type 1 inhibition. *European journal of medicinal chemistry, 45*(6), 2606-2612

Vázquez, E. (2007). "Plan para la cosecha sustentable de bromelias en la comunidad"ejido Guatimoc", Municipio de Cacahoatán, Chiapas". Universidad Autónoma de Chiapas 20p.

Verma M. K., Xavier F., Verma Y. K., Sobha K. (2013). Evaluation of cytotoxic and anti-tumor activity of partially purified serine protease isolate from the Indian earthworm Pheretima posthuma. Asian Pacific Journal of Tropical Biomedicine 3(11): 896-901.

8

Guamúchil

8.1. *Pithecellobium dulce (Roxb)* Benth

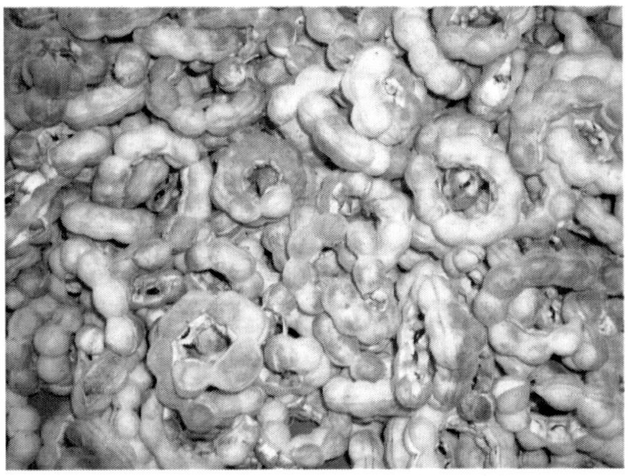

Francisco Olivas-Aguirre[1], Gustavo A. González-Aguilar[2], Abraham Wall-Medrano [1*]

[1] Universidad Autónoma de Ciudad Juárez, Anillo envolvente del Pronaf y Estocolmo s/n, Cd.

Juárez, Chihuahua, CP. 32310, México. [2]Centro de Investigación en Alimentación y Desarrollo, A.C. Unidad Hermosillo

* Autor para correspondencia: **awall@uacj.mx**

8.2. Características agronómicas

Según la base de datos etnobotánicos de las plantas mexicanas útiles de la UNAM (BADEPLAM), México es el hogar de más de 25,000 especies de plantas, siendo aprovechadas unas 7,461 y comestibles unas 2,168. Pese a esto, el patrón alimentario del mexicano ha experimentado cambios muy drásticos en los últimos años, reduciendo con esto el consumo de alimentos de origen vegetal, incluyendo a las especies nativas, tanto en el nivel urbano e incluso el rural (Mapes y Basurtom, 2016). Una de estas especies sub-explotadas es el Guamúchil (*Pithecellobium dulce*), leguminosa arbórea con alta distribución y adaptación ambiental y cuyo fruto posee características nutricionales y fitoquímicas únicas (Wall-Medrano *et al.* 2016), pero de poca explotación comercial.

8.2.1. Taxonomía

Pithecellobium dulce (Roxb.) Benth pertenece a la familia Leguminosae- Mimosaceae (**Cuadro 8.1**) a la cual pertenecen también otros organismos tales como las acacias verdaderas, las mimosas o sensitivas, los espinillos y los algarrobos. A la fecha, se han descrito más de 500 especies para el género *Pithecellobium*, entre domesticadas y silvestres.

Cuadro 8.1 Clasificación taxonómica.

Reino	Plantae	Orden	Fabales
Subreino	Tracheobionta	Familia	Fabaceae (Leguminosas)
División	Magnoliophyta	Subfamilia	Mimosoideae
Clase	Magnoliopsida	Tribu	Ingae
Subclase	Rosidae	Género	Pithecellobium

Esta planta fue inicialmente introducida desde las Filipinas a la India y posteriormente al resto del mundo y fue inicialmente descrita en 1795 (Parrotta, 1991). Actualmente se distribuye en diversas regiones tropicales y subtropicales de la India, el sudeste de Asia y América Latina, donde se conoce *como tamarindo de Manilla, espina de Madras, tamarindo dulce, Makamted, Konapuli, Opiuma, Monkeypod, babla Khoya, follaje Jilapi, Jungli jalebi, Kamachile, Guásima o Guamá americano (*Wall-Medrano *et al.*, 2014); en México se distribuye tanto del lado del Golfo (Tamaulipas, San Luis Potosí, Hidalgo, Querétaro, Veracruz, y Yucatán) como del Pacífico (Baja California, Sonora y hasta Chiapas, incluyendo Cuenca del Balsas) como se muestra en la **Figura 8.1**, en donde se le conoce como *Pinzan, Guamúchil, huamúchil, guamoche, guamara, guamúche, guamuti*, entre muchos otros nombres étnicos (CONABIO, 2018).

Figura 8.1 Distribución geográfica del guamúchil

Su árbol es perennifolio de 15 a 20 m de altura (**Figura 8.2**) con copa piramidal o alargada, ancha y extendida (diámetro de 30 m); sus hojas están aglomeradas en espiral, bipinnadas, de 2 a 7 cm de largo, con un par de folíolos primarios y cuatro folíolos secundarios sésiles, de color verde pálido mate mientras que su vaina se abre de forma espontánea para dispersar su contenido (dehiscencia) una vez maduro.

Figura 8.2 Pithecellobium dulce (Roxb.) Benth

Cabe señalar que el género *Pithecellobium* difiere consistentemente de las demás especies de la tribu *Ingeae* por presentar el funículo modificado en un arilo esponjoso que cubre un tercio o la mitad de la semilla (Tapia-Pastrana y Gómez-Acevedo, 2005). Una vaina mide cerca de 20 cm de largo por 2 de ancho y madura en dos o tres meses después de haberse producido la floración. Una vaina contiene de 5 a 12 semillas, reniformes y de color negro brillante, envueltas por una fruta comestible esponjosa y semi-seca llamada arilo, cuyo color varía no solo entre las distintas variedades de guamúchil (Pío-León *et al.* 2013) sino también tras la exposición diferencial de cada arilo a condiciones ambientales de luz y oxigenación, variando desde tonalidades blancas a rojas (Wall-Medrano *et al.* 2016) incluso en una misma vaina (**Figura 8.3**).

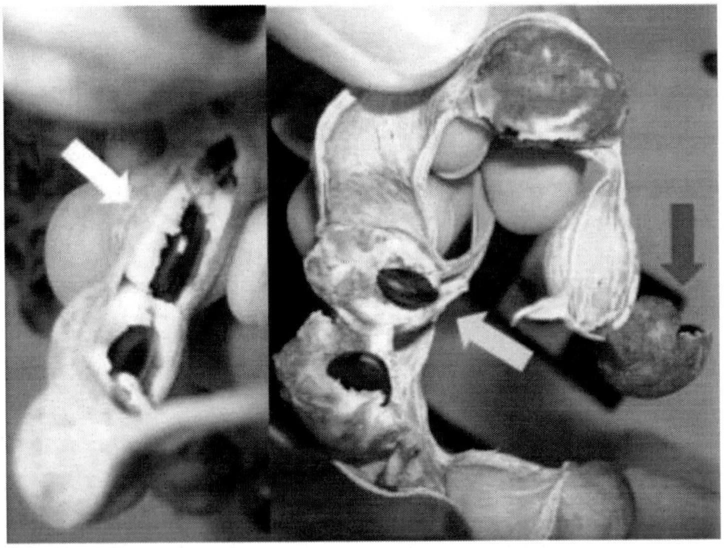

Figura 8.3 Maduración del fruto de Guamúchil

8.2.2. Condiciones de cultivo y estacionalidad

Un árbol maduro de guamúchil produce alrededor de 40 kg de vainas (65-75 % de fruta, 9-13 % de semilla, 17-19 % de cáscara) durante una temporada muy corta (abril-junio). Cuando favorecen las condiciones climatológicas, el guamúchil desarrolla frutos "llegados" en vaina, estado en el que aún no está muy apto para ser consumido pero sí para ser cosechado. Los frutos se colectan directamente del árbol utilizando un "*gancho guamuchilero*" (garrocha hecha de carrizo largo y delgado amarrado a un gancho de ropa) o escalando el árbol y desprendiendo las vainas manualmente (ver *Cómo cosechar guamúchil* en **Anexo 1**). Diversas partes de la planta se han usado para producir madera, frutos comestibles, forraje, abono verde, sustancias médicas, sombra, gomas y otros productos (Monroy y Colín, 2004; **Figura 8.4**). Entre los usos más destacados del guamúchil están la extracción de un mucílago parecida a la goma arábiga, tintes amarillentos y aceites esenciales aromáticos utilizados para jabonería, leña y carbón de alto poder calorífico y taninos (corteza) para la industria de la curtiduría y miel de buena calidad. Su cultivo ayuda a controlar la erosión, a mejorar la filtración de agua a través de su sistema radical extenso, sobre todo en aquellas áreas donde la precipitación es baja; además, es fijador de nitrógeno atmosférico, delimita predios, sirve como rompevientos y mantiene la fertilidad de los suelos (Monroy y Colín, 2004).

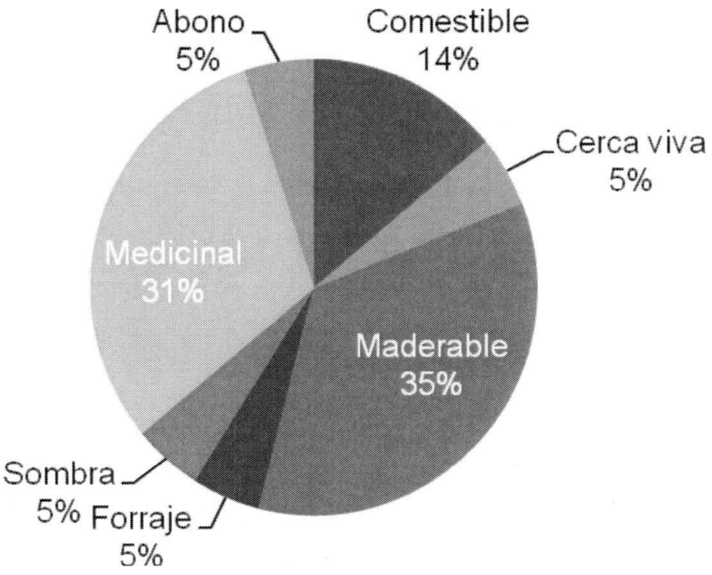

Figura 8.4 Usos del guamúchil

Sin embargo, pese a que el árbol de guamúchil es de uso múltiple, su fruto no se le cultiva de forma comercial y solo se vende en algunos mercados regionales (ver *Comercialización de guamúchil* en **Anexo 1**). Al ser un cultivo muy tolerante a agentes externos y, además de proporcionar múltiples productos económicos del mismo árbol, contribuye a la sostenibilidad y rendimiento de otras especies cultivables, al reducir los insumos agrícolas y al mantener la estabilidad de los agro-ecosistemas tradicionales como lo son los barbechos, sabanas, huertos frutícolas, selvas y ríos. Sin embargo, tiene tendencia a propagarse en forma de maleza invasora dentro de su hábitat de distribución por lo que en algunos lugares (e.g. Hawai) se le considerada plaga.

Si se poda, el guamúchil tiene la particularidad de volver a brotar en abundancia y soporta bien las temperaturas elevadas y la sequía (precipitación anual promedio entre 500 y 1000 mm), adaptándose a muchos tipos de suelo como los rocosos con piedra caliza, arcillosos, arenosos e incluso salinos (CONABIO 2018) y se le considera una especie secundaria en bosques de pino-encino, sabana y bosques tropicales caducifolios y subcaducifolios. Sin embargo, no soporta bien los fuertes vientos pues sus ramas son quebradizas y hasta puede llegar a ser arrancado de la tierra además de no tolerar las temperaturas muy bajas. Por último, su manejo agronómico implica prácticas agrícolas y medios de producción primitivos y con calendarios complejos, incluyendo obras primarias para el manejo y conservación del agua y suelo, materias primas locales y una alta inversión de fuerza de trabajo. Los requerimientos mínimos para el cultivo de guamúchil se muestran en el **Cuadro 8.2**.

Cuadro 8.2 Requerimientos de cultivo del guamúchil.

Profundidad	Prefiere y crece mejor en suelos profundos, aunque se desarrolla bien en suelos someros, espesor 30 cm
Textura	Franco-arcillosa y arcillo-arenosa
pH	De neutro a ligeramente alcalino

Materia orgánica	De moderada a rica

Por último, la propagación del Guamúchil se puede realizar por micro propagación (Goyal *et al.* 2012) o germinados de semilla (CONABIO 2018) y algunas características de su germinación se detallan en el **Anexo 1** (ver *Cómo germinar semillas de guamúchil*). En el **Cuadro 8.3** se esquematiza un calendario típico de producción en invernadero del Guamúchil así como algunas características de siembra:

Cuadro 8.3 Producción de plantas de guamúchil en invernadero.

		Mar			Abr			May				Jun				Jul				Ago
Germinación	#	#	#																	
Crecimiento inicial				#	#	#	#													
Crecimiento rápido								#	#	#	#									
Lignificación											*	*	*	*	*	*				
Aclimatación para siembra																	X	X	X	

Características	Parámetros mínimos
Diámetro del cuello (mm)	5
Altura de la planta (cm)	15-30
Relación raíz/tallo (R/T)	0.4
Relación altura/diámetro (H/D)	6
Sistema radicular	7 raíces laterales bien conformadas
Lignificación	2/3 de tallo leñoso
Salud	Sin daño aparente
Tiempo de cosecha (mes)	3.5

Mantenimiento en malla sombra (#), cubierta plástica (*) y cielo abierto (X).

8.2.3. Plagas y enfermedades

En términos generales, el guamúchil es muy resistente a agentes fitopatógenos aunque es susceptible a daño por algunos insectos defoliadores y barrenadores, hongos (manchas necróticas) y condiciones ambientales (e.g. por viento). Algunas larvas de lepidópteros suelen causar daño en los troncos y ramas taladrando la corteza del guamúchil y también es un hogar para larvas de las mariposas *Melanis pixe* y *Eurema blanda*. En Hawaii los frutos y semillas del guamúchil son susceptibles al ataque *de larvas de Subpandesma anysa GM* mientras que en puerto rico *Umbonia crassicornis* es una peste para el árbol. Otras plagas reportadas son por *Polydesma umbricola, Cercospora mimosae, Colletrichum dematium, C. pithecellobii Roldan, Phyllosticta ingae-dulcis Died, P. pithecellobii shreemalo,* y *Phellinus sp.* (Parrota *et al.* 1991).

8.3. Perfil nutricional y fitoquímico

8.3.1. Productos alimenticios

En México, Tailandia y la India se consume el fruto (arilo) del guamúchil ya sea crudo (ver *Consumo de guamuchil* en **Anexo 1**), en bebidas tradicionales, salsas o guisos (Wall-Medrano *et al.* 2016; Pío-León *et al.* 2013, 2017; Monroy y Colin, 2004). Durante su maduración, el fruto cambia de color (**Figura 8.5**) y adquiere sabores dulces y ácidos durante su maduración asociados con el contenido de azúcares y el ácido ascórbico quiene junto a los CF justifican el poder antioxidante del fruto, como se habrá de explicar posteriormente.

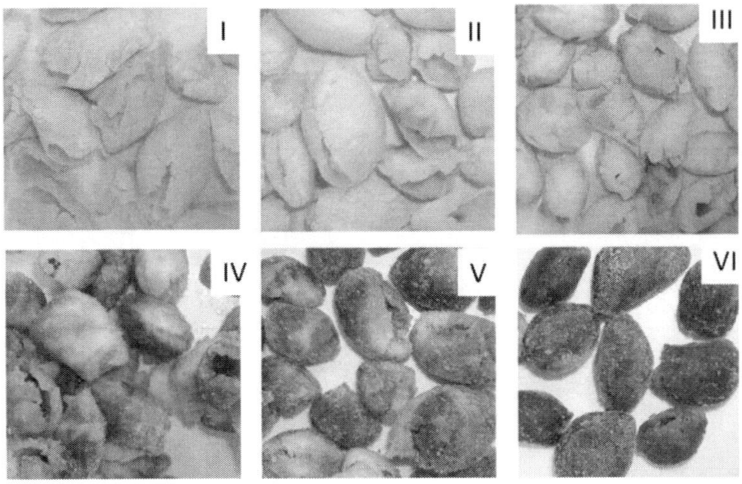

Figura 8.5 Cambios de color durante la maduración del fruto de guamúchil

Sin embargo, cuando este fruto es consumido en grandes cantidades llega a “cerrar” la garganta. Esto se debe a la presencia de taninos [condensados (TC) e hidrolizables (TH)] quienes provocan sabor muy astringente, áspero y amargo (Guízar y Sánchez, 1991), relacionado con su capacidad para reaccionar con las proteínas de la mucina y células de la cavidad oral.

8.3.2. Valor nutricional

El fruto del guamúchil es una muy buena fuente de vitaminas (ácido ascórbico, tiamina), fibra dietaria y proteínas de buena calidad (**Cuadro 8.4**).

Cuadro 8.4 Perfil nutrimental del fruto de guamúchil.

Macronutrimentos	Micronutrimentos					
Energía (Kcal)	78.0	Cenizas (%)	0.6	Vit A (mg)	15	
Agua (%)	77.8		Ca (mg)	13	Vit C (mg)	133
Proteína (%)	3.0	P (mg)	42	Vit B1 (mg)	0.24	
Grasa (%)	4.0	Fe (mg)	0.5	Vit B2	0.10	
Carbohidratos (%)	1.2	Na (mg)	19	Vit B6	0.60	
Fibra dietaria (%)	1.2	K (mg)	222			

Cien gramos (86-93 kcal) de arilos pueden cubrir entre 100-320 %, 23-44 % y 18-32 % del requerimiento diario de ácido ascórbico, tiamina y fibra dietaria, respectivamente (Chaparro-Santiago *et al.* 2015; Kubola *et al.*, 2011; Pío-León *et al.*, 2013) para mexicanos entre 4-50 años de edad (Bourges *et al.*, 2005). El fruto semi seco (15-18 % humedad) y molido tiene 12-15 % de proteína (Rao *et al.* 2011) con un alto contenido de lisina (7.8 %) y aminoácidos azufrados (2.8 %), cuando se le compara con la soya (*Glycine max,*) o el frijol (*Phaseolus vulgaris*). Sin embargo, la composición proximal del guamúchil puede diferir en proteína, grasa o vitamina C entre las especies asiáticas y latinoamericanas.

En nuestro grupo de trabajo hemos encontrado que la composición proximal y características fisicoquímicas varían durante la maduración del fruto (Wall-Medrano *et al.* 2016): Aunque el contenido energético del arilo no cambia durante su maduración (394 ± 1 kcal / 100 g), la proporción de macronutrimentos sí cambia durante la maduración (p 0.03, **Figura 8.6**): proteína (-11 %), lípidos (-42 %), sacarosa (-92 %) y cenizas (+16 %); lo anterior se explica por un incremento significativo en ciertos minerales tales como calcio, hierro, potasio, sodio y zinc cuando se comparan las formas blancas con las rojas (Pío-León *et al.* 2013). La mayoría de los cambios ocurren entre las dos primeras etapas de maduración (verde y blanca) justo cuando la vaina se abre y su capacidad fotosintética disminuye, a juzgar por la desaparición del color verde del fruto.

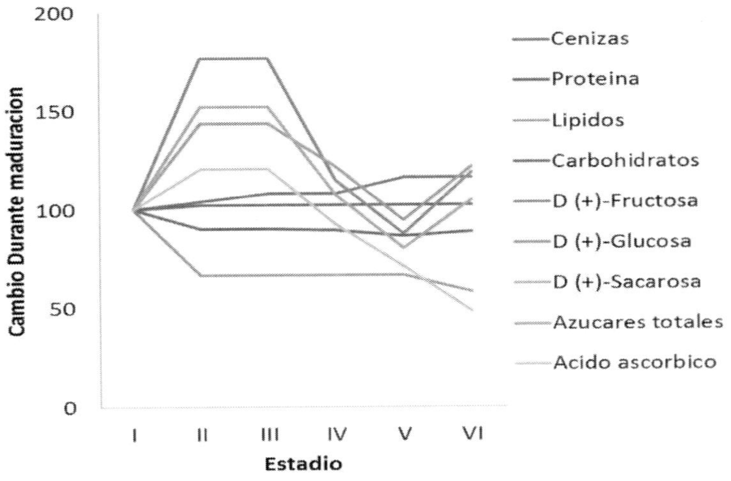

Cambios nutrimentales en fruto de guamúchil durante su maduración.

8.3.3. Fitoquímicos funcionales

Diversas partes del guamúchil son fuente de diversos fitoquímicos con actividad nutracéutica-funcional. La corteza de este árbol contiene triterpenos, lupenona y lupeol mientras que sus hojas y flores diversos compuestos fenólicos como afzelín, ramnósido de Kaempferol, quercitrín (**Figura 8.7**) y sus semillas tienen diversos ácidos grasos como el mirístico, palmítico, esteárico, oleico, linoleico y linolénico, polisacáridos de arabinosa y -citosterol y -amirina (Sriniva *et al.* 2018; Bagchi y Kumar, 2016). El fruto también posee diversos compuestos fenólicos (CF) como los ácidos gálico, cumárico, elágico, ferúlico, mandélico y vainillínico y varios flavonoides como la quercetina, rutina, kaempferol, naringina, daidzeína (**Figura 8.7**; Pío-León *et al.* 2013, Megala y Geetha 2010, Kubola *et al.* 2011).

Cabe señalar que los compuestos fenólicos y otros antioxidantes del fruto del guamúchil, se ven afectados por el proceso de maduración del fruto. Recientemente, hemos reportado que este fruto pierde poco más de 200 mg de ácido ascórbico durante su maduración (-52 % del estadio I al VI, **Figura 8.5**), aún cuando el contenido final (x 100 g) es superior al de las manzanas, ciruelas, mangos, naranjas y lichis de tal suerte que el contenido final de vitamina C (ácido ascórbico + dehidroascórbico) podría ser superior. Caso similar sucede con la biotransformación de las formas poliméricas (taninos condensados e hidrolizables) a monoméricas de los compuestos fenólicos en donde el incremento de antocianinas es muy significativo (**Figura 8.8**).

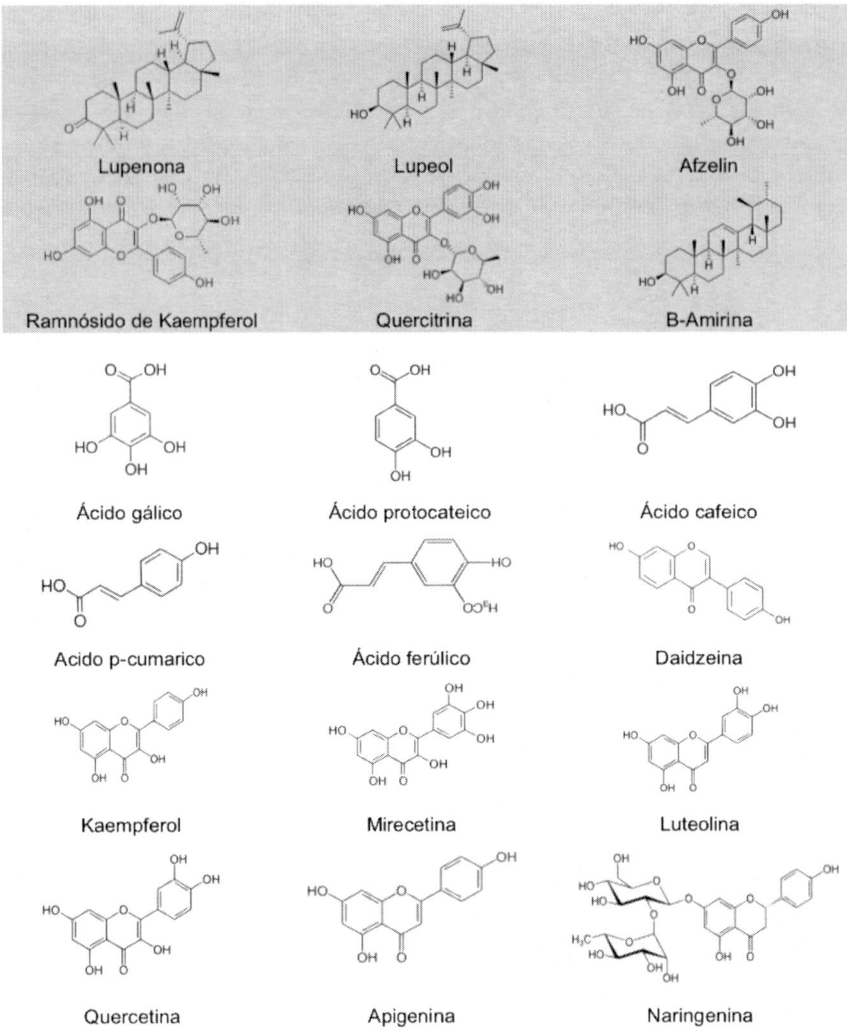

Compuestos fenólicos identificados en el fruto del guamúchil

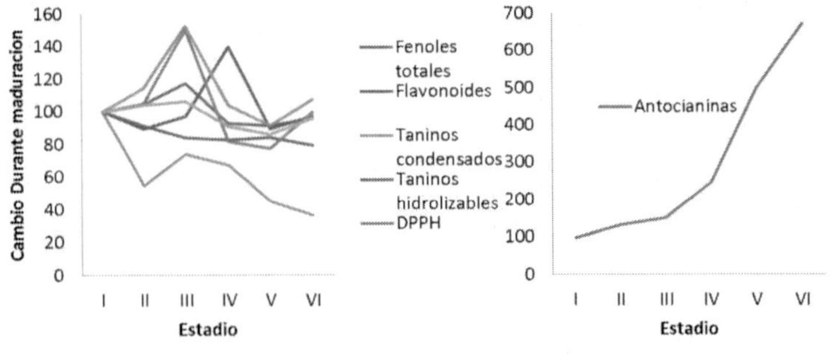

Cambios en compuestos fenólicos en el fruto de guamúchil durante su maduración

8.4. Beneficios para la salud

Varias partes de la planta de *Pithecellobium dulce* han sido utilizadas en la herbolaria tradicional para el tratamiento de diversos tipos de afecciones. Su corteza y pulpa son astringentes y hemostáticas por lo que se han utilizado para tratar dolencias de las encías, dolor de muelas y sangrado. Los extractos de corteza también se usan para la diarrea crónica, la disentería, el estreñimiento y la tuberculosis (Kulkarni y Jamakhandi, 2018). El extracto de hojas se emplea como remedio para la indigestión y para prevenir el aborto espontáneo, para dolencias de la vesícula biliar y para tratar heridas. La semilla molida se usa para tratar las úlceras, diabetes mellitus, inflamación, cáncer, tuberculosis, enfermedades venéreas, trastornos biliares, fiebre, resfriado, dolor de garganta, malaria, pigmentación de la piel, acné y granos, manchas oscuras, conjuntivitis, síndrome del intestino irritable, dolor, eccema y lepra.

Sus efectos para la salud involucran diversos mecanismos citoprotectores, antioxidantes, inhibidores de enzimas, hipolipemiantes, antiparasitarios, espermicidas, antidiabéticos, antisépticos, anti-bacteriales y anti convulsivos (Kulkarni y Jamakhandi, 2018; Nagmoti y Juvekar, 2013; Pradeepa *et al.* 2013; Juárez-Vázquez *et al.*, 2013; Nilakshi *et al.* 2011). La mayoría, de estas acciones biológicas involucran la capacidad de captura de radicales libres y otros mecanismos antioxidantes (Nagmoti *et al.*, 2012; Katekhaye y Kale, 2012; Megala y Geetha, 2010). En particular, el conocimiento empírico etnobotánico sobre su uso para tratar úlceras gástricas involucra mecanismos antiácidos y citoprotectores, como ha sido demostrado en roedores (Megala y Geetha, 2010, 2012), mientras su capacidad anti necrótica en tejido hepático (Manna *et al.*, 2011), renal (Pal *et al.*, 2012) y cardiaco (Bhavani *et al.* 2014) en modelos murinos también involucra a su capacidad antioxidante(Nagmoti *et al.* 2012; Katekhaye y Kale, 2011).

8.5. Conclusiones

Hoy en día, los consumidores preocupados por su nutrición buscan alimentos vegetales orgánicos, no convencionales y étnicos para mejorar su ingesta diaria de nutrientes y fitoquímicos funcionales que promuevan su salud. En este sentido, diversas partes del Guamúchil son buenas fuentes de estos bioactivos para la salud, particularmente si se cosecha en diferentes etapas de maduración. Sin embargo, resulta indispensable el lograr una estandarización en los sistemas de cultivo y recolección de su fruto, además de una más profunda caracterización química y evaluación del potencial funcional de los principios activos presentes.

8.6. Referencias

Bagchi, S., & Kumar, K. J. (2016). Studies on water soluble polysaccharides from Pithecellobium dulce (Roxb.) Benth. seeds. *Carbohydrate polymers, 138*, 215-221.

Bhavani , R., Shobana, R., Rajeshkumar, S. (2014). Cardio-Protective activity of Pithecellobium dulce flower and fruit pulp aqueous extracts. International Journal of Pharmaceutical Research, 6(3): 82-89

Chaparro-Santiago A, Osuna-Fernández HR, Aguilón-Arenas J, *et al.* (2015) Nutritional composition of Pithecellobium dulce, Guamuchil aril. Pakistan Journal of Nutrition 14(9):611–613

Goyal, P., Kachhwaha, S., & Kothari, S. L. (2012). Micropropagation of Pithecellobium dulce (Roxb.) Benth—a multipurpose leguminous tree and assessment of genetic fidelity of micropropagated plants using molecular markers. *Physiology and Molecular Biology of Plants, 18*(2), 169-176.

Juárez-Vázquez, MC, Carranza-Álvarez, C., Alonso-Castro, A. J., González-Alcaraz, V. F., Bravo-Acevedo, E., Chamarro-Tinajero, F. J., & Solano, E. (2013). Ethnobotany of medicinal plants used in Xalpatlahuac, Guerrero, Mexico. *Journal of ethnopharmacology, 148*(2), 521-527.

Katekhaye SD, Kale MS (2011) Antioxidant and free radical scavenging activity of Pithecellobium dulce (Roxb.) Benth wood bark and leaves. Free Rad Antiox 2(3):47–57

Kubola J, Siriarmornpun S, Meeso N (2011) Phytochemicals, vitamin C and sugar content of Thai wild fruits. Food Chem 126:972– 981

Kulkarni, K. V., & Jamakhandi, V. R. (2018). Medicinal uses of Pithecellobium dulce and its health benefits. *Journal of Pharmacognosy and Phytochemistry*, *7*(2), 700-704.

Manna, P., Bhattacharyya, S., Das, J., Ghosh, J., & Sil, P. C. (2011). Phytomedicinal role of Pithecellobium dulce against CCl4-mediated hepatic oxidative impairments and necrotic cell death. *Evidence-Based Complementary and Alternative Medicine*, *2011*.

Mapes, C., Basurtom F. (2016). Biodiversity and edible plants of Mexico, In Lira. R., Casas, A., Blancas,J. (Eds) *Ethnobotany of Mexico*. Springer, New York, NY, 2016. p. 83-131.

Megala J, Geetha A (2010) Free radical-scavenging and H+, K+-ATPase activities of Pithecellobium dulce. Food Chem 121:1120–1128

Monroy, R., & Colín, H. (2004). El guamúchil Pithecellobium dulce (Roxb.) Benth, un ejemplo de uso múltiple. *Madera y Bosques*, *10*(1), 35-53.

Nagmoti DM, Khatri DK, Juvekar PR, et al. (2012) Antioxidant activity and free-radical scavenging potential of Pithecellobium dulce Benth seed extracts. Free Rad Antiox 2(2):37–43

Nagmoti, D. M., & Juvekar, A. R. (2013). In vitro inhibitory effects of Pithecellobium dulce (Roxb.) Benth. Seeds on intestinal -glucosidase and pancreatic -amylase. *Journal of Biochemical Technology*, *4*(3), 616-621.

Nilakshi V, Gambhir V, Bhaskar VV (2011) HPTLC analysis of vitamin C from Pithecellobium dulce, benth (fabaceae. J Pharm Res 4(4):1197–1198

Parrotta J. (1991). Pithecellobium dulce (Roxb.) Benth. Guamuchil, USDA For. Serv., South. For. Exp. Stn., Inst. Trop. For., New-Orleans, La., U.S.A.,

Pal, P. B., Pal, S., Manna, P., & Sil, P. C. (2012). Traditional extract of Pithecellobium dulce fruits protects mice against CCl4 induced renal oxidative impairments and necrotic cell death. *Pathophysiology*, *19*(2), 101-114

Pío-León, J. F., Díaz-Camacho, S., Montes-Avila, J., López-Angulo, G., & Delgado-Vargas, F. (2013). Nutritional and nutraceutical characteristics of white and red Pithecellobium dulce (Roxb.) Benth fruits. *Fruits*, *68*(5), 397-408.

Pío-León, J. F., Delgado-Vargas, F., León-de la Luz, J. L., & Ortega-Rubio, A. (2017). Prioritizing wild edible plants for potential new crops based on deciduous forest traditional knowledge by a rancher community. *Botanical Sciences*, *95*(1), 47-59.

Pradeepa, S., Subramanian, S., & Kaviyarasan, V. (2013). Biochemical evaluation of antidiabetic properties of Pithecellobium dulce fruits studied in streptozotocin induced experimental diabetic rats. *IJHM*, *1*(4), 21-8.

Rao GN, Nagender A, Satyanarayana A, et al. (2011) Preparation, chemical composition and storage studies of guamuchil (Pithecellobium dulce L.) aril powder. J Food Sci Technol 48(1): 90–95

Srinivas, G. (2018). A review on Pithecellobium dulce: A potential medicinal tree. *IJCS*, *6*(2), 540-544.

Tapia-Pastrana, F., & Gómez-Acevedo, S. L. (2005). El cariotipo de Pithecellobium dulce (mimosoideae-leguminosae). *Darwiniana, nueva serie*, *43*(1-4), 52-56.

Wall-Medrano, A., González-Aguilar, G. A., Loarca-Piña, G. F., López-Díaz, J. A., Villegas-Ochoa, M. A., Tortoledo-Ortiz, O., *et al.* (2016). Ripening of Pithecellobium dulce (Roxb.) Benth.[Guamuchil] fruit: physicochemical, chemical and antioxidant changes. *Plant Foods for Human Nutrition*, *71*(4), 396-401.

8.7. Anexo 1

Tema	WEB link
Generalidades del Guamúchil	https://www.youtube.com/watch?v=jnuvl0YCR6o
	https://www.youtube.com/watch?v=PPgJoCprzgA
	https://www.youtube.com/watch?v=trqWK3dC_Fc
Cómo germinar semillas de guamúchil	https://www.youtube.com/watch?v=Qw7p-nuBiVQ
Cómo cosechar guamúchil	https://www.youtube.com/watch?v=eTQQy8yeC6s
Comercialización de guamúchil	https://www.youtube.com/watch?v=14olU3uYuuk
	https://www.youtube.com/watch?v=EcQFh9Pl94s
Beneficios para la salud del guamúchil	https://www.youtube.com/watch?v=ZWLEoCL82AM

9

Flor de Jamaica

9.1. *Hibiscus sabdariffa L.*

Migdalia Sarahy Navidad Murrieta, Guadalupe del Carmen Perales Vázquez, Jorge A. Sánchez Burgos, Víctor M. Zamora Gasga y Sonia G. Sáyago Ayerdi

9.2. Características agronómicas

9.2.1. Taxonomía

La flor de Jamaica (*Hibiscus sabdariffa)*, también conocida como Rosa de Jamaica o Rosa de Abisinia, pertenece a la familia de las malváceas y es originaria de África tropical, aunque se cultiva ampliamente en América central, América del sur y en el sudeste asiático (Ali et al., 2005), en la Tabla 1 se presenta la clasificación taxonómica de la planta de flor de Jamaica.

Cuadro 9.1 Clasificación taxonómica de la Jamaica (Hibiscus sabdariffa L.)

Reino	Plantae
Subreino	Tracheobionta
División	Anthophyta
Clase	Magnoliopsida
Orden	Malvales
Familia	Malvácea
Género	Hibiscus
Especie	Sabdariffa Linn

La jamaica (*Hibiscus sabdariffa L.)* es una planta de siembra anual, erecta, arbustiva, cubierta de ramas, generalmente sus tallos pueden alcanzar hasta 2.4 m de alto (Carvajal et al., 2006). Sus hojas son verdes aserradas y agudas con venas rojizas y peciolos de 7.5 a 12.5 cm de longitud (Del Vaz-Diaz, 2009), sus flores son de un color amarillo con centro color rosa a rojo marrón que cambia a rosado a medida que llega la tarde hasta marchitarse (Meza-Chavarria, 2012); se sostienen por separado en la parte alterna de las hojas y pueden llegar a medir hasta 12.5 cm de largo y 4 cm de ancho; el cáliz típicamente de color rojo, consta de 4 a 5 pétalos; su cáliz crece hasta la madurez y el fruto se vuelve carnoso (Da-Costa-Rocha et al., 2014). La reproducción de la planta es por autofecundación, cada válvula contiene de 3 a 4 semillas afelpadas de color ligeramente café y en forma de riñón que miden de 3 a 4 mm de longitud. Cuando la cápsula está madura y seca, cambia a un color café rojizo y se separa (Carvajal et al., 2006).

9.2.2. Condiciones de cultivo

El cultivo de la Flor de Jamaica no posee requerimientos difíciles o poco convencionales, razón por la cual es una práctica económica que puede verse favorecida y podría adoptarse a gran escala en regiones colombianas donde aún no ha incursionado. El cultivo de *Hibiscus sabdariffa* se produce en un tiempo corto en comparación con otros cultivos, por lo cual la inversión puede recuperarse rápidamente y reinvertirse en los procesos de poscosecha y comercialización. A continuación se presenta el proceso de cultivo de la flor de Jamaica (*Hibiscus sabdariffa*) (Nichols-Posada, 2014):

Cuadro 9.2 Requerimientos de cultivo de flor de Jamaica

Proceso de cultivo de la flor de Jamaica Hibiscus sabdariffa

Requerimientos climáticos

La Hibiscus sabdariffa puede ser cultivada en regiones con una altitud de 300 a 1000 msnm, de clima seco tropical o subtropical con una temperatura de 22° a 25°C y con un régimen pluvial de entre 400 a 500 mm por año (Cano, 2004).

Requerimientos del terreno

Esta malvácea se adapta bien a diferentes tipos de suelos y sustratos. Los suelos más recomendados son los ricos en materia orgánica de fertilidad media o moderada, drenados y húmedos con el fin de evitar que la planta crezca mucho y para que produzca más cálices (Urbina, 2009). La Hibiscus sabdariffa también puede ser cultivada en suelos arenosos dado a que desarrolla un sistema radicular largo y profundo. (Martínez, 1992). Las opiniones de los autores en torno al tipo de suelo recomendado para el cultivo de esta malvácea son diferentes. Según Meza es un cultivo con buena adaptación y se puede establecer en suelos aluviales, arcillosos, pedregosos, o franco arenosos (2012). De acuerdo con Arévalo, la Hibiscus sabdariffa requiere suelos franco arcillosos ya que no tolera los encharcamientos propios de los suelos pesados o arcillosos (2012). Por su parte, Cano recomienda que el suelo tenga un contenido de materia orgánica mayor del 2.5 %, con un pH de 4.5 a 8.2, libre de sales y con una conductividad no mayor de 1.5 mΩ/cc (2004). De acuerdo con otros autores la flor de Jamaica prefiere suelos de color rojo, cálidos y de poca profundidad (Arévalo, 2012). En el cultivo de flor de Jamaica, según Meza, se necesitan suelos ácidos, con un pH óptimo de 6.5, y un rango de entre 4.5 y 7.5. La pendiente del terreno no debe ser mayor del 50 % ni permanecer inundada por más de cinco días (facilitar drenaje). (Meza, 2012) Se recomienda evitar terrenos excesivamente ricos o la aplicación de abonos nitrogenados ya que ello tiende a producir plantas sumamente desarrolladas a expensas de la producción floral.

Diseño agroforestal

La Flor de Jamaica se puede asociar con otros cultivos con el fin de aprovechar el suelo. De acuerdo con la región, la Flor de Jamaica puede asociarse con cultivos de maíz, fríjol o especies forestales como madero negro (Gliricidia sepium), leucaena (Leucaena sp), laurel (Cordia alliodora), entre otras especies afines. Urbina recomienda una alineación de cada 15 m entre calles y 3 m entre plantas. Entre las calles se establecerá el cultivo de maíz/frijol y rosa de Jamaica, ubicando un promedio de 2 surcos de maíz/frijol y 9 surcos de rosa de Jamaica. Otra opción sería sembrar entre las calles de los árboles la rosa de Jamaica intercalada entre plantas de maíz, es decir, 130 cm entre surcos y 75 cm entre plantas, intercaladas maíz y rosa de Jamaica sucesivamente (2009).

Siembra	Se recomienda colocar entre tres y cinco semillas por golpe. La siembra puede ser directa o mediante trasplante y la germinación comienza luego de dos o tres días de enterrada la semilla. Debe hacerse una limpia del terreno. También es propicia la construcción de un semillero almácigo para cuidar las plantas en sus primeras fases para luego realizar el trasplante, con lo cual no sólo se ahorrará tiempo sino recursos. Hay que recordar, también que la semilla es muy pequeña y por esto le será difícil competir con las herbáceas y otras dificultades que se presentan en los suelos de la región andina colombiana (Nichols-Posada, 2014). El cultivo del semillero se realiza mediante semillas que deben sembrarse con una distancia de diez cm al cuadro enterrándolas con 1 cm de profundidad. El trasplante puede realizarse cuando las plantas alcanzan 10 cm de altura (Martínez, 1992). Actualmente, se manejan como semilleros las bandejas plásticas de plantular de 50, 72, 128, 172 y 200 alvéolos, en las cuales se individualizan las semillas y se emplea un sustrato como la turba u otros que garanticen la buena germinación y el desarrollo de la semilla. Cuando se trata de siembra directa se aconseja colocar de tres a cinco semillas por postura con una distancia de 90 cm entre plantas y 130 cm entre surcos. La cantidad de semillas para sembrar 0,70 ha es de tres libras (Urbina, 2009).
Fotoperiodo	La planta requiere de un fotoperiodo de doce horas luz. Durante el periodo de reproducción requiere de un periodo de oscuridad mínimo de 11.5 horas y para la época de floración un periodo de 12,5 a 13,5 horas luz por día (Cano, 2004).
Demanda de agua	Se recomienda la aplicación de riegos ligeros cada ocho días después del trasplante. La Hibiscus sabdariffa es una planta que exige hidratación durante el desarrollo vegetativo pero no tolera el encharcamiento ni la densidad poblacional que le reduzca la penetración de luz solar (Meza, 2012).
Floración	La Hibiscus sabdariffa comienza a florecer en tiempo semi-seco, alrededor de los 100 o 120 días de sembrada de forma definitiva. Cuando termina la floración se recomienda dejar 20-25 días para la formación y madurez del cáliz, es ahí cuando se puede cortar por primera vez (Nichols-Posada, 2014).

9.2.3. Estacionalidad

De acuerdo con la literatura concerniente al manejo agronómico de la *Hibiscus sabdariffa,* en regiones áridas y semiáridas la siembra puede iniciarse en mayo o en junio para cosechar en octubre. Las fechas de secado de los cálices recolectados después de la cosecha coinciden con el cese de las lluvias y el advenimiento de las épocas de verano (Urbina, 2009). Para obtener plantas robustas, con abundantes ramas y mayor cantidad de frutos se recomienda seguir las fechas de siembra indicadas, ya que siembras tardías dan como resultado plantas pequeñas, de poco follaje y producción (Meza, 2012).

9.2.4. Plagas y enfermedades

La Jamaica (*Hibiscus sabdariffa* L.) como todos los cultivos es susceptible al ataque de factores bióticos como los insectos plaga y las enfermedades, que pueden ocasionar pérdidas que van desde daños por manchas hasta la destrucción completa del cultivo, frente a eso, es necesario tener una respuesta correcta en términos del uso de métodos de control y costos que respeten el medio ambiente, sean eficientes y permitan incrementar los márgenes de utilidad de los productores. Dada la importancia de este cultivo emergente, se hace prioritario conocer las especies de insectos plaga y las enfermedades que limitan la producción del cultivo de flor de la Jamaica.

9.2.4.1. Principales plagas de la Jamaica

Las plaas constituyen la dieta alimenticia de la mayoría de las especies de insectos, por lo tanto los insectos son las plagas más importantes de las plantas cultivadas (Davis, 1991). Morton (1987) reporta a tres escarabajos *Nisotra breweri*, *Lagris cyanea* y *Rhyparida discopunctulata* atacando las hojas de la Jamaica, también menciona como plagas de menor importancia a las escamas *Coccus hesperidum* y *Hemichionapis aspidistrae* en tallos y ramas, al pulgón amarillo *Aphis gossypii*, sobre las hojas y brotes florales y a la chinche manchadora *Dysdercus suturellus* en los cálices. McCaleb (2000) menciona que el daño hecho por los insectos a la Jamaica es menor pero existe y reporta a la pulga saltona *Podagrica spp.*, a la palomilla *Abutilon sp.*, al gusano bellotero del algodón y al gusano trozador, mientras que de Hemiptera registra a la chinche manchadora, a las escamas y chicharritas. McClintock y El Tahir (2004) reportan que la presión de plagas es alta, con presencia de larvas del gusano bellotero (*Earias biplaza* y *Earias insulana*) atacando frutos; larvas de pulga saltona (*Podagrica* spp.) alimentándose de raíces y los adultos de las hojas y puntos de crecimiento; presencia de chinche manchadora (*Dysdercus supertitiosus*) chupando cálices y causando manchas color café y la infestación del barrenador espiral (*Agrilus acutus*). Abdel-Moniem y El-Wahab (2006) reportan que las plagas más dominantes encontradas en el cultivo de Jamaica fueron los insectos chupadores *Empoasca* spp., *Maconellicoccus hirsutus*, *Aphis gossypii glover*, *Bemisia tabaci*, *Oxycarenus hyalinipennis* y el gusano bellotero *Earias insulana*. Duke (1983) registra que entre los insectos plaga que atacan a la Jamaica están: *Anomis erosa*, *Chaetocnema* spp., *Cosmophila erosa*, *Dysdercus cingulatus*, *D. poecilus*, *Drosicha townsendi*, *Nistora gemella*, *Phenacoccus hirsutus*, *Pseudococcus filamentous* y *Tectocoris diophthalmus*.

En México el Comité Estatal de Sanidad Vegetal de Puebla (2006) reporta que el cultivo de Jamaica tiene pocos enemigos naturales, es resistente a las plagas y a la falta de agua, sin embargo cuando no se lleva un manejo adecuado del cultivo los aspectos fitosanitarios repercuten significativamente al incrementar los costos de producción y mermar la calidad de estos productos, menciona a la gallina ciega *Phyllophaga* spp., la hormiga arriera *Atta mexicana* y a la cochinilla rosada *Maconellicoccus hirsutus*, como las principales plagas de la Jamaica. Mientras que Castillo solano (2007) agrega al complejo de hormiga arriera *Atta tejana* y *Atta cephalotes*, además menciona como las principales plagas que afectan al cultivo de la Jamaica al pulgón, los trips, el gusano soldado, el falso medidor, los mayates y sus larvas.

9.2.4.2. Principales enfermedades de la Jamaica

Las enfermedades son alteraciones que se producen en las plantas por desequilibrios fisiológicos causados por factores bióticos como hongos, bacterias, fitoplasmas, virus, viroides, nematodos, plantas parásitas, protozoarios y factores abióticos. Las enfermedades más importantes de la Jamaica son formas de pudrición de cuello, raíces y de tallos como, *Phytophtora parasitica*, *Macrophomina phaesolina*, *Rhizoctonia solani*, *Botrytis cinerea* y *Scleotium rolfsii* así como las manchas foliares de *Phoma sabdariffae*; menos frecuente es la antracnosis ocasionada por diferentes tipos de hongos. La mayoría de las podredumbres de tallos y raíces son debido a encharcamientos de agua o a periodos prolongados de precipitación pluvial. Por otro lado, suelos empobrecidos y rotaciones muy estrechas con el mismo cultivo pueden incentivar la infección (Naturland 2000). La Jamaica es susceptible a la infección por *Coniella musaiaenis* var. Hibisci, que causa las manchas de la hoja y la senescencia de la planta y el cáliz; la mancha de la hoja causada por *Cercospora hibisci* y la cenicilla de la hoja causada por *Oidium abelmoschi* son comunes.

En México, el Comité Estatal de Sanidad Vegetal de Puebla (2006) reporta que las enfermedades más importantes de tallos, hojas y raíces de la Jamaica son las siguientes: *Fusarium oxysporum*, *F. roseum*, *Rhizoctonia solani*, *Sclerotium rolfsii*, y *Pseudomona* sp., principalmente. Sin embargo se han observado otras enfermedades que no han llegado a repercutir significativamente como: *Phytophtora parasitica*, *Phoma sabdariffae*, *Macrophomina phaseolina*, *Phyllosticta* spp., *Botrytis cinerea*, *Puccinia* spp. y *Oidium* spp.

Cuadro 9.3 Insectos plaga y daños ocasionados a la Jamaica

Especie	Nombre común	Daños
Chaetocnema spp.	Pulga saltona	Adultos perforando hojas y brotes
Podagrica spp	Pulga saltona	Larva alimentándose de raíces Adultos comiendo hojas y brotes
Phyllophaga spp	Gallina ciega	Ataca raíces de la Jamaica
Bemisia tabaci	Mosquita blanca	Chupado de hojas
Aphis gossypii Glover	Pulgón amarillo	Sobre las hojas y brotes florales
Empoasca sp.	Chicharritas	Succionado de tallos y hojas
Coccus hesperidum Linnaeus	Escama	En tallos y ramas
Hemichionaspis aspidistrae	Escama	En tallos y ramas
Dysdercus cingulatus	Chinche manchadora	Chupando cálices y causando manchas
Atta cephalotes Atta mexicana Atta tejana	Hormiga arriera	Cortando hojas
Earias insulana	Gusano bellotero	Atacando frutos
Trips sp	Trips	Raspando brotes nuevos y flores

9.3. Características nutricionales

9.3.1. Composición nutricional de cálices

La composición proximal en cálices de Jamaica puede variar dependiendo de la variedad, tipo de suelo en el que son cultivados y factores climatéricos, por lo que los valores reportados por diversos artículos no son del todo similares, lo que hace necesario caracterizar analíticamente los cálices a utilizar en cada experimentación (Sáyago-Ayerdi y Goñi, 2010).

En investigaciones anteriores, se reportan variaciones en la composición de los cálices de Jamaica (Babalola et al., 2001; Sáyago-Ayerdi et al., 2007; Mahadevan, 2009). En el Tabla 9.4, se presenta una comparación de los datos reportados, mostrándose una apreciable concentración de proteína y principalmente fibra dietética. Los minerales potasio y calcio son lo que se encuentran en mayor concentración en esta categoría, seguido de hierro y magnesio (Babalola et al., 2001). En la categoría de vitaminas, se encuentran presentes vitaminas como tiamina, niacina y principalmente vitamina C (Mahadevan, 2009).

Cuadro 9.4 Composición proximal de cálices de Jamaica (g/100 g base seca)

Nutriente	Nutriente	Babalola et al., 2001	Sáyago-Ayerdi et al., 2007	Mahadevan, 2009	Mahadevan, 2009
Proteína (a)	Proteína (a)	8.6	9.87	9.2	9.2
Lípidos	Lípidos	2.9	0.59	2.61	2.61
Cenizas	Cenizas	6.8	9.75	6.9	6.9
Fibra dietética total (b)	Fibra dietética total (b)	-	33.9	39.5 - 42.6	39.5 - 42.6
Fibra insoluble	Fibra insoluble	-	29.04	-	-
Fibra soluble	Fibra soluble	-	4.9	-	-
Calcio	Calcio	1602	-	12.63	12.63
Potasio	Potasio	2320	-	-	-
Hierro	Hierro	34.6	-	8.98	8.98
Magnesio	Magnesio	340	-	-	-
Zinc	Zinc	6.3	-	-	-
Ácido ascórbico	Ácido ascórbico	54.8	-	6.7	
Niacina	Niacina	-	-	3.765	3.765
Tiamina	Tiamina	-	-	0.117	0.117
Riboflavina	Riboflavina	-	-	0.277	0.277

[a] N x 6.25; [b] Método AOAC, 2000

Los cálices de Jamaica han sido considerados como una fuente saludable de fibra antioxidante. La fibra antioxidante puede ser entendida como un compuesto en el que se combinan un porcentaje elevado de fibra dietética y cantidades apreciables de antioxidantes naturales asociados a una matriz de compuestos no digeribles. De acuerdo con Sáyago-Ayerdi y Goñi (2010) la fibra de la flor o cálices de Jamaica contribuyen a la salud gastrointestinal y disminuyen el riesgo de aparición de enfermedades cardiovasculares y de diferentes tipos de cáncer.

9.3.2. Composición nutricional de hojas y semillas

Las hojas y las semillas de la *Hibiscus sabdariffa* han sido estudiadas, mostrando efectos benéficos como la infusión de las hojas de esta planta para la digestión, como tónico emoliente para eccemas e inflamaciones, para combatir los parásitos intestinales y se afirma que éstas son buena fuente de compuestos nutritivos y, poseen, al igual que los cálices, un amplio rango de acciones curativas y preventivas como antihipercolesterolemiante, antihiperlipidemiante, hipotensivo, entre otras (Kumar et al., 2012). En la Tabla 9.5, es presentada la composición química en términos de ausencia (-) / presencia (+) de compuestos en los extractos de hoja de Jamaica.

Cuadro 9.5 Composición extractos de hoja de Jamaica

	Extracto acuoso	Extracto en etanol al 95 %	Fracción en etanoato de etilo
Carbohidratos	+	+	+
Proteínas	+	+	+
Aminoácidos	+	+	+
Glucósidos	+	+	+
Esteroides y esteroles	-	+	+
Alcaloides	-	-	-
Flavonoides	+	+	+
Taninos y otros fenoles	+	+	+
Antraquinones	-	-	-
Triterpenoides	+	+	+
Análisis de saponinas	-	-	-

Fuente: Kumar et al., 2012.

Con respecto a la composición química de las semillas de Jamaica, Cisse et al., afirman que éstas poseen concentraciones relevantes de proteínas, lípidos y azúcares totales (2009) (Tabla 6). Diversos estudios han demostrado que la semilla de esta planta presenta una composición, incluso, más diversa que la de los cálices puesto que además de compuestos fenólicos contiene fitosteroles, tocoferoles, diversos aminoácidos entre los que se destacan el ácido glutámico, la glicina y el ácido aspártico, minerales esenciales y otros compuestos que le otorgan una actividad antioxidante y recolectora de radicales libres. En un estudio se encontró que las semillas también poseen una gran actividad antioxidante similar a la de los cálices dado a su contenido considerable de compuestos fenólicos y que, además, tienen un gran valor nutricional porque son buena fuente de antioxidantes liposolubles, por lo cual podrían considerarse como alimento funcional (Mohd-Esa et al., 2010). Finalmente, las semillas de Jamaica poseen grandes propiedades nutricionales debido a que son ricas en un aceite de color amarillo verdoso y contienen fibra dietaria soluble (pectina) e insoluble (Sáyago-Ayerdi et al., 2010)

Cuadro 9.6 Contenido de nutrientes en 100 g de semillas y follaje de Jamaica

Nutriente	Semillas	Follaje
Proteína (g)	28.9	3.5
Carbohidratos (g)	25.5	8.7
Grasas (g)	21.4	0.3
Vitamina A (U.I.)	-	1000.0
Tiamina (mg)	0.1	0.2
Riboflavina (mg)	0.15	0.5

Niacina (mg)	1.5	1.4
Vitamina C (mg)	-	2.3
Calcio (mg)	350	240.0
Hierro (mg)	-	5.0

Asociación Naturalan, 2004

9.3.3. Productos alimenticios (tallos, hojas, semillas y cálices)

En México el cultivo de la Jamaica (Hibiscus sabdariffa L) fue introducido desde la época colonial, donde tradicionalmente los cálices secos han sido utilizados en la preparación de bebidas o infusiones (Castro, 2002). En países del Caribe se utilizan los cálices frescos para la preparación de una bebida durante la época de Navidad (Vaidya, 2000) y en Egipto se utilizan para preparar una bebida refrescante ácida conocida como karkadé (Mohamed et al., 2007). Recientemente, se han utilizado en procesos industriales como materia prima o como ingredientes para la elaboración de mermeladas, gelatinas, jarabes, bebidas, budines, pasteles, vinos y como colorante natural (Christian et al., 2006; Bengaly et al., 2006).

9.3.4. Propiedades funcionales

Los compuestos bioactivos (CB) son componentes minoritarios de los alimentos, considerados no nutrientes, parcialmente biodisponibles en el organismo y que han demostrado tener efectos positivos para la salud de quienes les consumen, ejemplo de ellos son los polifenoles, carotenoides y fitoesteroles (Sáyago-Ayerdi y Goñi, 2010). Dentro de los CB en la jamaica se han identificado fitoestrógenos, y compuestos fenólicos (CF) los cuales son metabolitos secundarios involucrados en la defensa de plantas frente a la radiación ultravioleta y el ataque de patógenos (Williamson y Manach, 2005).

De acuerdo a diversas investigaciones publicadas, en la Tabla 9.7 se presentan los compuestos fenólicos presentes en extractos de Jamaica incluyendo los compuestos derivados naturalmente como el ácido hibísico, hibiscetina e hibiscetrina.

Cuadro 9.7 Principales compuestos fenólicos reportados en extractos de Jamaica

Clasificación	Compuesto

Flavonas

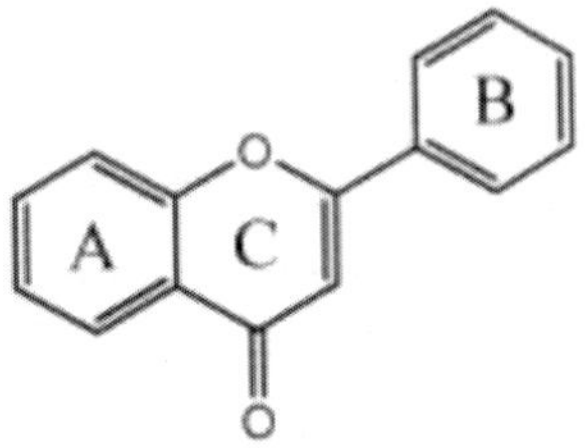

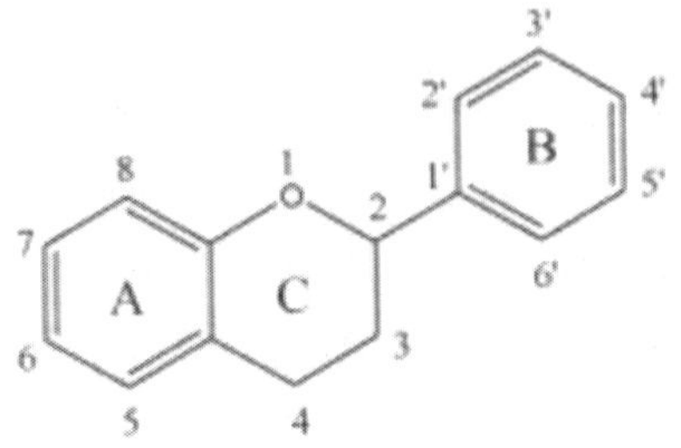

	Sustitución -OH
Luteolina	5,7,3',4´

Flavonoles

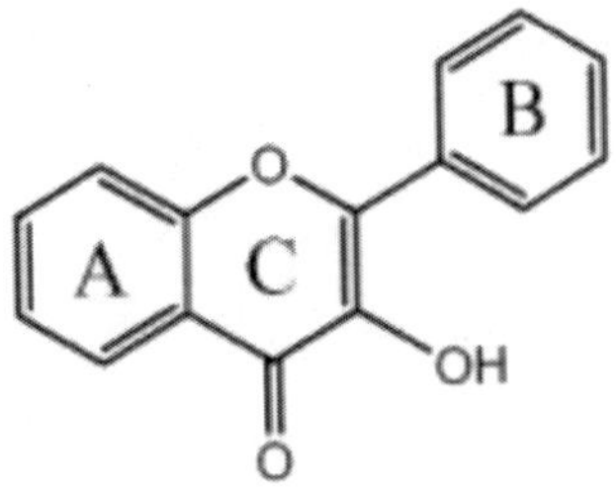

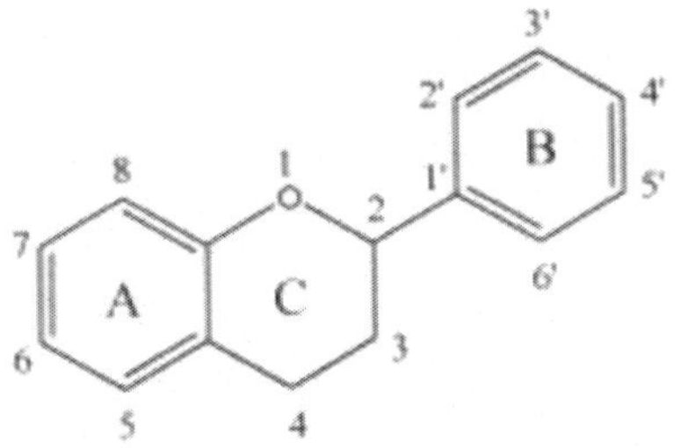

	Sustitución -OH
Kaempferol	3,5,7,4'
Quercetina	3,5,7,3',4',
Miricetina	3,5,7,3',4',5'

Cuadro 9.7 Principales compuestos fenólicos reportados en extractos de Jamaica

Flavanoles

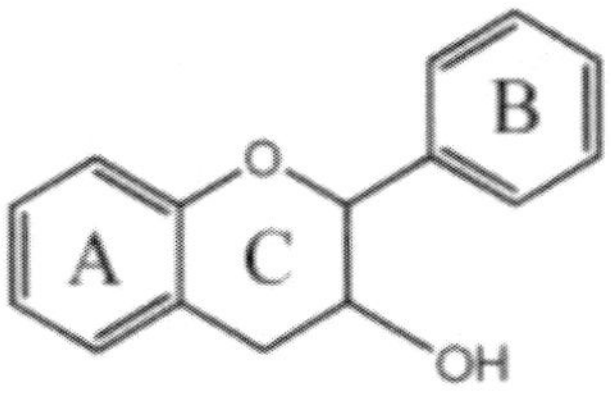

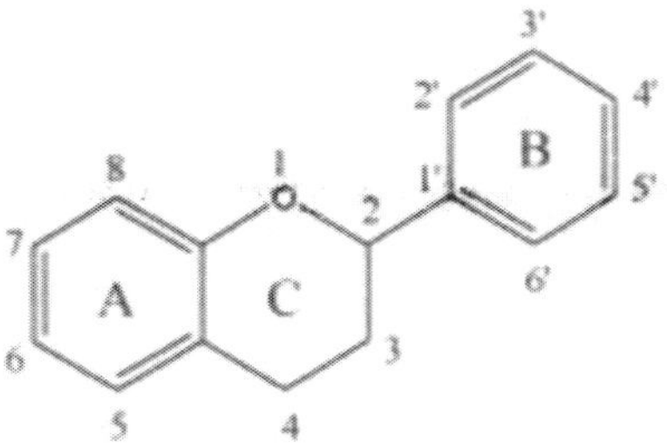

	Sustitución -OH
(+)-Catequina	3,5,7,3', 4',
(-)-Epigallocatechin	3,5,7,3´,4´,5'

Antocianinas

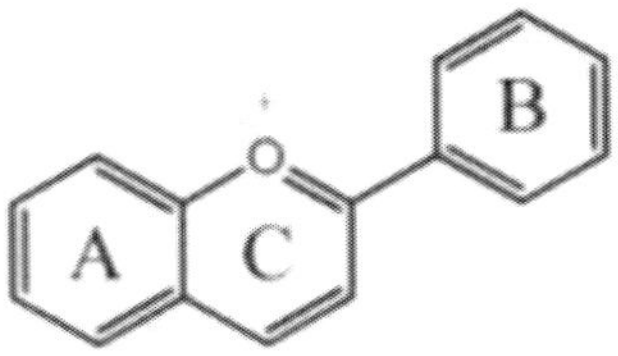

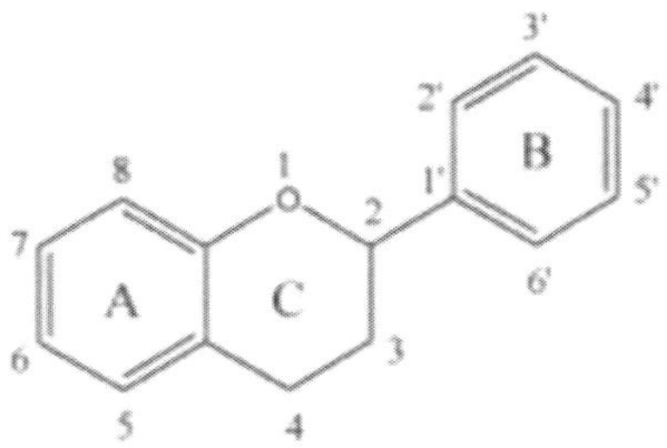

	Sustitución -OH	Glucosa-Xilosa
Cianidina	3,5,7,3', 4'	
Delfinidina	3,5,7,3',4',5'	
Hibiscina	5,7,3',4',5'	3

Ácidos fenólicos

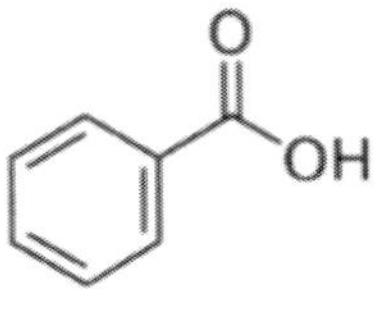

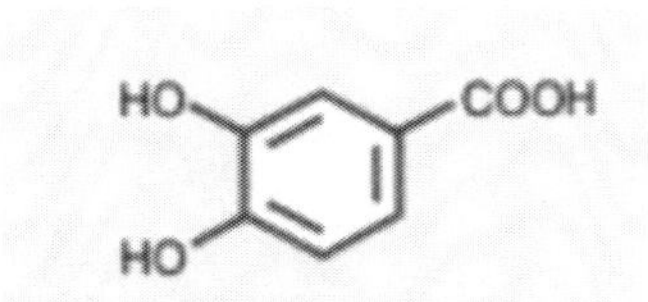

Ácido protocatéquico

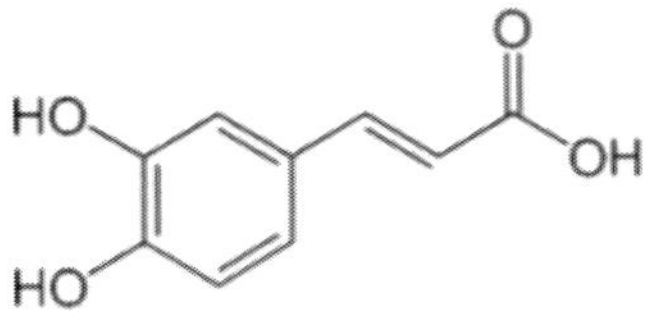

Ácido clorogénico

Cuadro 9.7 Principales compuestos fenólicos reportados en extractos de Jamaica

Ácidos orgánicos	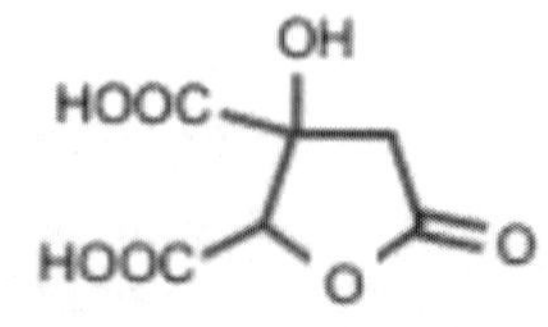 Ácido hibíscico 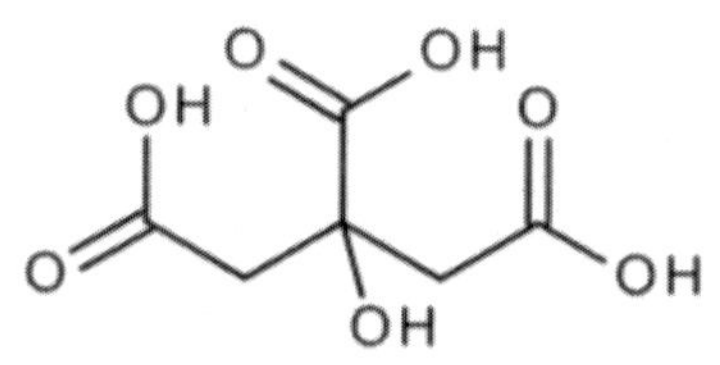 Ácido cítrico 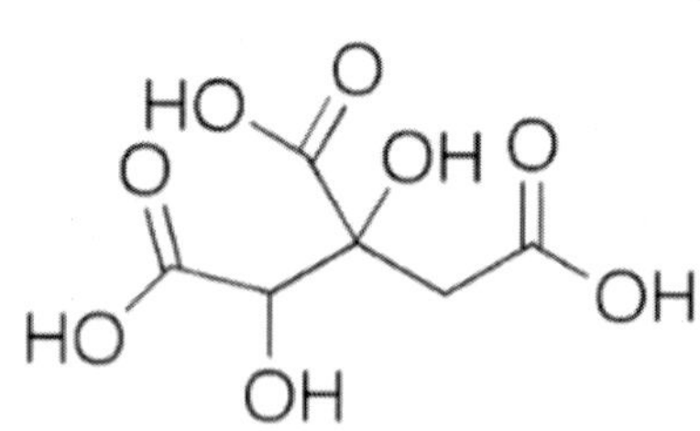 Ácido hidroxicítrico

Fuente: Ali et al., 2005; Borrás-Linares et al., 2015; De la Rosa et al., 2009

9.3.5. Propiedades terapéuticas y farmacológicas

Varios estudios reportan propiedades terapéuticas de los extractos de Jamaica, especialmente aquellas relacionadas con la prevención de enfermedades cardiovasculares e hipertensión, hiperlipidemias, obesidad, efecto diurético, protección contra hepatotoxicidad y propiedades quimioprotectoras.

Cuadro 9.8 Propiedades terapéuticas y farmacológicas de los extractos de Jamaica

Propiedades Terapéuticas	Mecanismo o efecto	Referencia
Antihipertensivo	Inhibición ciclo-oxigenasa	Christian et al., 2006
	Vasodilatación ruta óxido nítrico/GMPc o flujo de Ca2+	Ajay et al., 2007
	Inhibición de ACE I	Herrera et al., 2004
Control de hiperlipidemias y obesidad	Inhibición de oxidación LDL y arteriosclerosis	Chang et al., 2006 Liu et al., 2002
	Reducción del nivel sérico de lípidos (Triacilglicéridos, colesterol y LDL)	Chen et al., 2003 Wang, 2003 Tee et al., 2002 Carvajal et al., 2005 Hirunpanich et al., 2006
	Inhibición en la diferenciación de adipocitos	Kim et al., 2003 Dickel et al., 2007
	Absorción del colesterol	Atta e Imaizumi, 2002
Efecto diurético	Herbolaria tradicional	Wright et al., 2007 Kirdpon et al., 1994
	Tipo electrolítico	Marquez et al., 2007 Herrera y Arellano., 2007
	Uricosúrico	Prasongwatana et al., 2008
Protección contra hepatotoxicidad	Inducida por cadmio y ter-butil hidroperóxido	Tseng et al., 1997
	Inducida por paracetamol	Ali et al., 2003
	Lipoperoxidación	Asagaba et al., 2007
	Inducida por azatioprina	Amin y Hamza, 2005
	Inducida por tetracloruro de carbono	Liu et al., 2006
Quimiopreventivo	Citotoxicidad por apoptosis en células del carcinoma gástrico	Liu et al., 2007
	Inhibición de tumores en piel	Tseng y Lee, 2006
	Apoptosis en células leucémicas humanas	Hou et al., 2005 Lin et al., 2005 Chang et al., 2005

ACE= Enzima que convierte la angiotensina I; LDL= Lipoproteínas de muy baja densidad

9.4. Referencias

Ali, B. H., Wabel, N. A., y Blunden, G. (2005). Phytochemical, pharmacological and toxicological aspects of *Hibiscus sabdariffa* L.: a review. *Phytotherapy research*, *19*(5), 369-375.

Arévalo Cea, J. (2012). Propuesta de un extracto colorante a partir de *Hibiscus sabdariffa* (Flor de Jamaica) para ser utilizado en la industria textil. Tesis de licenciatura. Universidad del Salvador, San Salvador.

Babalola, S. O., Babalola, A. O., y Aworh, O. C. (2001). Compositional attributes of the calyces of roselle (*Hibiscus sabdariffa L.*). *The Journal of Food Technology in Africa,* 6(4), 133-134.

Borrás-Linares, I., Fernández-Arroyo, S., Arráez-Roman, D., Palmeros-Suárez, P. A., Del Val-Díaz, R., Andrade-Gonzales, I., Fernández-Gutiérrez, A., Gómez-Leyva J. F. y Segura-Carretero, A. (2015). Characterization of phenolic compounds, anthocyanidin, antioxidant and antimicrobial activity of 25 varieties of Mexican Roselle (*Hibiscus sabdariffa*). *Industrial Crops and Products*, *69*, 385-394.

Cano Zepeda, J. (2004). El cultivo de jamaica orgánica (*Hibiscus sabdariffa*) en México. Agroproductos y servicios orgánicos de Uruapan, Michoacán.

Carvajal, O., Waliszewski, S., e Infanzón, R. M. (2006). Los usos y maravillas de la Jamaica. *La Ciencia y el Hombre (México)*, *19*(2), 37-40.

Cid Ortega, S., y Guerrero Beltrán, J. A. (2012). Propiedades funcionales de la Jamaica (*Hibiscus Sabdariffa L.*). *Temas Selectos de Ingeniería en Alimentos*, *6*(2), 47-63.

Cisse, M., Dornier, M., Sakho, M., Ndiaye, A., Reyne, M., Sock, O., (2009). Le bissap (*Hibiscus sabdariffa L.*) : composition et principales. En: Fruits. Vol. 64 (3). Pág. 179-193.

Da-Costa-Rocha, I., Bonnlaender, B., Sievers, H., Pischel, I., y Heinrich, M. (2014). Hibiscus sabdariffa L. A phytochemical and pharmacological review. *Food chemistry*, *165*, 424-443.

De la Rosa L., A., Alvarez-Parrilla, E., y González-Aguilar, G. A. (Eds.). (2009). *Fruit and vegetable phytochemicals: chemistry, nutritional value and stability.* John Wiley & Sons.

Del Vaz-Díaz, R. López-Muraira, I., Gómez-Leyva, J. 2009. Variedades de Jamaica (*Hibiscus sabdariffa L.)* cultivadas en México. En Jamaica Avances Científicos y Tecnológicos del Cultivo de la Jamaica F. Gómez-Leyva, López-Muraira, I., Andrade-González, I. (Ed.), Jalisco, México. pp.:9-16

Kumar, Manish; Garg, Rajneesh y Garg, Rakesh. (2012). Phytochemical properties and antioxidant activity of *Hibiscus Sabdariffa Linn.* En*: International journal of pharmaceutical and chemical sciences.*Vol.1(3).Págs.887-891.

Mahadevan, N., y Kamboj, P. (2009). *Hibiscus sabdariffa Linn.*–An overview. *Natural Product Radiance*, 8 (1), 77-83.

Martínez, E. (1992). Diagnóstico de la situación actual del cultivo de la rosa de Jamaica (*Hibiscus sabdariffa L.*), en los municipios de Granados, El Chol y Salama del departamento de Baja Verapaz. Tesis de licenciatura. Universidad de San Carlos de Guatemala, Guatemala.

Meza-Chavarría, P. (2012). Guía: flor de Jamaica (*Hibiscus sabdariffa L*) e (*Hibiscus cruentus Bertol*). *Asociación para el Desarrollo Eco-Sostenible (ADEES). Chinandega, Nicaragua.*

Mohd-Esa, N; Shin, F; Ismail, A y Lye, C. (2010). Antioxidant activity in different parts of roselle (*Hibiscus Sabdariffa L.*) extracts and potential exploitation of the seeds. En *Food Chemistry.*Vol.122(10). Págs.1055-1060.

Nicholls Posada, J. E., y Ramírez García, J. A. (2014). Usos y aplicaciones medicinales e industriales de la flor de Jamaica.

Sáyago-Ayerdi, S. G., Arranz, S., Serrano, J., y Goñi, I. (2007). Dietary fiber content and associated antioxidant compounds in roselle flower (*Hibiscus sabdariffa* L.) beverage. *Journal of Agricultural and Food Chemistry*, *55*(19), 7886-7890.

Sáyago-Ayerdi, S. G., Goñi, I (2010). *Hibiscus sabdariffa* L: Fuente de fibra antioxidante. *Archivos latinoamericanos de nutrición*, *60*(1), 79-84.

Urbina Torres, F. (2009). Cultivo de Flor de Jamaica. Cultivo de Flor de Jamaica (*Hibiscus sabdariffa) e (Hibiscus Cruentus Bertol*). Proyecto de desarrollo de la cadena de valor y conglomerado agrícola. Nicaragua.

Williamson, G., y Manach, C. (2005). Bioavailability and bioefficacy of polyphenols in humans. II. Review of 93 intervention studies. *The American journal of clinical nutrition*, *81*(1), 243S-255S.

10

Hoja de Romero

10.1. (*Rosmarinus officinalis L.*)

Adrián Bouzas, María Tabernero*, Ana Ramírez de Molina, Guillermo Reglero Unidad de Innovación en Nutrición de Precisión.

Instituto Imdea Alimentación. CEI UAM+CSIC, Carretera de Cantoblanco 8. 28049, Madrid, España.

* Autor para correspondencia: maria.tabernero@imdea.org

10.2. Resumen

Rosmarinus officinalis L. (Lamiaceae) se conoce de forma popular como romero y puede ser empleada tanto fresca como seca, como extracto o aceite esencial. Los extractos de romero se suelen preparar haciendo el tratamiento a toda la planta, aunque puede hacerse de alguna parte específica de la misma como flores, brotes, semillas, hojas, tallos y/o corteza. Puede ser utilizada en diferentes campos, incluyendo las industrias cosmética, farmacéutica y alimentaria.

En la medicina tradicional, el romero se ha utilizado principalmente para el tratamiento del cólico renal y la dismenorrea, así como para aliviar síntomas relacionados con el tracto respiratorio y evitar la caída del cabello. Actualmente se utilizan en aromaterapia extractos de romero para reducir la ansiedad y aumentar el nivel de alerta.

Los extractos de romero se utilizan sobre todo por ser un antioxidante natural, aumentando la vida útil de alimentos perecederos. De hecho, la Unión Europea. a través de la Agencia de seguridad alimentaria (E.F.S.A. European Food Safety Authority), aprobó en el 2015, el uso de extractos de romero (E392) en la industria alimentaria como un antioxidante natural seguro y eficaz en la conservación de alimentos.

10.3. Características agronómicas

10.3.1. Taxonomía

Descrita por Carlos Linneo en su libro Species Plantarum 1:23. 1753, su etimología combina el término *Rosmarinus* que proviene del griego rhops (arbusto) myrinos (aromático) y el epíteto latino *officinalis* (de laboratorio). El nombre describe bien las características de esta planta, arbusto de hojas perenne, aromático, muy ramificado, ampliamente utilizado como condimento alimentario, así como en aplicaciones terapéuticas y farmacológicas.

Cuadro 10.1 Clasificación taxonómica del romero (*Rosmarinus officinalis*)

Reino	Plantae
División	Magnoliophyta
Clase	Magnoliopsida
Subclase	Asteridae
Orden	Lamiales
Familia	Lamiaceae
Subfamilia	Nepetoideae
Género	Rosmarinus
Especie	Rosmarinus officinalis

10.3.2. Características botánicas

Arbusto de hasta 2 m. Tallos glabros, a veces pelosos. Hojas generalmente de tamaño variable en la misma rama, de lineares a lanceoladas, revolutas, sentadas, aproximadamente agudas, con haz glabra y envés peloso, frecuentemente lanoso, sobre todo el envés de hojas jóvenes, a veces de superficie rugosa. Inflorescencias en racimos axilares cortos, oscuros, con ejes lanosos hacia la base y en los nudos. Brácteas de hasta 3,5 mm ovadas y agudas. Flores con cáliz de 4 a 7 mm y 3 mm de anchura, acampanado con 12-16 nervios. Típicamente bilabiadas, con el labio superior con 3 dientes muy pequeños y labio inferior con 2 dientes con un reborde de borra blanca o púrpura. Corola con lóbulos pelosos en su superficie externa de color violeta o blanco, con el lóbulo inferior fimbriado. Estambres exertos, con anteras formadas por una teca curvada hacia arriba. Estilo recurvado. Núculas ovoides, aplanadas.

10.3.3. Localización geográfica:

Especie exclusiva de la región mediterránea y el Cáucaso, que ha sido cultivada desde la antigüedad como ornamental por todo el mundo. Buena planta melífera, da lugar a mieles específicas. Actualmente se cultiva en la región mediterránea occidental, por el norte hasta las islas del Adriático, por el sur hasta Libia; crece de manera asilvestrada en Crimea, el Cáucaso, Chipre, Creta, región macaronésica, Chile y otras regiones de Sudamérica y América Central. Presente en casi toda la Península Ibérica, exceptuando las provincias más húmedas y frías. ** (REFERENCIA: J.L: Rosúa in Anales Jard.Bot Madrid 37: 587-595 (1980). **

Figura 10.1 Características botánicas de *Rosmarinus officinalis* (Köhler–s Medizinal-Pflanzen-258)

10.3.4. Producción comercial:

El uso de extractos de éste va en aumento, no sólo para proporcionar sabor a las comidas, sino también como alternativa a los antioxidantes sintéticos en los alimentos procesados. La agencia europea de seguridad alimentaria (EFSA) ha evaluado positivamente la seguridad en el uso de extractos de romero como aditivo alimentario antioxidante, incluyéndolo en el listado de aditivos autorizados con el número E 392 (Annexes II and III to Regulation (EC) No 1333/2008 (EFSA, 2008). Es probable que, por este motivo, la demanda de extracto de romero se haya incrementado y por tanto el cultivo de esta planta también. Las plantas de romero pueden crecer en terrenos bien drenados y pueden aguantar un pH de 5,5 a 8. Sin embargo, el mejor rendimiento se obtiene en suelos fértiles arenosos y arcillosos con un pH cercano a 7 y excelente drenaje. El romero requiere al menos de 6 a 8 horas de exposición diaria al sol y se prefiere climas cálidos y moderadamente secos para su cultivo. Como se ha indicado, la planta es originaria de países mediterráneos, donde las temperaturas medias son de 20 a 30 °C, comunes durante la primavera y principios del verano. Las temperaturas del suelo superiores a 18 °C favorecen el crecimiento y la regeneración después de la cosecha. Sin embargo, la planta es resistente y también puede tolerar temperaturas más bajas.

10.3.5. Plagas y enfermedades

El aceite generado por el romero tiene como objetivo la defensa de la planta frente a parásitos y plagas. Por ese motivo es comúnmente cultivado junto con otras especies susceptibles de ser atacadas por plagas. Aun así, las raíces de la planta son sensibles al exceso de humedad y susceptibles a ser atacadas por hongos como Rhizoctonia y Alternaria, produciendo la podredumbre de la raíz y la muerte de la planta. En cuanto a plagas, el romero es susceptible a *Icerya purchasi* y de *Tetranychus urticae.*

10.4. Características nutricionales

Cuadro 10.2 Composición Nutricional del romero (por 100 g de porción comestible)(“BEDCA web,” n.d.)

Composición	Cantidad (gr)	CDR (%)
Kcalorías	345.0	18 %
Carbohidratos	46.4	14.9 %
Proteínas	5.0	10.5 %
Fibra	24.1	80.3 %
Grasas	15.2	28.6 %

Minerales	Cantidad (mg)	CDR (%)
Sodio	50.0	3.1 %
Calcio	0.0	0 %
Hierro	28.9	361.3 %
Magnesio	0.0	0 %
Fósforo	50.0	7.1 %
Potasio	550.0	27.5 %

Vitaminas	Cantidad (mg)	CDR (%)
Vitamina A	0.31	34.8 %
Vitamina B1	0.50	41.7 %
Vitamina B2	0.00	0 %

Vitamina B3	1.00	0 %
Vitamina B12	0.00	0 %
Vitamina C	50.00	55.6 %

10.4.1. Propiedades funcionales

Las plantas contienen cientos de fitoquímicos (Cocan et al., 2017; Mouhid et al., 2017), compuestos bioactivos que se encuentran en pequeñas cantidades y que no son considerados nutrientes, pero si presentan algún efecto beneficioso para la salud.

En la medicina tradicional (Andrade et al., 2018; Avila-Sosa et al., 2011), las hojas de romero se han utilizado en función de sus actividades antibacterianas, como carminativo y como analgésico en músculos y articulaciones. Además, los aceites esenciales y extractos de romero obtenidos de las flores y las hojas se utilizan para tratar heridas menores, erupciones cutáneas, dolor de cabeza, dispepsia, problemas de circulación, pero también como expectorante, diurético y antiespasmódico en el cólico renal.

En la planta se han reportado diversos compuestos químicos, los cuales han sido agrupados de manera general por diversos autores en ácidos fenólicos, flavonoides, aceite esencial, ácidos triterpénicos y alcoholes triterpénicos (Cocan et al., 2017).

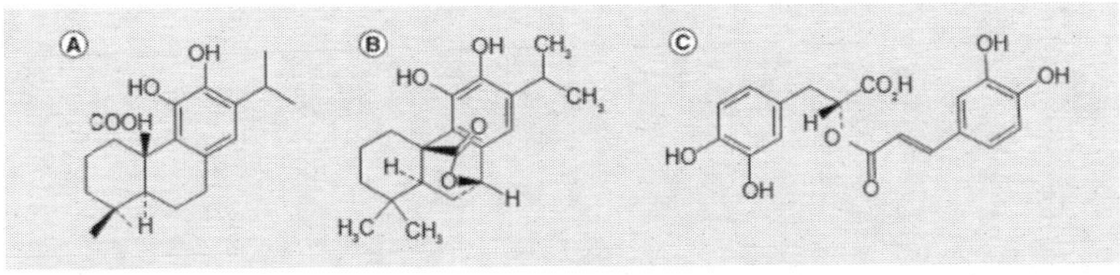

Figura 10.2 Estructura química de los tres compuestos principales presentes en el romero. (A) Ácido carnósico. (B) Carnosol. (C) Ácido rosmarínico.

10.4.2. Obtención de extractos

Cuadro 10.3 Composición de los extractos de romero (European Food Safety Authority (EFSA), 2008)

Parameter	Unit	Dried Leaves	Extract D74	Extract F62	Extract AR	Extract ARD	Extract RES
Phenolic diterpenes							
Carnosic acid	%w/w	9.7	8.7	9.16	7.49	7.6	6.9
Carnosol	%w/w	0.3	1.3	0.84	2.51	2.4	3.1
Carnosol + carnosic acid	%w/w	10	10	10	10	10	10
Triterpenes							
Betulin	mg/g	<4.76	6.0	5.6	8.45	9.46	6.79
Amyrin	mg/g	<0.5	0.034	0.2	0.16	0.23	0.36
Triterpenic acids							
Betulinic acid	mg/g	65.2	48.0	46.9	56.0	64.5	35.1
Sum oleanolic + ursolic acid	mg/g	148.1	48.5	100.5	119.8	164.5	60
Organic acids							
Citric acid	mg/g	<0.5	<0.034	0.2	<0.1	<0.11	<0.05
Malic acid	mg/g	<0.5	<0.034	0.2	<0.1	<0.11	<0.05

Volatiles 1.8-Cineole	mg/g	56.1	0.08	1.70	1.32	0.053	0.03
Camphor	mg/g	25.2	0.22	2.39	2.08	0.12	0.02
Borneol	mg/g	10.0	0.09	0.96	0.84	0.04	0.01
Verbenone	mg/g	2.24	0.63	0.27	0.34	0.39	0.02
Bonyl acetate	mg/g	1.00	0.07	0.29	0.27	0.32	0.01
Antioxidant / Volatiles Ratio:	mg/g	0.1	10	1.8	_	11	111
Flavonoids Genkwanin	mg/kg	2.9	0.65	1.60	2.30	3.66	2.1
Tannins Expressed as gallotannin	mg/g	177.6	<0.5	<0.5	70.7	99.0	<0.5
Polyphenols Expressed as gallic acid	mg/g	262.9	0.65	1.12	99.5	115.5	1.6
Polysaccharide Expressed as starch	mg/g	104.8	<0.7	<2	9.3	8.1	<1
Protein Total nitrogen x 6.25	%	23.3	<0.03	<0.1	0.57	0.86	<0.05
Lipophilic substances Hexane-extractable matter	%	43.3	16.3	24.7	20.84	24.6	21.0
Anions							
Fluoride	mg/kg	<47	<3.4	<5	<10	<12	<5
Chloride	mg/kg	3000	<6.8	<10	2904	3612	<10
Bromide	mg/kg	<50	<3.4	<5	<10	<12	<5
Nitrate	mg/kg	<50	<3.4	<250	<250	269	<5
Phosphate	mg/kg	1809	<6.8	21755*	107	140	<10
Sulfate	mg/kg	3571	<3.4	<50	451	613	<5
Cations							
Cadmium	mg/kg	<0.23	<0.02	<0.03	<0.05	<0.05	<0.03
Chromium	mg/kg	4.76	0.10	0.49	0.57	0.74	0.33
Copper	mg/kg	22.4	<0.03	0.15	1.07	1.2	1.33
Nickel	mg/kg	5.2	<0.03	0.13	0.37	0.48	0.14
Lead	mg/kg	2.90	0.09	0.03	0.13	0.15	0.18
Mercury	mg/kg	<0.24	<0.02	<0.02	<0.05	<0.05	<0.03
Zinc	mg/kg	90	2.93	1.01	6.64	8.39	1.84
Arsenic	mg/kg	1.14	<0.034	0.05	0.25	0.25	0.32

Extracto de romero F62: se produce a partir de hojas secas de romero mediante extracción con acetona, filtración y evaporación del disolvente, seguido de secado por pulverización y tamizado, obteniendo un polvo verde fino. Estandarizado en vehículos alimentarios con un contenido en carnosol más carnósico de aproximadamente 10 %.

Extracto de romero D74 - CO_2 supercrítico: las hojas secas del romero se extraen mediante CO_2 supercrítico. Durante la extracción, las sustancias solubles en CO_2 se disuelven y la fracción obtenida se precipita. En una segunda etapa, el extracto crudo se desodoriza mediante CO_2 supercrítico para definir el contenido de aceite esencial y para garantizar una concentración definida de los compuestos antioxidantes, carnosol y ácido carnósico. Finalmente, el extracto desodorizado se homogeneiza y se mezcla con vehículos alimentarios para convertir el extracto en un polvo o aceite líquido. Su contenido de carnosol más ácido carnósico es de aproximadamente 30 %.

Extracto AR de especias en polvo - etanol: se prepara a partir de un extracto etanólico parcialmente desodorizado de romero. Este extracto contiene entre 7 y 10 % de carnosol más ácido carnósico.

Extracto ARD de especias - etanol/desodorizado: se prepara a partir de un extracto etanólico desodorizado disuelto en vehículos adecuados y semipurificado por destilación. Contiene aproximadamente 5-7 % de carnosol más ácido carnósico.

Extracto RES de romero - hexano y etanol: este producto es un extracto de romero decolorado y desodorizado obtenido mediante una extracción en dos etapas con hexano y etanol seguido de tratamiento con carbón activo y finalmente secado por pulverización. El contenido de carnosol más ácido carnósico en este extracto es 14.9 %.

10.4.3. Propiedades terapéuticas y farmacológicas

Diferentes estudios vienen reportando las diferentes actividades que este extracto de romero puede aportar, demostrando los siguientes efectos: antibacteriano, antimicótico, antitumoral, antimutagénico, antioxidante, modulador del estrés oxidativo, antiinflamatorio, neuroprotector, antineoplásico y cardioprotector (Andrade et al., 2018; Neves et al., 2018).

Cuadro 10.4 Resumen de estudios farmacológicos y terapéuticos sobre el romero (Rosmarinus officinalis L)

Efecto	Forma de utilización	Referencias
Actividad antibacteriana	Aceite esencial	Miresmailli 2006, Oluwatuyi et al. 2006, Rozman & Jerzek 2009
	Extractos etanólicos y acuosos	Barni et al. 2009
Actividad antiviral	Extractos hidroetanólicos	Nolkemper et al. 2006, 2008
Actividad antiparasitaria	Aceite esencial	Abe et al. 2002
Actividad antioxidante	Extracto acuoso	Genena et al. 2008
Actividad en el sistema nervioso central		
Estimulador	Aceite esencial	Tsuji et al. 2008, Miranda & Huajuca 2004
	Extracto acuoso	Burnett et al. 2004, Martínez et al. 2004
Mejorador de memoria	Extracto acuoso	Peng et al. 2007
Liberación de dopamina	Extracto de hojas	Sozio et al. 2008
Captación de monoaminas, citoprotectores a nivel de la membrana (eritrocitos)	Aceite esencial	Gholamreza & Mohammad 2005
Activación neuronal	Extracto acuoso	Rau et al. 2006
Inhibición de neurotransmisores	Extractos hidroetanólicos	Waggas & Balawi 2008
	Aceite esencial	Apostolidis et al. 2006
Acción antiinflamatoria	Aceite esencial	Asada 1999
Acción diurética	Extracto acuoso	Martínez et al. 2004
	Extractos hidroetanólicos	Haloui & Lovedec 2000
Propiedades a nivel celular		
Homeostasis celular	Extractos hidroetanólicos	Bakirel et al. 2008
Regulación de ácidos grasos	Extracto acuoso	Bustanji & Issa 2010
Crecimiento celular	Aceite esencial	Cantrell et al. 2005
Aumenta la oxidación microsomal en hígado	Extracto acuoso	Zhu et al. 1998
Cólicos menstruales	Aceite esencial	Miresmailli 2006
Anticonceptivo	Extracto de hojas	González-Trujano et al. 2006
Prevención cardiovascular	Aceite esencial	Islamcevic 2007
Efecto dermoprotector	Hojas de romero	Fuchs et al. 2005
Acción en el sistema gastrointestinal		
Reducción de lesión ulcerosa	Extractos hidroetanólicos	Correa et al. 2000

(Cantrell et al., 2005; Potrich et al., 2010; Nolkemper et al., 2006; Rau et al., 2006; Schnitzler et al., 2008; Miresmailli et al., 2006; González-Trujano, 2006; Zhu, 1998; BARNI, n.d.; Haloui et al., 2000; Bakırel et al., 2008; Bustanji et al., n.d.; Waggas and Balawi, 2008; Apostolidis et al., n.d.; Karimi et al., n.d.; Fuchs et al., 2005; Genena et al., 2008; Burnett et al., 2004; Peng et al., 2007a; Pinnen et al., 2007; Asada, 1999; ABE et al., 2002)

10.4.4. Propiedades antitumorales

Como se ha descrito anteriormente, el romero es capaz de ejercer una actividad antioxidante e inhibir con ella la genotoxicidad, y el efecto protector contra carcinógenos o agentes tóxicos.

La actividad antioxidante del romero, ha sido atribuida a su contenido fenólico: ácido carnósico, carnosol y metilcarnosato (compuestos diterpénicos), y a los ácidos rosmarínico y cafeico (ácidos fenólicos). Estos compuestos están clasificados como polifenoles, capaces de regular el crecimiento y la diferenciación celular, interfiriendo en el desarrollo y la progresión tumoral (Andrade et al., 2018; Cocan et al., 2017).

Cuadro 10.5 Estudios previos sobre el extracto de romero en cáncer

Referencia	Extracto de romero	Tipo de cáncer	Modelo experimental	Efecto
(Huang et al., 1994)	Metanólico (3-5 % carnosol y 16-20 % ácido ursólico)	Piel	Ratón. Iniciación del tumor por BP o DMBA y promoción por TPA	Inhibe la iniciación tumoral por BP y por DMBA, y la promoción por TPA. Carnosol y ácido ursólico individualmente también inhiben la promoción por TPA, pero el efecto del extracto es mayor
(Singletary et al., 1996)	(60 % p/p aceite de algodón y 40 % p/p extracto de romero)	Mama	Rata. Tumor inducido por DMBA	Vía oral: disminuye los aductos DMBA-ADN. Vía intraperitoneal: disminuye los aductos DMBA-ADN y la incidencia tumoral, y aumenta la actividad GST y QR (efectos atribuidos al carnosol)
(Plouzek et al., 1999)	Metanólico (7,5 % ácido carnósico y 7,5 % carnosol)	Mama	Celular (MCF-7 que sobre-expresan glicoproteína P)	Incrementa la acumulación intracelular y el efecto antitumoral de doxorrubicina y vinblastina (conocidos sustratos de la glicoproteína P). Ni el carnosol, ni el ácido carnósico, ni el ácido rosmarínico individualmente parecen ser responsables de este efecto
(Slamenova et al., 2002)	Etanólico, comercial: Megafyt, Republica Checa	Colon	Celular (CaCo-2)	Reduce el daño oxidativo al ADN producido por peróxido de hidrógeno y Azul de Metileno
(Sancheti y Goyal, 2006)	Acuoso	Piel	Ratón. Iniciación del tumor por DMBA y promoción por aceite de crotón	Disminuye la incidencia tumoral tras su administración oral (1g/Kg/día)

(Sharabani et al., 2006)	Etanólico comercial: de LycoRed Natural Products Industries, Israel (30,62 % ácido carnósico y 11,86 % carnosol	Leucemia	Celular (WEHI-3B D) Ratón	Efecto sinérgico en la diferenciación inducida por 1,25D3 y su análogo Ro25-4020, acompañado de parada del ciclo celular en fase G0+G1. Efecto atribuido al carnósico Potencia el efecto de Ro25-4020 sin inducir hipercalcemia tras su administración oral en la dieta
(Cheung y Tai, 2007)	Etanólico	Mama (ER+) Mama (ER-) Leucemia	Celular (MCF-7) Celular (MDA-MB-468 Celular (HL60, K562)	Anti-proliferativo. Sensibilidad celular: HL60 >MDA-MB-468 >K652 >MCF-7
(Peng et al., 2007)	Supercrítico (componentes bioactivos mayoritarios: ácido rosmarínico, carnosol, ácido carnósico, ácido 12-metoxicarnósico y metilcarnosato	Hígado	Celular (Hep 3B)	Inhibe la viabilidad celular y sobre-expresa el factor de necrosis tumoral alfa (TNF)
(Shabtay et al., 2008)	Etanólico, comercial: de LycoRed Natural Products Industries, Israel (33,9 % ácido carnósico y 5,16 % carnosol)	Leucemia	Celular (WEHI-3B D) Ratones, a los que se inyectan vía intravenosa células WEHI-3B-D	Incrementa el efecto diferenciador y anti-proliferativo de 19-nor-Gemini y de 1,25D3. Efecto atribuido al ácido carnósico Efecto sinérgico en la supervivencia tras su administración en la dieta en combinación con 19- nor-Gemini i.p.
(Yesil-Celiktas et al., 2010)	Metanólicos y supercríticos	Pulmón Próstata Hígado Leucemia Mama (ER+) Mama (ER-)	Celular (NCI-H82) Celular (DU-145 y PC-3) Celular (Hep-3B) Celular (K-562) Celular (MCF-7) Celular (MDA-MB-231)	Anti-proliferativo. Efecto atribuido al ácido carnósico. Los extractos supercríticos son más activos que los metanólicos
(Mothana et al., 2011)	Acuoso y metanólico	Vejiga Mama (ER+)	Celular (5637) Celular (MCF-7)	Citotóxico. Más activo el extracto metanólico que el acuoso
(Yi y Wetzstein, 2011)	Metanólico	Colon	Celular (SW480)	Anti-proliferativo
(Berrington y Lall, 2012)	Acetónicos	Útero	Celular (HeLa)	Anti-proliferativo
(Ibañez et al., 2012a)	Supercrítico (15,16 % p/p ácido carnósico y 22,64 % p/p carnosol)	Colon	Celular (HT-29)	Alteración del ciclo celular: parada en G2/M, reducción de G1, y pequeña acumulación en sub-G1 (efecto pro-apoptótico)
(Ibañez et al., 2012b)	Supercrítico	Colon	Celular (HT-29)	Modificación de la expresión de genes asociados al desarrollo, crecimiento, proliferación, ciclo y muerte celular

(Tai et al., 2012)	Acuoso y etanólico	Ovario	Celular (A2780)	Anti-proliferativo y apoptótico. Efecto sinérgico en combinación con cisplatino
(Wang et al., 2012)	Aceite esencial	Ovario Hígado	Celular (SK-OV-3 y HO-8910) Celular (Bel- 7402)	Citotóxico
(Kontogianni et al., 2013)	Extracción Soxhlet con hexano y etilacetato (componentes mayoritarios: ácido ursólico y ácido carnósico)	Insulinoma	Celular (RINm5F)	Citotóxico
(Valdés et al., 2013)	Supercrítico	Colon	Celular (SW480 y HT-29)	Anti-proliferativo y antioxidante (modulación de genes de enzimas de fase II)

(Tesis doctoral, n.d.; Berrington and Lall, 2012; Cheung and Tai, 2007; Ciolino et al., 1999; Huang et al., n.d.; Ibáñez et al., 2012a, 2012b; Kontogianni et al., 2013; Mothana et al., 2011; Peng et al., 2007b; Sancheti and Goyal, 2006; Shabtay et al., 2008; Sharabani et al., 2006; Singletary et al., 1996; Slameňová et al., 2002; Tai et al., 2012; Valdés et al., 2013; Wang et al., 2012; Yesil-Celiktas et al., 2010; Yi and Wetzstein, 2011)

10.5. Experiencia y contribución del grupo de investigación al estado del arte

Los integrantes del grupo de investigación tienen amplia experiencia en el estudio de las propiedades físico-químicas y fisiológicas del romero. Cuentan con numerosas revisiones (González-Vallinas et al., 2015), así como estudios en la metodología de extracción (Anadón et al., 2008; Ibañez et al., 2003, 2000; Ramírez et al., 2004; Santoyo et al., 2005; Soler-Rivas et al., 2010; Vicente et al., 2013, 2012) y caracterización de compuestos (Ibañez et al., 2000; Ramírez et al., 2004; Santoyo et al., 2005; Soler-Rivas et al., 2010; Vicente et al., 2013). También han evaluado la biodisponibilidad y bioseguridad de estos extractos (Anadón et al., 2013, 2008). Por último, la aplicación de estos extractos en la nutrición de precisión y su uso como coadyuvante en los tratamientos para enfermos de cáncer (González-Vallinas et al., 2015, 2014b, 2014a, 2013; Posadas et al., 2009) han fundamentado la creación de una línea de investigación propia en Imdea Alimentación. Recientemente se han publicado dos patentes basadas en las investigaciones de esta línea:

- ES24087301B1. Supercritical Rosemary extract for cancer treatment
- P201630560. Uso de combinaciones sinérgicas de lípidos portadores bioactivos y otros principios bioactivos para el desarrollo de fórmulas destinadas a la nutrición dirigida a pacientes oncológicos

10.6. Bibliografía

ABE, F., YAMAUCHI, T., NAGAO, T., KINJO, J., OKABE, H., HIGO, H., AKAHANE, H., 2002. Ursolic Acid as a Trypanocidal Constituent in Rosemary 3.

Anadón, A., Martínez, M.A., Ares, I., Castellano, V., Martínez-Larrañaga, M.R., Corzo, N., Olano, A., Montilla, A., Recio, I., Martínez-Maqueda, D., Miralles, B., Fornari, T., García-Risco, M.R., Gonzalez, M., Reglero, G., 2013. Acute and Repeated Dose (28 Days) Oral Safety Studies of ALIBIRD in Rats. Journal of Food Protection 76, 1226–1239. https://doi.org/10.4315/0362-028X.JFP-13-032

Anadón, A., Martínez-Larrañaga, M.R., Martínez, M.A., Ares, I., García-Risco, M.R., Señoráns, F.J., Reglero, G., 2008. Acute Oral Safety Study of Rosemary Extracts in Rats. Journal of Food Protection 71, 790–795. https://doi.org/10.4315/0362-028X-71.4.790

Andrade, J.M., Faustino, C., Garcia, C., Ladeiras, D., Reis, C.P., Rijo, P., 2018. *Rosmarinus officinalis* L.: an update review of its phytochemistry and biological activity. Future Science OA 4, FSO283. https://doi.org/10.4155/fsoa-2017-0124

Apostolidis, E., Kwon, Y.-I., Shetty, K., n.d. Potential of cranberry-based herbal synergies for diabetes and hypertension management 9.

Asada, K., 1999. THE WATER-WATER CYCLE IN CHLOROPLASTS: Scavenging of Active Oxygens and Dissipation of Excess Photons. Annual Review of Plant Physiology and Plant Molecular Biology 50, 601–639. https://doi.org/10.1146/annurev.arplant.50.1.601

Avila-Sosa, R., Navarro-Cruz, A.R., Vera-López, O., Dávila-Márquez, R.M., Melgoza-Palma, N., Meza-Pluma, R., 2011. Romero (Rosmarinus officinalis L.): una revisión de sus usos no culinarios 14.

Bakırel, T., Bakırel, U., Keleş, O.Ü., Ülgen, S.G., Yardibi, H., 2008. In vivo assessment of antidiabetic and antioxidant activities of rosemary (Rosmarinus officinalis) in alloxan-diabetic rabbits. Journal of Ethnopharmacology 116, 64–73. https://doi.org/10.1016/j.jep.2007.10.039

BARNI, M.V., n.d. Estudio de la eficacia antibiótica de un extracto etanólico de Rosmarinus officinalis L. contra Staphylococcus aureus en dos modelos de infección en piel de ratón 5.

BEDCA web, n.d.

Berrington, D., Lall, N., 2012. Anticancer Activity of Certain Herbs and Spices on the Cervical Epithelial Carcinoma (HeLa) Cell Line. Evidence-Based Complementary and Alternative Medicine 2012, 1–11. https://doi.org/10.1155/2012/564927

Burnett, K.M., Solterbeck, L.A., Strapp, C.M., 2004. Scent and Mood State following an Anxiety-Provoking Task. Psychological Reports 95, 707–722. https://doi.org/10.2466/pr0.95.2.707-722

Bustanji, Y., Issa, A., Mohammad, M., Hudaib, M., Tawah, K., Alkhatib, H., Almasri, I., Al-Khalidi, B., n.d. Inhibition of hormone sensitive lipase and pancreatic lipase by Rosmarinus officinalis extract and selected phenolic constituents 8.

Cantrell, C.L., Richheimer, S.L., Nicholas, G.M., Schmidt, B.K., Bailey, D.T., 2005. *s eco* -Hinokiol, a New Abietane Diterpenoid from *Rosmarinus officinalis*. Journal of Natural Products 68, 98–100. https://doi.org/10.1021/np040154i

Cheung, S., Tai, J., 2007. Anti-proliferative and antioxidant properties of rosemary Rosmarinus officinalis. Oncology Reports. https://doi.org/10.3892/or.17.6.1525

Ciolino, H.., Clarke, R., Yeh, G.., Plouzek, C.., 1999. Inhibition of P-glycoprotein activity and reversal of multidrug resistance in vitro by rosemary extract. European Journal of Cancer 35, 1541–1545. https://doi.org/10.1016/S0959-8049(99)00180-X

Cocan, I., Alexa, E., Danciu, C., Radulov, I., Galuscan, A., Obistioiu, D., Morvay, A., Sumalan, R., Poiana, M., Pop, G., Dehelean, C., 2017. Phytochemical screening and biological activity of Lamiaceae family plant extracts. Experimental and Therapeutic Medicine. https://doi.org/10.3892/etm.2017.5640

European Food Safety Authority (EFSA), 2008. Use of rosemary extracts as a food additive - Scientific Opinion of the Panel on Food Additives, Flavourings, Processing Aids and Materials in Contact with Food: Use of rosemary extracts as a food additive - Scientific Opinion of the Panel on Food Additives, Flavourings, Processing Aids and Materials in Contact. EFSA Journal 6, 721. https://doi.org/10.2903/j.efsa.2008.721

Fuchs, S.M., Schliemann-Willers, S., Fischer, T.W., Elsner, P., 2005. Protective Effects of Different Marigold *(Calendula officinalis L.)* and Rosemary Cream Preparations against Sodium-Lauryl-Sulfate-Induced Irritant Contact Dermatitis. Skin Pharmacology and Physiology 18, 195–200. https://doi.org/10.1159/000085865

Genena, A.K., Hense, H., Smânia Junior, A., Souza, S.M. de, 2008. Rosemary (Rosmarinus officinalis): a study of the composition, antioxidant and antimicrobial activities of extracts obtained with supercritical carbon dioxide. Ciência e Tecnologia de Alimentos 28, 463–469. https://doi.org/10.1590/S0101-20612008000200030

González-Trujano, D.M.E., 2006. Detección y comparación del efecto antinociceptivo de Rosmarinus officinalis L. (romero) en el modelo PIFIR 6.

González-Vallinas, M., Molina, S., Vicente, G., de la Cueva, A., Vargas, T., Santoyo, S., García-Risco, M.R., Fornari, T., Reglero, G., Ramírez de Molina, A., 2013. Antitumor effect of 5-fluorouracil is enhanced by rosemary extract in both drug sensitive and resistant colon cancer cells. Pharmacological Research 72, 61–68. https://doi.org/10.1016/j.phrs.2013.03.010

González-Vallinas, M., Molina, S., Vicente, G., Sánchez-Martínez, R., Vargas, T., García-Risco, M.R., Fornari, T., Reglero, G., Ramírez de Molina, A., 2014a. Modulation of estrogen and epidermal growth factor receptors by rosemary extract in breast cancer cells: General. ELECTROPHORESIS 35, 1719–1727. https://doi.org/10.1002/elps.201400011

González-Vallinas, M., Molina, S., Vicente, G., Zarza, V., Martín-Hernández, R., García-Risco, M.R., Fornari, T., Reglero, G., de Molina, A.R., 2014b. Expression of MicroRNA-15b and the Glycosyltransferase GCNT3 Correlates with Antitumor Efficacy of Rosemary Diterpenes in Colon and Pancreatic Cancer. PLoS ONE 9, e98556. https://doi.org/10.1371/journal.pone.0098556

González-Vallinas, M., Reglero, G., Ramírez de Molina, A., 2015. Rosemary (*Rosmarinus officinalis L.*) Extract as a Potential Complementary Agent in Anticancer Therapy. Nutrition and Cancer 67, 1223–1231. https://doi.org/10.1080/01635581.2015.1082110

Haloui, M., Louedec, L., Michel, J.-B., Lyoussi, B., 2000. Experimental diuretic effects of Rosmarinus officinalis and Centaurium erythraea. Journal of Ethnopharmacology 71, 465–472. https://doi.org/10.1016/S0378-8741(00)00184-7

Huang, M.-T., Ho, C.-T., Wang, Z.Y., Ferraro, T., Lou, Y.-R., Stauber, K., Ma, W., n.d. Inhibition of Skin ilimorigenesis by Rosemary and Its Constituents Carnosol and 9.

Ibáñez, C., Simó, C., García-Cañas, V., Gómez-Martínez, Á., Ferragut, J.A., Cifuentes, A., 2012a. CE/LC-MS multiplatform for broad metabolomic analysis of dietary polyphenols effect on colon cancer cells proliferation: Liquid Phase Separations. ELECTROPHORESIS 33, 2328–2336. https://doi.org/10.1002/elps.201200143

Ibáñez, C., Valdés, A., García-Cañas, V., Simó, C., Celebier, M., Rocamora-Reverte, L., Gómez-Martínez, Á., Herrero, M., Castro-Puyana, M., Segura-Carretero, A., Ibáñez, E., Ferragut, J.A., Cifuentes, A., 2012b. Global Foodomics strategy to investigate the health benefits of dietary constituents. Journal of Chromatography A 1248, 139–153. https://doi.org/10.1016/j.chroma.2012.06.008

Ibañez, E., Cifuentes, A., Crego, A.L., Señoráns, F.J., Cavero, S., Reglero, G., 2000. Combined Use of Supercritical Fluid Extraction, Micellar Electrokinetic Chromatography, and Reverse Phase High Performance Liquid Chromatography for the Analysis of Antioxidants from Rosemary (*Rosmarinus officinalis* L.). Journal of Agricultural and Food Chemistry 48, 4060–4065. https://doi.org/10.1021/jf0002692

Ibañez, E., Kubátová, A., Señoráns, F.J., Cavero, S., Reglero, G., Hawthorne, S.B., 2003. Subcritical Water Extraction of Antioxidant Compounds from Rosemary Plants. Journal of Agricultural and Food Chemistry 51, 375–382. https://doi.org/10.1021/jf025878j

Karimi, G., Hassanzadeh, M., Mehri, S., n.d. Protective Effect of Rosmarinus officinalis L. Essential Oil against Free Radical-Induced Erythrocyte Lysis 6.

Kontogianni, V.G., Tomic, G., Nikolic, I., Nerantzaki, A.A., Sayyad, N., Stosic-Grujicic, S., Stojanovic, I., Gerothanassis, I.P., Tzakos, A.G., 2013. Phytochemical profile of Rosmarinus officinalis and Salvia officinalis extracts and correlation to their antioxidant and anti-proliferative activity. Food Chemistry 136, 120–129. https://doi.org/10.1016/j.foodchem.2012.07.091

Miresmailli, S., Bradbury, R., Isman, M.B., 2006. Comparative toxicity of Rosmarinus officinalis L. essential oil and blends of its major constituents against Tetranychus urticae Koch (Acari: Tetranychidae) on two different host plants. Pest Management Science 62, 366–371. https://doi.org/10.1002/ps.1157

Mothana, R.A.A., Kriegisch, S., Harms, M., Wende, K., Lindequist, U., 2011. Assessment of selected Yemeni medicinal plants for their *in vitro* antimicrobial, anticancer, and antioxidant activities. Pharmaceutical Biology

49, 200–210. https://doi.org/10.3109/13880209.2010.512295

Mouhid, L., Corzo-Martínez, M., Torres, C., Vázquez, L., Reglero, G., Fornari, T., Ramírez de Molina, A., 2017. Improving *In Vivo* Efficacy of Bioactive Molecules: An Overview of Potentially Antitumor Phytochemicals and Currently Available Lipid-Based Delivery Systems. Journal of Oncology 2017, 1–34. https://doi.org/10.1155/2017/7351976

Neves, Josynaria Araújo, Neves, Josyanne Araújo, Oliveira, R. de C.M., 2018. Pharmacological and biotechnological advances with *Rosmarinus officinalis* L. Expert Opinion on Therapeutic Patents 28, 399–413. https://doi.org/10.1080/13543776.2018.1459570

Nolkemper, S., Reichling, J., Stintzing, F., Carle, R., Schnitzler, P., 2006. Antiviral Effect of Aqueous Extracts from Species of the Lamiaceae Family against *Herpes simplex* Virus Type 1 and Type 2 *in vitro*. Planta Medica 72, 1378–1382. https://doi.org/10.1055/s-2006-951719

Peng, C.-H., Su, J.-D., Chyau, C.-C., Sung, T.-Y., Ho, S.-S., Peng, C.-C., Peng, R.Y., 2007a. Supercritical Fluid Extracts of Rosemary Leaves Exhibit Potent Anti-Inflammation and Anti-Tumor Effects. Bioscience, Biotechnology, and Biochemistry 71, 2223–2232. https://doi.org/10.1271/bbb.70199

Peng, C.-H., Su, J.-D., Chyau, C.-C., Sung, T.-Y., Ho, S.-S., Peng, C.-C., Peng, R.Y., 2007b. Supercritical Fluid Extracts of Rosemary Leaves Exhibit Potent Anti-Inflammation and Anti-Tumor Effects. Bioscience, Biotechnology, and Biochemistry 71, 2223–2232. https://doi.org/10.1271/bbb.70199

Pinnen, F., Cacciatore, I., Cornacchia, C., Sozio, P., Iannitelli, A., Costa, M., Pecci, L., Nasuti, C., Cantalamessa, F., Di Stefano, A., 2007. Synthesis and Study of l -Dopa-Glutathione Codrugs as New Anti-Parkinson Agents with Free Radical Scavenging Properties. Journal of Medicinal Chemistry 50, 2506–2515. https://doi.org/10.1021/jm070037v

Posadas, S.J., Caz, V., Largo, C., De la Gándara, B., Matallanas, B., Reglero, G., De Miguel, E., 2009. Protective effect of supercritical fluid rosemary extract, Rosmarinus officinalis, on antioxidants of major organs of aged rats. Experimental Gerontology 44, 383–389. https://doi.org/10.1016/j.exger.2009.02.015

Potrich, F.B., Allemand, A., da Silva, L.M., dos Santos, A.C., Baggio, C.H., Freitas, C.S., Mendes, D.A.G.B., Andre, E., de Paula Werner, M.F., Marques, M.C.A., 2010. Antiulcerogenic activity of hydroalcoholic extract of Achillea millefolium L.: Involvement of the antioxidant system. Journal of Ethnopharmacology 130, 85–92. https://doi.org/10.1016/j.jep.2010.04.014

Ramírez, P., Señoráns, F.J., Ibañez, E., Reglero, G., 2004. Separation of rosemary antioxidant compounds by supercritical fluid chromatography on coated packed capillary columns. Journal of Chromatography A 1057, 241–245. https://doi.org/10.1016/j.chroma.2004.09.037

Rau, O., Wurglics, M., Paulke, A., Zitzkowski, J., Meindl, N., Bock, A., Dingermann, T., Abdel-Tawab, M., Schubert-Zsilavecz, M., 2006. Carnosic Acid and Carnosol, Phenolic Diterpene Compounds of the Labiate Herbs Rosemary and Sage, are Activators of the Human Peroxisome Proliferator-Activated Receptor Gamma. Planta Medica 72, 881–887. https://doi.org/10.1055/s-2006-946680

Sancheti, G., Goyal, P.K., 2006. Effect of rosmarinus officinalis in modulating 7,12-dimethylbenz(a)anthracene induced skin tumorigenesis in mice. Phytotherapy Research 20, 981–986. https://doi.org/10.1002/ptr.1989

Santoyo, S., Cavero, S., Jaime, L., Ibañez, E., Señoráns, F.J., Reglero, G., 2005. Chemical Composition and Antimicrobial Activity of Rosmarinus officinalis L. Essential Oil Obtained via Supercritical Fluid Extraction. Journal of Food Protection 68, 790–795. https://doi.org/10.4315/0362-028X-68.4.790

Schnitzler, P., Nolkemper, S., Stintzing, F.C., Reichling, J., 2008. Comparative in vitro study on the antiherpetic effect of phytochemically characterized aqueous and ethanolic extracts of Salvia officinalis grown at two different locations. Phytomedicine 15, 62–70. https://doi.org/10.1016/j.phymed.2007.11.013

Shabtay, A., Sharabani, H., Barvish, Z., Kafka, M., Amichay, D., Levy, J., Sharoni, Y., Uskokovic, M.R., Studzinski, G.P., Danilenko, M., 2008. Synergistic Antileukemic Activity of Carnosic Acid-Rich Rosemary Extract and the 19-nor Gemini Vitamin D Analogue in a Mouse Model of Systemic Acute Myeloid Leukemia. Oncology 75, 203–214. https://doi.org/10.1159/000163849

Sharabani, H., Izumchenko, E., Wang, Q., Kreinin, R., Steiner, M., Barvish, Z., Kafka, M., Sharoni, Y., Levy, J., Uskokovic, M., Studzinski, G.P., Danilenko, M., 2006. Cooperative antitumor effects of vitamin D3 derivatives and rosemary preparations in a mouse model of myeloid leukemia. International Journal of Cancer 118, 3012–3021. https://doi.org/10.1002/ijc.21736

Singletary, K., MacDonald, C., Wallig, M., 1996. Inhibition by rosemary and carnosol of 7,12-dimethylbenz[a]anthracene (DMBA)-induced rat mammary tumorigenesis and in vivo DMBA-DNA adduct formation. Cancer Letters 104, 43–48. https://doi.org/10.1016/0304-3835(96)04227-9

Slameňová, D., Kubošková, K., Horváthová, E., Robichová, S., 2002. Rosemary-stimulated reduction of DNA strand breaks and FPG-sensitive sites in mammalian cells treated with H2O2 or visible light-excited Methylene Blue. Cancer Letters 177, 145–153. https://doi.org/10.1016/S0304-3835(01)00784-4

Soler-Rivas, C., Marín, F.R., Santoyo, S., García-Risco, M.R., Señoráns, F.J., Reglero, G., 2010. Testing and Enhancing the *in Vitro* Bioaccessibility and Bioavailability of *Rosmarinus officinalis* Extracts with a High Level of Antioxidant Abietanes. Journal of Agricultural and Food Chemistry 58, 1144–1152. https://doi.org/10.1021/jf902087q

Tai, J., Cheung, S., Wu, M., Hasman, D., 2012. Antiproliferation effect of Rosemary (Rosmarinus officinalis) on human ovarian cancer cells in vitro. Phytomedicine 19, 436–443. https://doi.org/10.1016/j.phymed.2011.12.012

Tesis Doctoral Margarita González-Vallinas Garrachón, Evaluación del extracto supercrítico de romero (rosmarinus officinalis l.) como agente antitumoral: bases genómicas de su potencial aplicación. UAM, Madrid. 2014

Valdés, A., García-Cañas, V., Rocamora-Reverte, L., Gómez-Martínez, Á., Ferragut, J.A., Cifuentes, A., 2013. Effect of rosemary polyphenols on human colon cancer cells: transcriptomic profiling and functional enrichment analysis. Genes & Nutrition 8, 43–60. https://doi.org/10.1007/s12263-012-0311-9

Vicente, G., García-Risco, M.R., Fornari, T., Reglero, G., 2013. Isolation of carsonic acid from rosemary extracts using semi-preparative supercritical fluid chromatography. Journal of Chromatography A 1286, 208–215. https://doi.org/10.1016/j.chroma.2013.02.044

Vicente, G., Mart|iacute;n, D., Garc|iacute;a-Risco, M.R., Fornari, T., Reglero, G., 2012. Supercritical carbon dioxide extraction of antioxidants from rosemary (Rosmarinus officinalis) leaves for use in edible vegetable oils. Journal of Oleo Science 61, 689–697. https://doi.org/10.5650/jos.61.689

Waggas, A.M., Balawi, A.E., 2008. Neurophysiological Study on Possible Protective Effect of Rosemary (Rosmarinus officinalis) Leaves Extract in Male Albino Rats Treated with Acrylamide 9.

Wang, W., Li, N., Luo, M., Zu, Y., Efferth, T., 2012. Antibacterial Activity and Anticancer Activity of Rosmarinus officinalis L. Essential Oil Compared to That of Its Main Components. Molecules 17, 2704–2713. https://doi.org/10.3390/molecules17032704

Yesil-Celiktas, O., Sevimli, C., Bedir, E., Vardar-Sukan, F., 2010. Inhibitory Effects of Rosemary Extracts, Carnosic Acid and Rosmarinic Acid on the Growth of Various Human Cancer Cell Lines. Plant Foods for Human Nutrition 65, 158–163. https://doi.org/10.1007/s11130-010-0166-4

Yi, W., Wetzstein, H.Y., 2011. Anti-tumorigenic activity of five culinary and medicinal herbs grown under greenhouse conditions and their combination effects. Journal of the Science of Food and Agriculture 91, 1849–1854. https://doi.org/10.1002/jsfa.4394

Zhu, B., 1998. Dietary administration of an extract from rosemary leaves enhances the liver microsomal metabolism of endogenous estrogens and decreases their uterotrophic action in CD-1 mice. Carcinogenesis 19, 1821–1827. https://doi.org/10.1093/carcin/19.10.1821

11

Hoja de olivo

11.1. (*Olea europaea L.*)

Beatriz Martín-García[a], David Arráez Román[a,b], Ana María Gómez-Caravaca[a], Julio Galvez[c], Antonio Segura-Carretero [a,b]

[a] Departamento de Química Analítica, Facultad de Ciencias, Universidad de Granada, Avd. Fuentenueva s/n, 18071, Granada, España.

[b] Centro de Investigación y Desarrollo del Alimento Funcional, Parque Tecnológico de Ciencias de la Salud, Avd. del Conocimiento 37, edificio Bioregión, 18016, Granada, España.

[c] Departamento de Farmacología, CIBER-ehd, Instituto de Investigación Biosanitaria de Granada (ibs.GRANADA), Centro de Investigación Biomédica (CIBM), Universidad de Granada, Av. del Conocimiento, s/n, 18100-Armilla (Granada), España.

Autor para correspondencia: **ansegura@ugr.es**, **jgalvez@ugr.es** y **darraez@ugr.es**

11.2. Características agronómicas

11.2.1. Taxonomía

El olivo, cuyo nombre científico es Olea europaea L., pertenece a la familia botánica Oleaceae, que incluye 30 géneros y 600 especies (1). El género Olea está compuesto por más de 30 especies, todas ellas procedentes de áreas con condiciones de crecimiento relativamente difíciles (2). La mayoría son arbustos o árboles (2). En la práctica se distingue entre la subespecie sativa, olivo cultivado, y la subespecie sylvestris, olivo silvestre o acebuche que crece espontáneamente por muchas zonas no cultivadas del Mediterráneo y del cercano Oriente (3).

Clasificación taxonómica del olivo (*Olea europaea L.*) (3).

Familia	Oleácea
Género	Olea
Especie	Olea europaea
	Olea europaeavar sylvestris (olivo silvestre)
	Olea europaeavar. sativa (olivo cultivado)

11.2.2. Condiciones de cultivo

11.2.2.1. Requerimientos climatológicos

El olivo es una especie esclerófila y glicofítica adaptada a las altas temperaturas de los veranos que caracterizan al clima mediterráneo. Algunos autores incluso lo consideran como un arbusto del desierto (4). De hecho, el olivo se cultiva bajo condiciones de secano en áreas de muy baja precipitación como Sfax, Túnez, donde la precipitación anual promedio no excede los 200 mm. Por lo tanto, los olivos pueden representar una buena alternativa de alto valor para ser utilizado en climas hostiles donde otras especies apenas sobreviven.

Cabe mencionar que las variedades tienen distintos requisitos de enfriamiento y tolerancia a temperaturas altas o bajas (5). En general, las variedades italianas son las que presentan mayor tolerancia al frío, mientras que las variedades norteafricanas (marroquíes y tunecinas) son las más tolerantes a las altas temperaturas. Durante la estación invernal, la acumulación de frío es indispensable para que el olivo salga de la dormancia y alcance una floración uniforme, se estima que el enfriamiento fisiológico del olivo tiene que ser de 150 a 300 horas a temperaturas inferiores a 9&degC. Sin embargo, Hartmann (1953) indicó que algunas variedades pueden necesitar más de 1000 horas por debajo de 7&degC para que se produzca la floración (6).

Efecto de altas temperaturas

Los olivos pueden soportar altas temperaturas. Sin embargo, si estas se producen en abril o mayo, en el momento de la floración y durante la formación de nuevos brotes, pueden ser perjudiciales. Hartmann et al. (1980) (7) informó que la incidencia de altas temperaturas antes y durante la floración causó una sustancial disminución de la productividad en California. La exposición de olivos a una temperatura máxima de 35°C durante el período de floración y de 37°C antes del cuajado de la fruta reduce la tasa del fruto al 1,4 % (8). Las altas temperaturas (mayores de 33°C) pueden quemar partes de las flores y poner en peligro la producción. Por lo tanto, las temperaturas más favorables de floración, polinización y fertilización estarían comprendidas entre 18 y 22 ° C.

Efecto de bajas temperaturas

El olivo es sensible a las bajas temperaturas, aunque probablemente sea más tolerante al frío que los árboles frutales subtropicales (9). Existe el riesgo de congelación de la fruta cuando las temperaturas están por debajo de los -3°C. El límite de tolerancia a baja temperatura está cerca de -7 a -8°C. Durante la primavera, la vegetación joven e inflorescencias son sensibles a temperaturas bajo cero mientras que, durante la floración, las temperaturas inferiores a 10°C impiden la fertilización (9).

11.2.2.2. Requerimientos del suelo

Cuando el suministro de agua es adecuado, los olivos no son exigentes con respecto a la naturaleza del suelo. Crecen en una variedad de tipos de suelos, desde arenosos hasta arcillosos.

Sin embargo, los olivos prefieren suelos ligeros, moderadamente finos y bien drenados. El árbol es susceptible al anegamiento en la zona de la raíz; por lo tanto, lo suelos arcillosos que retienen el agua (suelos arcillosos que contienen más del 20 % de arcilla) no son particularmente adecuados. El árbol generalmente funciona bien en suelos muy pobres, incluso sin fertilización, a excepción de los pantanos o suelos salinos, donde no puede sobrevivir. También prospera en zonas rocosas o en suelos poco profundos, o suelos con un alto contenido de cal, aunque los mejores rendimientos se obtienen en suelos relativamente profundos y fértiles (10). En áreas marginales secas, las condiciones del suelo pueden ser el principal factor de limitación que afecta el crecimiento del olivo. El pH óptimo del suelo para los olivos está entre 7.0 y 8.0, el cual es típico en suelos calcáreos. Un pH muy bajo impedirá el crecimiento de un olivo joven. En el caso de suelos ácidos, una manera simple de aumentar el pH del suelo implica la incorporación de cal en la zona de la raíz (los primeros 60 cm como mínimo) durante la preparación del suelo, trabajo previo a la siembra (10).

11.2.3. Estacionalidad

El olivo despierta su vegetación al comienzo de la primavera (marzo-abril), produciéndose la aparición de nuevos brotes terminales y la eclosión de yemas axilares. La floración se produce en mayo-junio y una vez que tiene lugar la polinización, se produce el cuajado del fruto. En julio-agosto tiene lugar el endurecimiento del hueso, por consiguiente los frutos engordan hasta alcanzar su tamaño normal en octubre. A partir de este momento se produce la maduración. Durante el invierno, el olivo entra en un reposo invernal (11).

11.2.4. Plagas y enfermedades

El olivo crece íntimamente relacionado con una serie de factores bióticos y abióticos que constituyen un agrosistema. La modificación de alguno de éstos factores, por ejemplo la aplicación de un insecticida químico contra una plaga, no sólo afecta a dicha plaga sino que puede destruir a insectos auxiliares que tienen controlada a ésta u otras plagas, y que inmediatamente se potencian, o puede incluso afectar a la fisiología de la planta (12).

11.2.4.1. Principal plaga en hoja de olivo

La cochinilla de la tizne (*Saissetia Oleae*) perteneciente a los hemípteros está ampliamente extendida en el cultivo del olivar. Su importancia económica es debida fundamentalmente al complejo que forma con el hongo *Capnodium Ello Phylum*, causante de la negrilla que se instala en las hojas y ramas del olivo atacados por *Saissetia Oleae* (13).

Su reproducción es por partenogénesis, es decir, no necesitan que el macho las fecunde. Una característica común entre las cochinillas es la producción por sus larvas de una excreción dulce "ligamaza" o "melaza", constituida por azúcares de desecho. Esta sustancia es utilizada como alimento por otros organismos, entre los que se encuentran los hongos conocidos como negrilla o tizne del olivo, especies estrechamente asociadas a la cochinilla. Las hembras adultas no poseen alas ni extremidades, tienen el aspecto de medio grano de pimienta, permaneciendo inmóviles y unidas a la planta por su aparato bucal. Son fáciles de reconocer por su forma ovalada y cubiertas por una especie de caparazón marrón, marcado por una quilla longitudinal y dos transversales a modo de "H"(14).

Entre los daños que ocasiona la cochinilla de la tizne, se pueden diferenciar entre daños directos ocasionados por la succión de la savia causados por la cochinilla, o indirectos que son producidos por la negrilla (*Capnodiumaelophillum*), hongo saprófito que vive a expensas de la melaza producida por la cochinilla y que recubre las ramas y las hojas de olivo, interfiriendo así en la fisiología del árbol, como consecuencia de esto se puede producir la caída de las hojas, acortamiento de los brotes y un menor índice de floración (13).

11.2.4.2. Principales enfermedades de las hojas de olivo

11.2.4.2.1. Repilo (Spilocaea Oleagina)

Con el nombre de repilo, vivillo, vivo, caída de hojas, etc. se designa a una enfermedad causada por un hongo de desarrollo interno (14). El ataque se manifiesta por la aparición de unas manchas circulares negruzcas o amarillentas, en la cara superior de las hojas, que van aumentando gradualmente de tamaño e invaden el nervio central y el peciolo provocando la caída de las hojas. En ocasiones ataca también el fruto y los brotes tiernos. Dependiendo de las condiciones meteorológicas del año en cuestión, la caída de las hojas por el ataque del hongo puede producirse en otoño o en primavera, ocasionando en ambos casos grandes mermas en la producción de aceitunas (15) .

11.2.4.2.2. Emplomado o repilo plomizo

El emplomado o repilo plomizo (*Pseudocercospora Cladosporioides*) se trata de una enfermedad producida por un hongo de desarrollo interno que en ocasiones ha sido confundido con el repilo típico (*Spilocaea*), que produce defoliaciones y a veces ataca a los frutos. A diferencia de Spilocaea, los síntomas en las hojas son poco aparentes, sólo se aprecia una alta defoliación, aunque se ha observado recientemente que las hojas caídas al suelo o las que están afectadas en el árbol presentan puntitos negros repartidos por todo el envés de las mismas, que corresponden con las estructuras de reproducción del hongo (14).

11.2.4.2.3. Marchitez o verticilosis del olivo

La verticilosis (*Verticillium Dahliae*) está causada por un hongo de suelo, que tras entrar por la raíz del olivo infecta los vasos conductores de la planta impidiendo la circulación de la savia hacia las zonas superiores al ataque por lo que la planta se marchita. Esta enfermedad está afectando a un porcentaje importante del olivar. Se distinguen dos complejos sintomatológicos denominados "Apoplejía" y "Decaimiento lento". La apoplejía es una muerte rápida de las ramas o de la planta completa que se produce en otoño e invierno; el decaimiento lento se suele observar en primavera, los síntomas más típicos son la necrosis y momificado de las inflorescencias mientras que las hojas generalmente se desprenden, excepto las del extremo (16).

11.2.4.2.4. Tuberculosis

La tuberculosis (*Pseudomonasavastanoipv. savastanoi*), es una enfermedad de origen bacteriano. La infección causada por estas bacterias es fácil de detectar por la aparición de tumores que se desarrollan principalmente aislados sobre las ramas de los árboles como respuesta a su ataque, aunque también puede afectar al resto del vegetal: raíces, troncos, hojas y frutos. En las ramas de 2 o 3 años, se forman pequeños tumores que al principio son verdes y de superficie lisa, aumentando progresivamente haciéndose duros y de una superficie irregular y agrietada, que en ocasiones es aprovechado por otras plagas para hacer la puesta de huevos. Conforme avanza la enfermedad los tumores dejan de estar lisos y aparecen con grietas.

11.3. Características nutricionales

11.3.1. Composición nutricional de la hoja de olivo

Las hojas de olivo son una fuente rica de minerales, carbohidratos, fibra cruda, proteínas y lípidos (**Cuadro 11.2**). Entre los minerales que contiene la hoja de olivo, el calcio es el elemento predominante seguido del potasio (17). Las hojas de olivo contienen todos los aminoácidos esenciales (excepto metionina) en cantidades favorables siendo el aminoácido más esencial la lisina seguido de la leucina (17).

Cuadro 11.2 Composición nutricional de la hoja de olivo

Nutriente	(17)	(18)	(19)	(20)
Proteína (%)	10.6	10.5-13.1	5.04-7.61	5.45
Lípidos (%)	-	9.13-9.8	1.05-1.30	6.54
Fibra cruda (%)	14.5	-	-	-
Carbohidratos totales (%)	74.7	8.74-32.63	37.14-42.58	-
Ceniza (%)	6.8	4.37-6.0	2.86-4.45	-
Minerales (mg/100g de hoja seca)				
Ca	1175	812.5-1121.2	-	-
P	115	164.4-302.9	-	-
Na	140	1.45-2.78	-	-
K	656	1464.3-1810.6	-	-
Mg	193	117.3-193	-	-
Fe	19.1	2.31-3.26	-	-
Cu	0.9	2.82-4.51	-	-
Mn	4.3	1.76-3.61	-	-
Zn	2.5	1.89-2.43	-	-
Aminoácidos (g/100 g de proteína)				
Lisina	17.12	-	-	-
Valina	6.14	-	-	-
Leucina	8.82	-	-	-
Isoleucina	4.12	-	-	-
Fenilalanina	6.23	-	-	-
Tirosina	2.24	-	-	-
Cistina	8.15	-	-	-
Therionina	2.32	-	-	-
Histidina	2.37	-	-	-

11.3.2. Principales compuestos bioactivos en la hoja de olivo

Los compuestos bioactivos presentes en la hoja olivo han atraído el interés de los investigadores, ya que diversos estudios han demostrado que dichos compuestos poseen propiedades beneficiosas para la salud (21–23). Los compuestos bioactivos más abundantes en la hoja son los tocoferoles, triterpenoides, pigmentos y los compuestos fenólicos (**Cuadro 3**).

Cuadro 11.3 Resumen de los compuestos bioactivos presentes en la hoja de olivo

Compuestos bioactivos en hoja de olivo	Compuestos bioactivos en hoja de olivo	Compuestos bioactivos en hoja de olivo
Fracción lipídica (1-1.3 %)	Galactolípidos (53 %) Lípidos neutros (25 %) Fosfolípidos (21 %)	
Otros compuestos	Tocoferoles (41-25 mg/kg) Triterpenos (342- 837 mg/kg) -Ácido oleanólico:(3.0-3.5 %) Pigmentos -Clorofila (11600-16800 mg/kg) -Carotenoides(28-3110 mg/kg) Volátiles Hidrocarburos (2057-3400 mg/kg) -Mannitol(8 %w/w) Ceras(915-874 mg/kg) Alcoholes alifáticos (95-311 mg/kg) Compuestos fenólicos (24.7-143.2x103 mg/kg de hoja seca)	Tocoferoles (41-25 mg/kg) Triterpenos (342- 837 mg/kg) -Ácido oleanólico:(3.0-3.5 %) Pigmentos -Clorofila (11600-16800 mg/kg) -Carotenoides(28-3110 mg/kg) Volátiles Hidrocarburos (2057-3400 mg/kg) -Mannitol(8 %w/w) Ceras(915-874 mg/kg) Alcoholes alifáticos (95-311 mg/kg) Compuestos fenólicos (24.7-143.2x103 mg/kg de hoja seca)

Los tocoferoles (Vitamina E) constituyen a un grupo químicamente caracterizado como derivados de 6-hydroxychromano conteniendo una unidad isoprenoide. El grupo se divide en dos grupos fundamentales, cuatro tocoferoles (-, -, - y -) y cuatro tocotrienoles (-, -, - y -) que se diferencian entre sí en la saturación de la cadena lateral (24), los primeros tienen una cadena saturada y los segundos una insaturada con tres dobles enlaces. El -tocoferol es considerado como el principal representante de los tocoferoles presentes en la hoja de olivo (25), ya que exhibe un papel protector en la peroxidación lipídica de lípidos de membrana, lipoproteínas y grasas de depósito, protegiendo así contra la aterosclerosis, induciendo la apoptosis en células tumorales y modulando oncogenes (26).

Los **triterpenos pentacíclicos** son moléculas constituidas por 30 carbonos que están agrupados en cinco ciclos de seis carbonos con diferentes sustituyentes (27). Estas moléculas se biosintetizan mediante la ruta citosólica acetato/mevalonato que produce (3S)-2,3-oxidoescualeno (OS) (28). Los principales triterpenoides encontrados en el reino vegetal son ácido oleanólico, ácido maslínico, ácido ursólico, eritrodiol y uvaol. El contenido de ácido oleanólico prevalece con respecto a los ácidos eritrodiol, uvaol, ursólico y maslínico en las hojas de olivo (29). Se ha descubierto que las actividades antioxidantes no enzimáticas del ácido oleanólico y del ácido ursólico en un sistema de liposomas superan incluso la actividad de -tocoferol en ciertas condiciones (30). Los ácidos como el eritrodiol, el uvaol y el ácido maslínico poseen propiedades beneficiosas para la salud humana, ya que tienen propiedades antihipertensivas, anti ateroscleróticas, antioxidantes, cardiotónicas o antidistíricas (31,32).

De entre los **pigmentos**, la clorofila y los carotenoides, son abundantes en las hojas de olivo y están directamente involucrados en los procesos de recolección de luz en la fotosíntesis. Existen evidencias acerca de las propiedades funcionales de los productos derivados de la clorofila a partir de sus efectos beneficiosos sobre la supresión del olor y la curación de heridas (33). El -caroteno, es conocido por tener actividad antioxidante en la aterogénesis y en el cáncer (34).

La composición química de las fracciones **volátiles** de las hojas incluye principalmente aldehídos, 2-decenal-(E), acetaldehído de benceno, 2-undecenal, valenceno y oleato de etilo, (E) -2-hexenal, (E, E) -a-farneseno, b-cariofileno, (E) -b-damascenona, (E,Z)-2,4-hexadienal, nonanal y (E)-b-damascone (35). Las actividades antibacterianas y antifúngicas de las fracciones volátiles de hojas frescas y secas han sido reportadas por Brahmi et al. (36).

Entre los **hidratos de carbono**, el manitol es el principal azúcar característico de las hojas de olivo y su biosíntesis es generalmente conocida en toda la familia Oleaceae. El manitol ofrece a las hojas de olivo una serie de propiedades con aplicaciones ventajosas en la industria alimentaria y farmacéutica. Gracias a su potencia como edulcorante (equivalente al 70 % de la sacarosa) con bajo valor calórico (2 kcal/g), no causa caries y su metabolismo en humanos no depende de la insulina, por lo que es apta para el consumo de personas diabéticas. Además, tiene efectos saludables como antioxidante (31).

Los **compuestos fenólicos** se pueden clasificar con base en el número de unidades fenólicas que presenta la molécula, clasificándolos así en compuestos fenólicos simples y en polifenoles (37). La hoja de olivo contiene diferentes compuestos fenólicos que se clasifican por familias en compuestos fenólicos simples (ácidos

hidroxicinámicos, ácidos hidroxibenzoicos y feniletanoides), secoiridoides y flavonoides (flavanoles, flavonoles y flavonas) (Figura 1.) (38). Los secoiridoides son

la principal familia fenólica presente en las hojas de olivo, y la oleuropeína es el componente principal de la fracción fenólica con una concentración que oscila entre

24.7-143.2x10^3 mg/kg de hoja seca (39), seguido de hidroxitirosol, la flavona-7- glucósidos de luteolina, apigenina, y verbascósido. El hidroxitirosol es un precursor

de la oleuropeína y el verbascósido es un glucósido conjugado de hidroxitirosol y del ácido cafeico(40).

Gc=glucosa, Rut=Rutinósido

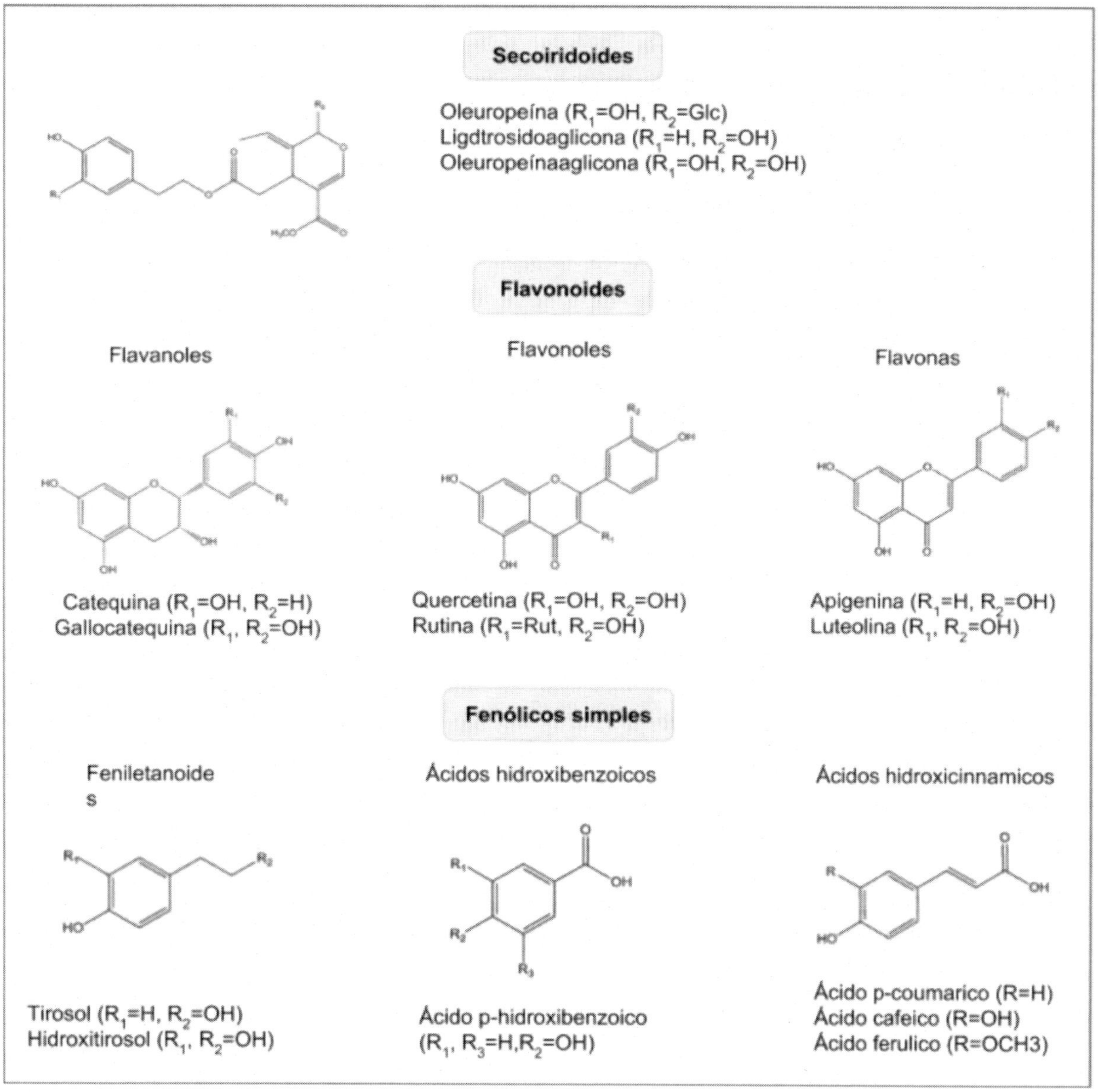

Ejemplos de compuestos fenólicos presentes en la hoja de olivo (38).

11.3.3. Productos alimenticios de la hoja de olivo

Las hojas de olivo han sido utilizadas tradicionalmente como infusiones por sus cualidades beneficiosas para la salud, o como una decocción para la tos (55). En el siglo XIX, las infusiones se usaron para combatir la malaria (56). De acuerdo con la medicina popular tunecina, las hojas de olivo se recomiendan en una amplia gama de dolencias, incluidos los trastornos inflamatorios, las infecciones bacterianas y la hipertensión, aunque los modos de preparación y administración varían. El dolor de oídos se cura usando hojas de olivo en aceite de oliva caliente con sal. El zumo de hoja de olivo, a pesar de su irritación, se recomienda para curar el tracoma. Además, masticar hojas de olivo se usa para aliviar los dolores de muelas y para tratar la irritación labial, mientras que la decocción de las hojas, utilizada como enjuague bucal líquido, se usa para tratar la estomatitis aftosa, la gingivitis y la glositis (57).

11.3.4. Propiedades terapéuticas y farmacológicas

Numerosos estudios han demostrado que la hoja de olivo presenta diversas propiedades terapéuticas, atribuidas principalmente a su contenido en compuestos fenólicos y en triterpenos pentacíclicos que producen efectos beneficiosos para la salud. En la **Cuadro 11.4** se recoge, a modo de resumen, algunas propiedades terapéuticas de estos compuestos bioactivos presentes en extractos de la hoja de olivo con sus mecanismos atribuidos.

Cuadro 11.4 Resumen de las propiedades terapéuticas de los compuestos bioactivos presentes en la hoja de olivo.

		Compuesto	Propiedades Terapéuticas	Mecanismo o efecto	Ref
In vivo	Estudios en animales	-Ácido oleanólico y ácido ursólico. -0,27 % de mezcla 1:1 de ácido oleanólico y ácido ursólico aislados de hojas de olivo silvestre africano (AO). -0.71 % de ácido oleanólico aislado de hojas de olivo griego (GO) -2.47 % de ácido oleanólico aislado del cultivar de Ciudad del Cabo (CT)	Antihipertensivas, diuréticas, anti-ateroscleróticas, antioxidantes e hipoglucemiantes del ácido oleanólico y ursólico y los tres aislados (GO, AO y CT)	Se estudiaron, en un modelo genético de rata resistente a la insulina, los tres aislamientos, en una dosis de 60 mg/kg de peso corporal durante 6 semanas de tratamiento, impidiendo el desarrollo de una hipertensión grave y de aterosclerosis y mejoraron la resistencia a la insulina de los animales de experimentación.	(41)
		Ácido oleanólico	Actividad antihiperglucémica	El ácido oleanólico reduce la glucosa sérica y los niveles de insulina en ratones alimentados con una dieta alta en grasas y mejora la tolerancia a la glucosa.	(42)

Oleuropeína	Neuroprotectora	La oleuropeína puede influir en el contenido y en la homeostasis del agua del cerebro al aumentar la integridad de la barrera hematoencefálica (BBB), modulando el volumen celular de las neuronas y los astrocitos directamente.	(43)
Oleuropeína	Anti-aterosclerótica	La administración de oleuropeína reduce los niveles séricos de lípidos.	(44)
Oleuropeína	Propiedades antioxidantes en el daño de la mucosa intestinal	Disminuciones significativas en la concentración de ácido tiobarbitúrico (TBARS) mediante la administración de oleuropeína en ratas tratadas con oleuropeína.	(45)
Hidroxitirosol y su derivado triacetilado	Reducción de lípidos y efectos antioxidantes	El hidroxitirosol-triacetilado y el hidroxitirosol presentes en las hojas de olivo son eficientes en la protección contra la dislipidemia al disminuir el colesterol total (TC), los triglicéridos (TG) y el colesterol de lipoproteínas de baja densidad (LDL-C) en suero y al aumentar el colesterol de lipoproteínas de alta densidad (HDL-C), disminuyendo así el índice aterosclerótico. Además, también mejoran el estado antioxidante al reducir la peroxidación lipídica y al potenciar a las enzimas antioxidantes.	(46)

		Extractos de hoja de olivo compuestos por: oleuropeína (19.8 %), luteolina-7-O-glucósido (0.04 %), apigenina-7-O-glucósido (0.07 %), quercetina (0.04 %) y ácido cafeico (0.02 %)	Disminución de la peroxidación lipídica en el hígado de ratas expuestas a estrés por frío	Sincronización de enzimas antioxidantes e inhibición de la peroxidación lipídica en el hígado	(47)
		Oleuropeína (356 mg/g), tirosol (3.73 mg/g), hidroxitirosol (4.89 mg/g), y ácido caféico (49.41 mg/g)	Mejora de la nefrotoxicidad por gentamicina	Inhibición de la peroxidación de lípidos, aumento del contenido de glutatión renal y actividad de enzimas antioxidantes	(48)
	Estudios en humanos	Oleuropeína	Acción calmante en el tratamiento del eritema inducido por UVB	La oleuropeína exhibe efectos inhibidores sobre especies de nitrógeno reactivas, incluido el radical óxido nítrico (NO)	(49)
In vitro	Estudios en humanos	Oleuropeína e hidroxitirosol	Muerte celular apoptótica del cáncer de mama humano MCF-7 células	Bloqueo significativo de la transición de fase G1 a S manifestado por el aumento del número de células en la fase G0 / G1.	(50)
		Aromadendrina (dihidrokaempferol)	Actividad antiinflamatoria	Decrecimiento marcado de la expresión de moléculas de membrana (ICAM-1) y la liberación de factores inflamatorios-solubles (MCP-1 e IL-8) inducidos por IFN e histamina en los queratinocitos normales NCTC 2544	(51)
		Oleuropeína (19.8 %), luteno-7-O-glucósido (0.04 %), apigenina-7-O-glucósido (0.07 %), quercetina (0.04 %) y 0.02 % de ácido caféico	Actividad protectora sobre los leucocitos de sangre periférica contra el daño inducido por adrenalina en el ADN	Activación sinérgica de varios mecanismos moleculares como la eliminación de especies reactivas de oxígeno (ROS) y el aumento de la capacidad antioxidante de las células.	(52)

	Oleuropeína, hidroxitirosol, acetato de hidroxitirosol, luteolina, luteolina-7-O-glucósido y luteolina-O-glucosido	Antiproliferativo contra el cáncer y las células endoteliales	Inhibición de la proliferación celular	(53)
	Apigenina-7-glucósido, oleuropeína	La apigenina-7-glucósido del extracto de hoja de olivo fue la principal responsable de la diferenciación de HL-60, mientras que la oleuropeína demostró ejercer una influencia sobre esta diferenciación	La inhibición del crecimiento de las células HL-60 tratadas con los extractos de hoja de olivo puede atribuirse a la detención y/o apoptosis del ciclo celular mediada por la diferenciación	(54)

11.4. Referencias

1. Cronquist A. An integrated system of classification of flowering plants. Columbia University Press, New York; 1981.
2. Bracci T, Busconi M, Fogher C, Sebastiani L. Molecular studies in olive (Olea europaea L.): overview on DNA markers applications and recent advances in genome analysis. Plant Cell Rep. 2011;30:449–62.
3. J.M. Mateo Box. Prontuario de agricultura. Cultivos agrícolas-Olivicultura. Mundi-Prensa Libros, editor. 2005. 940 p.
4. Schwabe, W.W. & Lionakis SM. Leaf attitude in olive in relation to drought resistance. J Hortic Sci. 1996;71:157–66.
5. Bongi G. The mechanism of photosynthesis in the olive tree. Photosynthetica. 1987;21(4):572–8.
6. Tubeileh A, Bruggeman A, Turkelboom F. Growing Olives and Other Tree Species in Marginal Arid Environments. Natural Re. Alepo, Syria; 2004. 43 p.
7. Hartmann DL, David A. Short. On the use of earth radiation budget statistics for studies of clouds and climate. J Atmos Sci. 1980;37:1233–50.
8. Porlingis IC, Voyiatzis D.G. Paclobutrazol decreases the harmful effect of high temperatures on fruit set in olive trees. Acta Hortic. 1999;474:241–4.
9. Denney JO and GRM. Modeling the thermal adaptability of the olive (Olea europaea L.) in Texas. Agric For Meteorol. 1985;35:309–27.
10. Pansiot FP and HR. Improvement in olive cultivation. FAO Agricultural Studies. Rome, Italy; 1961. 249 p.
11. Guerrero A. Nueva olivicultura. 5º Edition. Mundi-Prensa, editor. Nueva olivicultura. Madrid; 2003.
12. Saavedra, M.M. y Pastor M. Sistemas de cultivo en el olivar. Ed. Agrico. Madrid; 2002.
13. Porras Piedra A, Cabrera de la Martín, Javier Soriano Colina, María L. Olivicultura y Elaiotecnia. Colección Estud. 1995;Volumen 28:174.

14. José Luis Molina de la Rosa et. al.]. Técnicas de cultivo: Plagas y enfermedades del olivo. Consejería. 2017. 50-54,79-88 p.

15. Andrés F. Enfermedades y plagas del olivo. 2º ed. Riq. Jaén; 1991. 646 p.

16. Miguel Ángel Castellar Sánchez. Plagas y enfermedades del olivo (Olea europaea) Fam. de las Oleáceas. Protección. E.F.A. La Malvesia, editor. 17-49 p.

17. Ibrahim EH, Abdelgaleel MA, Salama AA. Chemical and nutritional evaluation of olive leaves and selection the optimum conditions. JAgricRes. 2016;42(1):445–59.

18. Picolotob RS, Cichoskia AJ, Wagnera R, Ragagnin de Menezesa, C. Zepkaa LQ, Da Crocec DM, Barina JS. Olive leaves offer more than phenolic compounds – Fatty acids and mineral composition of varieties from Southern Brazil. Ind Crops Prod. 71:122–7.

19. Boudhrioua N, Bahloul N, Ben Slimen I, Kechaou N. Comparison on the total phenol contents and the color of fresh and infrared dried olive leaves. Ind Crops Prod. 2009;29(2-3):412–9.

20. Erbay Z, Icier F. Optimization of drying of olive leaves in a pilot-scale heat pump dryer. Dry Technol. 2009;27:716–427.

21. Benavente-García O, Castillo J, Lorente J, Ortuño A, Del Rio JA. Antioxidant activity of phenolics extracted from Olea europaea L. leaves. Food Chem. 2000;68:457–62.

22. Kontogianni VG, Gerothanassis IP. Phenolic compounds and antioxidant activity of olive leaf extracts. Nat Prod Res. 2012;26(2):186–9.

23. Omar SH. Cardioprotective and neuroprotective roles of oleuropein in olive. Saudi Pharm J. 2010;18(3):111–21.

24. Dilis, V.; Trichopoulou, A. Boskou D. Mediterranean diet and olive oil consumption-estimations of daily intake of antioxidants from virgin olive oil and olives. In olive oil: minor constituents and health. CRC Press. 2008. 201-210 p.

25. Lee OH, Lee BY, Lee J, Lee HB, Son JY, Park CS, et al. Assessment of phenolics-enriched extract and fractions of olive leaves and their antioxidant activities. Bioresour Technol. 2009;100(23):6107–13.

26. Gómez-Caravaca AM, Verardo V, Caboni MF. Chromatographic techniques for the determination of alkyl-phenols, tocopherols and other minor polar compounds in raw and roasted cold pressed cashew nut oils. J Chromatogr A. 2010;1217(47):7411–7.

27. Guinda Á, Rada M, Delgado T, Gutiérrez-Adánez P, Castellano JM. Pentacyclic Triterpenoids from Olive Fruit and Leaf. J Agric Food Chem. 2010;58:9685–91.

28. Crozier A, Clifford MN, Ashihara H. Plant secondary metabolites: Occurrence, structure and role in the human diet. Backwell. Crozier A, Clifford MN, editors. Oxford,UK; 2006. 47-101 p.

29. Tsimidou, M. Z.; Papoti VT; Bioactive ingredients in olive leaves. In olives and olive oil in health and disease prevention. 2010;349–56.

30. Yin MC, Chan KC. Nonenzymatic antioxidative and antiglycative effects of oleanolic acid and ursolic acid. J Agric Food Chem. 2007;55(17):7177–81.

31. Guinda Á, Castellano JM, Santos-Lozano JM, Delgado-Hervás T, Gutiérrez-Adánez P, Rada M. Determination of major bioactive compounds from olive leaf. Food Sci Technol. 2015;64:431–8.

32. Sánchez Ávila N, Priego Capote F, Luque de Castro MD. Ultrasound-assisted extraction and silylation prior to gas chromatography-mass spectrometry for the characterization of the triterpenic fraction in olive leaves. J Chromatogr A. 2007;1165:158–65.

33. Wrolstad RE. Anthocyanin pigments-bioactivity and coloring properties. J Food Sci. 2004;69(5):C419–25.

34. Uinda ÄNG, Odr ALRUIZ, Ns Ä, Ba ELI, Lbi ÄSA. Countercurrent supercritical fluid extraction and fractionation of high-added-value compounds from a hexane extract of olive leaves. J Agric Food Chem. 2004;52:4774–9.

35. Taamalli A. Characterization of polyphenols in Tunisian olive with anticancer capacity using liquid chromatography coupled to mass spectrometry, University of Granada, 2012. Univ Granada. 2012;

36. Brahmi F, Flamini G, Issaoui M, Dhibi M, Dabbou S, Mastouri M, et al. Chemical composition and biological activities of volatile fractions from three Tunisian cultivars of olive leaves. Med Chem Res. 2012;21(10):2863–72.

37. Manach C, Scalbert A, Morand C, Rémésy C, Jiménez L. Polyphenols: Food Sources and Bioavailability. Am J Clin Nutr. 2004;79(5):727–47.

38. Talhaoui N, Taamalli A, Gómez-caravaca AM, Fernández-gutiérrez A, Segura-carretero A. Phenolic compounds in olive leaves: Analytical determination, biotic and abiotic influence, and health benefits. Food Res Int. 2015;77:92–108.

39. Talhaoui N, Gómez-caravaca AM, León L, De R, Segura-carretero A, Fernández-Gutiérrez A. Determination of phenolic compounds of "Sikitita" olive leaves by HPLC-DAD-TOF-MS. Comparison with its parents "Arbequina" and "Picual" olive leaves. LWT - Food Sci Technol. 2014;58(1):28–34.

40. El SN, Karakaya S. Olive tree (Olea europaea) leaves: potential beneficial effects on human health. Nutr Rev. 2009;67(11):632–8.

41. Somova LI, Shode FO, Ramnanan P, Nadar A. Antihypertensive, antiatherosclerotic and antioxidant activity of triterpenoids isolated from Olea europaea, subspecies africana leaves. J Ethnopharmacol. 2003;84(2-3):299–305.

42. Sato H, Genet C, Strehle A, Thomas C, Lobstein A, Wagner A, et al. Anti-hyperglycemic activity of a TGR5 agonist isolated from Olea europaea. Biochem Biophys Res Commun. 2007;362(4):793–8.

43. Mohagheghi F, Bigdeli MR, Rasoulian B, Hashemi P, Pour MR. The neuroprotective effect of olive leaf extract is related to improved blood-brain barrier permeability and brain edema in rat with experimental focal cerebral ischemia. Phytomedicine. 2011;18(2-3):170–5.

44. Wang L, Geng C, Jiang L, Gong D, Liu D, Yoshimura H, et al. The anti-atherosclerotic effect of olive leaf extract is related to suppressed inflammatory response in rabbits with experimental atherosclerosis. Eur J Nutr. 2008;47(5):235–43.

45. Alirezaei M, Dezfoulian O, Sookhtehzari A, Asadian P, Khoshdel Z. Antioxidant effects of oleuropein versus oxidative stress induced by ethanol in the rat intestine. Comp Clin Path. 2014;23(5):1359–65.

46. Jemai H, Fki I, Bouaziz M, Bouallagui Z, El Feki A, Isoda H, et al. Lipid-lowering and antioxidant effects of hydroxytyrosol and its triacetylated derivative recovered from olive tree leaves in cholesterol-fed rats. J Agric Food Chem. 2008;56(8):2630–6.

47. Dekanski D, Ristić S, Radonjić N V., Petronijević ND, Dekanski A, Mitrović DM. Olive leaf extract modulates cold restraint stress-induced oxidative changes in rat liver. J Serbian Chem Soc. 2011;76(9):1207–18.

48. Tavafi M, Ahmadvand H, Toolabi P. Inhibitory effect of olive leaf extract on gentamicin-induced nephrotoxicity in rats. Iran J Kidney Dis. 2012;6(1):25–32.

49. Perugini P, Vettor M, Rona C, Troisi L, Villanova L, Genta I, et al. Efficacy of oleuropein against UVB irradiation: Preliminary evaluation. Int J Cosmet Sci. 2008;30(2):113–20.

50. Han J, Talorete TN, Yamada P, Isoda H. Anti-proliferative and apoptotic effects of oleuropein and hydroxytyrosol on human breast cancer MCF-7 cells. Cytotechnology [Internet]. 2009;59(1):45–53. Available from: http://dx.doi.org/10.1007/s10616-009-9191-2

51. Venditti A, Serrilli AM, Rizza L, Frasca G, Cardile V, Bonina FP, et al. Aromadendrine, a new component of the flavonoid pattern of olea europaea L. and its anti-inflammatory activity. Nat Prod Res. 2013;27(4-5):340–9.

52. Čabarkapa A, Živković L, Žukovec D, Djelić N, Bajić V, Dekanski D, et al. Protective effect of dry olive leaf extract in adrenaline induced DNA damage evaluated using in vitro comet assay with human peripheral leukocytes. Toxicol Vitr. 2014;28(3):451–6.

53. Goulas V, Exarchou V, Troganis AN, Psomiadou E, Fotsis T, Briasoulis E, et al. Phytochemicals in olive-leaf extracts and their antiproliferative activity against cancer and endothelial cells. Mol Nutr Food Res. 2009;53(5):600–8.

54. Abaza L, Talorete TPN, Yamada P, Kurita Y, Zarrouk M, Isoda H. Induction of growth inhibition and differentiation of human leukemia HL-60 cells by a tunisian gerboui olive leaf extract. Biosci Biotechnol Biochem. 2007;71(5):1306–12.

55. Mikaili P, Shayegh J, Sarahroodi S, Sharifi M. Pharmacological properties of herbal oil extracts used in Iranian traditional medicine. Adv Environ Biol. 2012;6(1):153–8.

56. Barrett L. Olive leaf extract: the Mediterranean healing herb. In: Stepaniak J, editor. Healthy living public. 2015.

57. Kuete V. Medicinal plant research in Africa. Pharmacology and Chemistry. Victor Kuete, editor. London: Elsevier; 2013. 794 p.

12

Hierba Luisa

12.1. (*Lippiacitriodora L.*)

Francisco Javier Leyva Jiménez [a], Sandra Pimentel Moral[a,b], Jesús Lozano Sánchez[a,b], Mª Elena Alañón Pardo[a,b], David Arráez Román[a,b], Antonio Segura-Carretero^a, b^

[a]Centro de Investigación y Desarrollo del Alimento Funcional, Parque Tecnológico de Ciencias de la Salud, Av. del Conocimiento 37, edificio Bioregión, 18016, Granada, España.

[b]Departamento de Química Analítica, Facultad de Ciencias, Universidad de Granada, Avd. Fuentenueva s/n, 18071, Granada, España.

Autor para correspondencia: **ansegura@ugr.es** y **darraez@ugr.es**

12.2. Características agronómicas

12.2.1. Taxonomía

El género *Lippia*, pertenece a la familia Verbenaceae, incluyendo unas 200 especies entre hierbas, arbustos y pequeños árboles. *Lippiacitriodora*, conocida como cedrón o Hierba Luisa, es un arbusto de hoja perenne originario de Sur América que fue introducido en Europa en el siglo XVII y ha sido cultivado en la zona Mediterránea desde entonces (1).

Cuadro 12.1 Clasificación taxonómica de Hierba Luisa.

Familia	Verbenaceae
Género	Aloysa / Lippia
Especie	Aloysacitriodora
Variedad	Paláu

Es una planta leñosa, que puede alcanzar hasta los 3 metros de altura, con ramas estriadas y escabrosas y sus hojas tienen forma lanceolada de 7 a 10 centímetros con peciolos cortos. Las flores son pequeñas y de color blanco o azul claro, compuestas por pétalos de 4 a 5 milímetros. Además, estas hojas proporcionan un característico aroma a limón, puesto que contienen aceites esenciales en ellas (2).

12.3. Condiciones de cultivo

12.3.0.1. Requerimientos climatológicos

Para su correcto crecimiento necesita un clima templado-cálido, ya que con el frío, las hojas pueden verse afectadas, pudiendo llegar a perderse. La luminosidad favorece la síntesis de su aceite esencial aumentando su porcentaje en las hojas. Sin embargo, la escasa luminosidad hace que se desarrollen hojas más grandes pero con menor contenido fenólico. En cuanto a la humedad, debe ser moderada y el viento no muy excesivo, puesto que provoca evaporación de aceites esenciales(3).

12.3.0.2. Requerimientos del suelo

Las condiciones edafológicas también intervienen en su crecimiento, de este modo, el suelo debe ser poco compacto, permeable y profundo. El pH de la superficie debe ser bajo o neutro (6.5-7.2). Por otro lado, la hidratación no debe ser excesiva, puesto que provoca podredumbre de las raíces (3).

12.3.1. Cuidados y Fertilización

Es necesario realizar deshierbes periódicos que prevendrán la aparición de plagas de araña roja o pulgón. Debe protegerse frente a heladas, a pesar de ser resistente a climas fríos. En cuanto al riego, deberá considerarse en todas las etapas de cultivo, siendo necesario que sea frecuente en verano mientras que en invierno se debe realizar en días sin heladas para evitar dañar a la planta. El tipo de fertilizante empleado debe ensayarse dependiendo del clima, la estación y las condiciones edafológicas para cubrir las necesidades de crecimiento de la planta.

12.3.2. Multiplicación

Dada la dificultad de obtener semillas y su bajo poder germinativo, el procedimiento normal de multiplicación es mediante esquejes, acodos o división de pies. La técnica de cultivo *in vitro* se puede realizar para para la conservación genotípica y permite la obtención de una gran número de plantas en un espacio reducido y bajo condiciones controladas que evitan la transmisión de enfermedades (3).

Cuadro 12.2 Periodos de cultivo de *Lippiacitriodora.*

	Meses (Hemisferio Norte)	Meses (Hemisferio Sur)
Crecimiento flores	Agosto	Febrero
Recogida de hojas	Mayo - Noviembre	Noviembre-Mayo
Recogida de semillas	Septiembre - Octubre	Marzo - Abril

12.4. Usos tradicionales

Lippiacitriodora ha sido tradicionalmente usada por sus propiedades medicinales y aromáticas en el Sur de América. Antiguas civilizaciones incas la consumían por sus propiedades digestivas, antiespasmódicas y como remedio para la bronquitis, tos, fiebre y problemas de corazón (4). Además, también es usada para el tratamiento del insomnio y la ansiedad, así como para dolores estomacales (5). También se le atribuyen propiedades diuréticas, cardiotónicas y antiinflamatorias (6). En Ecuador, las hojas cocidas y calientes son envueltas en ropa y colocadas en zonas con dolor articular, siendo utilizadas para el tratamiento del reumatismo (7).

Su consumo no sólo se limita a sus propiedades beneficiosas, sino que también ha sido utilizado como condimento en diversas preparaciones. Así en Cuba, Perú o Bolivia, las hojas eran infusionadas para preparar bebidas refrescantes, licor y también como un ingrediente para una bebida suave llamada "Inkakola", consumida popularmente en Perú (8). En Argentina, está incluido dentro del Código Alimentario Argentino como coadyuvante (9).

Por otro lado, los aceites esenciales de esta planta, pueden ser utilizados como tinte o como producto bactericida (10), siendo utilizado como ingrediente para conservar alimentos.

12.5. Composición nutricional y química de *Lippiacitriodora*

En la actualidad, las propiedades que se le atribuyen a esta planta, han provocado un creciente interés por *Lippiacitriodora* y con ello, un aumento del número de estudios relacionados con su composición, tanto de compuestos fenólicos como de aceites esenciales, con el fin de relacionar los efectos beneficiosos atribuidos a esta especie botánica con su composición fitoquímica.

12.5.1. Aceites esenciales

Las hojas y los tallos de *Lippia* son ricos en aceites esenciales pertenecientes, en su mayoría a monoterpenos y monoterpenoides, sesquiterpenos y sesquiterpenoides, aunque también encontramos ácidos grasos, como se recoge en la Cuadro 12.3. Entre ellos, los principales son el citral (neral y geranial) que junto con el limoneno, cineol, geraniol, -cariofileno, espatulenol y citronelol proporcionan el característico aroma a limón (11). Sin embargo, también pueden encontrarse en menor concentración y - pineno, -terpineno, linalol, camfor, -terpineol, geraniol y curcumeno (12).

El principal uso de estos compuestos es como saborizante y aromatizante en preparados alimenticios, sin embargo, los terpenos también son usados por su capacidad de mejorar la absorción de ciertos fármacos.

Cuadro 12.3 Aceites esenciales presentes en *Lippiacitriodora*

Compuesto	Parte de Lippia	Bioactividad	Ref.
Ácido linoleico	Hojas	Cardioprotector	(13)
Camfor	Toda la planta	Antibacterial	(12)
Cariofileno	Hojas	Antiinflamatorio, antitumoral	(5)
Limoneno	Hojas	No descrita	(12)
Citral	Hojas	Antibacterial, expectorante y anticancerígeno	(5)
Citronelal	Hojas	Antifúngico	(5)
Curcumeno	Hojas	No descrita	(13)
Escualeno	Hojas	Inmunoestimulante	(5)
Geraniol	Hojas	Repelente	(1)
Heptacosanol	Hojas	No descrita	(13)
Limoneno	Hojas	Antibacterial, anticancerígeno	(5)
Linalool	Hojas	Antibacterial, hepatoprotector	(6)
Mirceno	Hojas	Analgésico	(14)
Neral	Parte aérea	Antibacterial, expectorante y anticancerígeno	(5)
Nerol	Hojas	No descrita	(14)
Sabineno	Hojas	No descrita	(12)
Terpinoleno	Hojas	No descrita	(5)
-Humuleno	Hojas	No descrita	(5)
-Pineno	Hojas	No descrita	(5)
-Terpineol	Hojas	Antibacterial, antitusivo	(5)
-Ocimeno	Hojas	No descrita	(1)
-Terpineno	Hojas	No descrita	(5)

12.5.2. Compuestos fenólicos

La composición fenólica de esta especie botánica ha sido un importante objeto de estudio en los últimos años. Así podemos encontrar una amplia variedad de compuestos que pertenecen a las familias de los iridoides glicosilados, flavonoides, fenilpropanoides y oxipilinas (15). Entre ellos, el verbascósido y el isoverbascósido destacan, no solo por su abundancia en la hoja, sino por sus propiedades beneficiosas para el tratamiento de diversas patologías.

a) *Iridoides glicosilados:* son un grupo de monoterpenos que presentan el iridano como esqueleto de carbono. Generalmente están asociados a restos glucosídicos dando lugar a los derivados que se encuentran en *Lippia*. Su síntesis proviene del geraniol, que también está presente en esta especie. Los iridoides más abundantes son el tevósido, el gardósido y la loganina, entre sus efectos beneficiosos encontramos actividad antiinflamatoria, antimicrobiana o amebicida (16).

b) *Flavonoides:* Son un amplio grupo de compuestos fenólicos sintetizados a partir de una molécula de fenilalanina y del 3-malonil-CoA. Tiene un esqueleto característico C6-C3-C6, que puede sufrir modificaciones con adición de grupos funcionales, dando lugar a la amplia variedad de compuestos de este grupo. Los flavonoides encontrados en esta especie son derivados diglucuronizados de crisoeriol, luteolina, apigenina y acacetina (17). Además también están presentes derivados metilados de agliconas como la metilquercetina, dimetilquercetina o el dimetilkaempferol. Entre los efectos beneficiosos de este grupo encontramos actividades anti cáncer, antimicrobianas o hepatoprotectoras.

c) *Fenilpropanoides:* Son fenoles que provienen de la ruta de ácido shikímico a partir de la eritrosa-4-fosfato y el ácido fosfoenolpirúvico, dando lugar a la síntesis de los ácidos cafeico y *p*-cumárico que son los constituyentes principales de este grupo. En *Lippia,* es el grupo mayoritario y más abundante, siendo el más conocido y estudiado el verbascósido, al que otorgan efectos antiinflamatorios, antiobesogénicos y antiinflamatorios (18,19). También se han determinado otros compuestos como martinósido, leucoseptósido A, isómeros del campneósido y derivados de verbascósido (20).

d) *Oxipilinas:* Son compuestos derivados de ácidos grasos libres como el linoléico, obtenidos a través de su oxidación mediante lipooxigenasas. En las plantas tiene la función de regular las respuestas ante el estrés, pudiendo tomar parte en el sistema inmune, así como en la maduración del fruto. En *Lippiacitriodora* podemos encontrar compuestos como el glucósido del ácido tuberónico, el ácido jasmónico y derivados metilados de éste (15).

Algunos compuestos identificados en *Lippiacitriodora* muestran efectos bioactivos cuando son administrados de manera individual, como se muestra en la Cuadro 12.4:

12.4 Compuestos bioactivos presentes en *Lippiacitriodora.*

Grupo	Compuestos	Bioactividad	Referencia
Iridoides glucosilados	Tevósido	Anticancerígeno	(21)
(21)	Loganina	Neuroprotector	(22)
Flavonoides	Diglucurónido de luteolina	Reduce la insulino resistencia	(23)
(23)	Diglucurónido de apigenina	Anticancerígeno	(24)
(24)	Diglucurónido de crisoeriol	Inhibe la lipasa pancreática	(25)
(25)	Diglucurónido de acacetina	Anticancerígeno/ Neuroprotector	(26)
Fenilpropanoides	Verbascósido	Mejora la tolerancia a la glucosa/ Reduce la artritis	(19,27)
(19,27)	Isoverbascósido	Mejora la tolerancia a la glucosa/ Reduce la artritis	(19,27)
(19,27)	Cistanósido F	Vasorrelajante	(27)
(27)	Leucoseptósido A	Antidiabético	(28)

12.5.3. Propiedades terapéuticas y farmacológicas

A pesar de que ciertos compuestos proporcionan efectos saludables cuando son consumidos aisladamente, la mayoría de los estudios reportan datos relacionados con la administración del extracto de *Lippia* completo, tanto en células o en animales, en ensayos *in vitro* e *in vivo,* respectivamente.

12.5.3.1. Efectos antimicrobianos e insecticidas

Estudios *in vitro* muestran los efectos bactericidas y bacteriostáticos del aceite esencial frente *Escherichia coli, Staphylococcus aureus* y *Pseudomonas aeruginosa.* Además, también se han demostrado sus efectos antimicrobianos en peces, protegiéndolos frente a *Pseudomonas* (29,30). Asimismo, el extracto etanólico provoca la inhibición de crecimiento en bacterias Gram-positivas (*P. aeruginosa)* y Gram-negativas (*B. subtilis).* Sin embargo, el extracto acuoso presentó menos potencial antimicrobiano para *Streptococcus mutans* y *S. sobrinus* (31).

En cuanto a la capacidad insecticida, compuestos como el neral y el geraniol, poseen propiedades larvicidas frente a larvas de ciertos mosquitos, así como efectos inhibidores de crecimiento del piojo (*Pediculushumanus-capitis)* haciendo de *Lippiacitriodora*, una alternativa natural frente a los productos industriales usados para combatirlos (32,33). El aceite esencial, asimismo ha demostrado tener efectos antimicrobianos, específicamente el citral, según se ha demostrado en diversos artículos (34,35).

12.5.3.2. Efectos neurofisiológicos

Ensayos *in vitro* demuestran que *Lippia* puede ser utilizada como una alternativa natural para frenar el desarrollo del Parkinson, puesto que muestra capacidades neuroprotectoras frente a la neurotoxicidad inducida por el péptido -amiloide en neuroblastomas (36).

Las propiedades anestésicas del aceite esencial de Hierba Luisa quedaron confirmadas en ensayos *in vivo* en peces, donde en combinación con diazepam, se mostraba un efecto sinérgico induciendo más fácilmente el estado anestésico con tiempos de recuperación similares (29).

Por otro lado, los extractos etanólicos mostraron tener efectos anticonvulsivos, como demuestra un estudio en ratones (37).

12.5.3.3. Efectos digestivos

Los extractos obtenidos a partir de esta planta tienen efectos reductores del hiperperistaltismo, reduciendo en un 32 % la motilidad intestinal y teniendo un potencial uso como antidiarreico. Además también demuestra ser una alternativa para el tratamiento de la enterocolitis como lo demuestran estudios en *in vivo* (38).

12.5.3.4. Efectos antioxidantes

La administración oral de *Lippia* a ratones durante un estudio bioquímico, provocó un incremento de enzimas antioxidantes como la glutatión peroxidasa o la glutatión reductasa entre otras, reduciendo el daño oxidativo en células (17).

Por otro lado, la administración de extracto enriquecido en verbascósido produce un efecto protector en el tejido y fluidos oculares frente al estrés oxidativo (39). Además, la administración de extractos enriquecidos en verbascósido, demostró que *Lippia* puede ser una herramienta alimentaria frente al estrés oxidativo (40).

12.5.3.5. Efectos metabólicos

Los efectos de los polifenoles contenidos en Lippia han sido probados en un modelo de adipocitos resistentes a la insulina de ratones obesos inducidos por la dieta demostrando una mejora en el metabolismo de grasas reduciendo la liberación de especies reactivas de oxígeno (18).

12.5.3.6. Efectos anticancerígenos

Los extractos etanólicos de Hierba Luisa han presentado capacidad moduladora a nivel genético de genes relacionados con la apoptosis (BAX y Bcl-2). En los ensayos in vitro realizados por Mirzaie et al, en 2016, el extracto de este botánico indujo la apoptosis de células cancerígenas de colón de manera dependiente de la dosis (41).

12.5.4. Productos alimenticios a partir de *Lippiacitriodora*

A pesar de que *Lippiacitriodora* ha sido utilizada desde la antigüedad para la elaboración de infusiones, no hay datos concretos sobre el valor nutricional de esta planta. Si bien, es cierto que se han desarrollado suplementos alimenticios a partir de su extracto enriquecido en ciertos compuestos como es el caso del verbascósido. Además, en 2017, la Unión Europea ha incluido a *Lippiacitriodora* como un nuevo alimento, lo que facilita el desarrollo de alimentos funcionales a partir de los extractos obtenidos de sus hojas dentro de la Unión Europea (CIR (EU) 2017/2470 of December 20th, 2017).

Sin embargo, existen de manera comercial extractos preparados a base de Lippiacitridora enriquecidos o no con algún compuesto bioactivo con demostrada actividad. Uno de estos productos es denominado MOVE!PLX® desarrollado por la empresa Monteloeder, en Alicante, España. Su consumo provoca una protección frente al estrés oxidativo en deportistas, reduciendo la sensación de fatiga y ansiedad. Asimismo, reduce el daño muscular y articular además de tener efectos antiinflamatorios.

Por otro lado, la misma empresa ha desarrollado otro producto mezclando las propiedades beneficiosas de *Hibisco sabdariffa* y *Lippiacitriodora* alegando tener la capacidad de combatir factores relacionados con el síndrome metabólico como reducción de la obesidad abdominal, reducir la tensión arterial o controlar la dislipemias.

12.6. Referencias

1. Argyropoulou C, Daferera D, Tarantilis PA, Fasseas C, Polissiou M. Chemical composition of the essential oil from leaves of Lippia citriodora H.B.K. (Verbenaceae) at two developmental stages. Biochemical Systematics and Ecology. 2007;35(12):831–7.

2. Lamaison J., Petitjean FC. Verbascoside, major phenolic compound of the leaves of ash (Fraxinus excelsior) and vervain (Aloysia Tripylla). Plantes Medicinales et Phytotherapie . 1993;26(3):225–33.

3. Severin C, Bruzzese D, Di Sapio O, Giubileo, María Graciela; Gattusso S. Regeneración in vitro de plantas de Aloysia citriodora Palau (Verbenaceae). Revista de Investigaciones de la Facultad de Ciencias Agrarias. 2005;8.

4. Santos-Gomes PC, Fernandes-Ferreira M, Vicente AMS. Composition of the Essential Oils from Flowers and Leaves of Vervain [Aloysia triphylla (L'Herit.) Britton] Grown in Portugal. Journal of Essential Oil Research [Internet]. 2005 Jan;17(1):73–8. Available from: http://www.tandfonline.com/doi/abs/10.1080/10412905.2005.9698835/

5. Parodi TV, Vargas AP de C, Krewer C, Flores ÉM de M, Baldisserotto B, Heinzmann BM, et al. Chemical composition and antibacterial activity of Aloysia triphylla (L'Hérit) Britton extracts obtained by pressurized CO2 extraction. Brazilian Archives of Biology and Technology [Internet]. 2013 Apr;56(2):283–92. Available from: http://www.scielo.br/scielo.php?script=sci_arttext&pid=S1516-89132013000200014&lng=en&tlng=en/

6. Di Leo Lira P, van Baren CM, López S, Molina A, Heit C, Viturro C, et al. Northwestern Argentina: A Center of Genetic Diversity of Lemon Verbena (Aloysia citriodora Paláu, Verbenaceae). Chemistry &

Biodiversity [Internet]. 2013 Feb 1 [cited 2018 May 21];10(2):251–61. Available from: http://doi.wiley.com/10.1002/cbdv.201100416/

7. Sarmiento XPA. Identificación, historia, características y aplicaciones culinarias de cinco plantas aromáticas endémicas de América. 2012.

8. Jiménez-Ferrer E, Santillán-Urquiza MA, Alegría-Herrera E, Zamilpa A, Noguerón-Merino C, Tortoriello J, et al. Anxiolytic effect of fatty acids and terpenes fraction from Aloysia triphylla: Serotoninergic, GABAergic and glutamatergic implications. Biomedicine Pharmacotherapy [Internet]. 2017 Dec [cited 2018 May 21];96:320–7. Available from: http://www.ncbi.nlm.nih.gov/pubmed/29017144/

9. Oliva MDLM, Beltramino E, Gallucci N, Casero C, Zygadlo J, Demo M. Antimicrobial activity of essential oils of Aloysia triphylla (L'Her.) Britton from different regions of Argentina. 2010 Jan [cited 2018 May 21];9(1):29–37. Available from: https://www.scopus.com/record/display.uri?eid=2-s2.0-76749141387&origin=inward&txGid=4e7888bf184ba04d1517d7a5c5f61d0f/

10. Duarte MCT, Figueira GM, Sartoratto A, Rehder VLG, Delarmelina C. Anti-Candida activity of Brazilian medicinal plants. Journal for Ethnopharmacology [Internet]. 2005 Feb 28 [cited 2018 May 21];97(2):305–11. Available from: https://www.sciencedirect.com/science/article/pii/S0378874104005781?via%3Dihub/

11. Carnat A., Carnat A., Fraisse D, Lamaison J. The aromatic and polyphenolic composition of lemon verbena tea. Fitoterapia [Internet]. 1999 Feb [cited 2016 Jun 24];70(1):44–9. Available from: http://linkinghub.elsevier.com/retrieve/pii/S0367326X98000161/

12. Kim N-S, Lee D-S. Headspace solid-phase microextraction for characterization of fragrances of lemon verbena (Aloysia triphylla) by gas chromatography-mass spectrometry. Journal of Separation Science [Internet]. 2004 Jan;27(1–2):96–100. Available from: http://www.ncbi.nlm.nih.gov/pubmed/15335064/

13. Parodi T V., Cunha MA, Heldwein CG, de Souza DM, Martins ÁC, Garcia L de O, et al. The anesthetic efficacy of eugenol and the essential oils of Lippia alba and Aloysia triphylla in post-larvae and sub-adults of Litopenaeus vannamei (Crustacea, Penaeidae). Comparative Biochemistry and Physiology - Part C: Toxicology & Pharmacology [Internet]. 2012 Apr 1 [cited 2018 May 18];155(3):462–8. Available from: https://www.sciencedirect.com/science/article/pii/S1532045611002250?via%3Dihub/

14. Lira PDL, van Baren CM, Retta D, Bandoni AL, Gil A, Gattuso M, et al. Characterization of Lemon Verbena (Aloysia citriodora Palau) from Argentina by the Essential Oil. Journal of Essential Oil Research [Internet]. 2008 Jul [cited 2018 May 18];20(4):350–3. Available from: http://www.tandfonline.com/doi/abs/10.1080/10412905.2008.9700028/

15. Quirantes-Piné R, Arráez-Román D, Segura-Carretero A, Fernández-Gutiérrez A. Characterization of phenolic and other polar compounds in a lemon verbena extract by capillary electrophoresis-electrospray ionization-mass spectrometry. Journal of Separation Science [Internet]. 2010 Sep;33(17–18):2818–27. Available from: http://doi.wiley.com/10.1002/jssc.201000228/

16. Dewick PM. Medicinal natural products: a biosynthetic approach. 3th ed. 2009.

17. Quirantes-Piné R, Herranz-López M, Funes L, Borrás-Linares I, Micol V, Segura-Carretero A, et al. Phenylpropanoids and their metabolites are the major compounds responsible for blood-cell protection against oxidative stress after administration of Lippia citriodora in rats. Phytomedicine [Internet]. 2013 [cited 2018 Jan 22];20(12):1112–8. Available from: http://dx.doi.org/10.1016/j.phymed.2013.05.007/

18. Herranz-López M, Barrajón-Catalán E, Segura-Carretero A, Menéndez JA, Joven J, Micol V. Lemon verbena (Lippia citriodora) polyphenols alleviate obesity-related disturbances in hypertrophic adipocytes through AMPK-dependent mechanisms. Phytomedicine [Internet]. 2015 Jun 1;22(6):605–14. Available from: http://www.ncbi.nlm.nih.gov/pubmed/26055125/

19. Lawrence RC, Helmick CG, Arnett FC, Deyo RA, Felson DT, Giannini EH, et al. Estimates of the prevalence of arthritis and selected musculoskeletal disorders in the United States. Arthritis & Rheumathology [Internet].

1998 May [cited 2016 Jul 6];41(5):778–99. Available from: http://www.ncbi.nlm.nih.gov/pubmed/9588729/

20. Leyva-Jiménez FJ, Lozano-Sánchez J, Borrás-Linares I, Arráez-Román D, Segura-Carretero A. Comparative study of conventional and pressurized liquid extraction for recovering bioactive compounds from Lippia citriodora leaves. Food Research International [Internet]. 2018 Jul [cited 2018 Apr 26];109:213–22. Available from: http://linkinghub.elsevier.com/retrieve/pii/S0963996918303065/

21. Gorantla JN, Vellekkatt J, Nath LR, Anto RJ, Lankalapalli RS. Cytotoxicity studies of semi-synthetic derivatives of theveside derived from the aqueous extract of leaves of 'suicide tree' Cerbera odollam. Natural Products Research [Internet]. 2014 Sep 17 [cited 2018 May 17];28(18):1507–12. Available from: http://www.ncbi.nlm.nih.gov/pubmed/24805359/

22. Tseng Y-T, Chen C-S, Jong Y-J, Chang F-R, Lo Y-C. Loganin possesses neuroprotective properties, restores SMN protein and activates protein synthesis positive regulator Akt/mTOR in experimental models of spinal muscular atrophy. Pharmacological Research [Internet]. 2016 Sep [cited 2018 May 17];111:58–75. Available from: http://www.ncbi.nlm.nih.gov/pubmed/27241020/

23. Zhang L, Han Y-J, Zhang X, Wang X, Bao B, Qu W, et al. Luteolin reduces obesity-associated insulin resistance in mice by activating AMPK1 signalling in adipose tissue macrophages. Diabetologia [Internet]. 2016 Jul 4; Available from: http://www.ncbi.nlm.nih.gov/pubmed/27377644/

24. Erdogan S, Doganlar O, Doganlar ZB, Serttas R, Turkekul K, Dibirdik İ, et al. The flavonoid apigenin reduces prostate cancer CD44(+) stem cell survival and migration through PI3K/Akt/NF-B signaling. Life Science [Internet]. 2016 Aug 25; Available from: http://www.ncbi.nlm.nih.gov/pubmed/27569589/

25. Ramírez G, Zamilpa A, Zavala M, Pérez J, Morales D, Tortoriello J. Chrysoeriol and other polyphenols from Tecoma stans with lipase inhibitory activity. J Ethnopharmacology [Internet]. 2016 Jun 5;185:1–8. Available from: http://www.ncbi.nlm.nih.gov/pubmed/26970570/

26. Gálvez J, Estrada-Reyes R, Benítez-King G, Araujo G, Orozco S, Fernández-Mas R, et al. Involvement of the GABAergic system in the neuroprotective and sedative effects of acacetin 7-O-glucoside in rodents. Restorative Neurology Neuroscience [Internet]. 2015;33(5):683–700. Available from: http://www.ncbi.nlm.nih.gov/pubmed/26410208/

27. Morikawa T, Ninomiya K, Imamura M, Akaki J, Fujikura S, Pan Y, et al. Acylated phenylethanoid glycosides, echinacoside and acteoside from Cistanche tubulosa, improve glucose tolerance in mice. Journal of Natural Medicines [Internet]. 2014 Jul;68(3):561–6. Available from: http://www.ncbi.nlm.nih.gov/pubmed/24748124/

28. Youssef FS, Ashour ML, Ebada SS, Sobeh M, El-Beshbishy HA, Singab AN, et al. Antihyperglycaemic activity of the methanol extract from leaves of Eremophila maculata (Scrophulariaceae) in streptozotocin-induced diabetic rats. Journal of Pharmacy and Pharmacology [Internet]. 2017 Jun [cited 2018 May 17];69(6):733–42. Available from: http://www.ncbi.nlm.nih.gov/pubmed/28321889/

29. Dos Santos AC, Junior GB, Zago DC, Zeppenfeld CC, da Silva DT, Heinzmann BM, et al. Anesthesia and anesthetic action mechanism of essential oils of Aloysia triphylla and Cymbopogon flexuosus in silver catfish (Rhamdia quelen). Veterinary Anaesthesia and Analgesia [Internet]. 2017 Jan 1 [cited 2018 May 21];44(1):106–13. Available from: http://www.ncbi.nlm.nih.gov/pubmed/27216232/

30. Oukerrou MA, Tilaoui M, Mouse HA, Leouifoudi I, Jaafari A, Zyad A. Chemical Composition and Cytotoxic and Antibacterial Activities of the Essential Oil of Aloysia citriodora Palau Grown in Morocco. Advances in pharmacological sciences [Internet]. 2017 Jun 12 [cited 2018 May 21];2017:1–10. Available from: https://www.hindawi.com/journals/aps/2017/7801924//

31. Shafiee F, Moghadamnia AA, Shahandeh Z, Sadighian F, Khodadadi E. Evaluation of the antibacterial effects of aqueous and ethanolic leaf extracts of Aloysia Citriodora (Lemon verbena) on Streptococcus mutans and Streptococcus sobrinus. Electronic Physician Journal [Internet]. 2016 Dec 25 [cited 2018 May 21];8(12):3363–8. Available from: http://www.ephysician.ir/index.php/browse-issues/2016/12/534-3363/

32. González-Audino P, Picollo MI, Gallardo A, Toloza A, Vassena C, Mougabure-Cueto G. Comparative

toxicity of oxygenated monoterpenoids in experimental hydroalcoholic lotions to permethrin-resistant adult head lice. Archives of Dermatological Research [Internet]. 2011 Jul 21 [cited 2018 May 21];303(5):361–6. Available from: http://link.springer.com/10.1007/s00403-010-1110-z/

33. Benelli G, Pavela R, Canale A, Cianfaglione K, Ciaschetti G, Conti F, et al. Acute larvicidal toxicity of five essential oils (Pinus nigra, Hyssopus officinalis, Satureja montana, Aloysia citrodora and Pelargonium graveolens) against the filariasis vector Culex quinquefasciatus: Synergistic and antagonistic effects. Parasitology International [Internet]. 2017 Apr 1 [cited 2018 May 21];66(2):166–71. Available from: https://www.sciencedirect.com/science/article/pii/S1383576916304652?via%3Dihub/

34. Amin B, Poureshagh E, Hosseinzadeh H. The Effect of Verbascoside in Neuropathic Pain Induced by Chronic Constriction Injury in Rats. Phytotherapy Research [Internet]. 2016 Jan 1 [cited 2018 May 21];30(1):128–35. Available from: http://doi.wiley.com/10.1002/ptr.5512/

35. Ponce-Monter H, Fernández-Martínez E, Ortiz MI, Ramírez-Montiel ML, Cruz-Elizalde D, Pérez-Hernández N, et al. Spasmolytic and anti-inflammatory effects of Aloysia triphylla and citral, in vitro and in vivo studies. Journal of Smooth Muscle Research [Internet]. 2010 [cited 2018 May 21];46(6):309–19. Available from: http://joi.jlc.jst.go.jp/JST.JSTAGE/jsmr/46.309?from=CrossRef/

36. Abuhamdah S, Abuhamdah R, Howes M-JR, Al-Olimat S, Ennaceur A, Chazot PL. Pharmacological and neuroprotective profile of an essential oil derived from leaves of Aloysia citrodora Palau. Journal of Pharmacy and Pharmacology [Internet]. 2015 Sep 1 [cited 2018 May 21];67(9):1306–15. Available from: http://doi.wiley.com/10.1111/jphp.12424/

37. Rashidian A, Farhang F, Vahedi H, Dehpour AR, Ejtemai Mehr S, Mehrzadi S, et al. Anticonvulsant Effects of Lippia citriodora (Verbenaceae) Leaves Ethanolic Extract in Mice: Role of GABAergic System. International journal of preventive medicine [Internet]. 2016 [cited 2018 May 21];7:97. Available from: http://www.ncbi.nlm.nih.gov/pubmed/27563433/

38. Lenoir L, Joubert-Zakeyh J, Texier O, Lamaison J-L, Vasson M-P, Felgines C. Aloysia triphylla infusion protects rats against dextran sulfate sodium-induced colonic damage. Journal of the Science of Food and Agriculture [Internet]. 2012 May 1 [cited 2018 May 21];92(7):1570–2. Available from: http://doi.wiley.com/10.1002/jsfa.5544/

39. Mosca M, Ambrosone L, Semeraro F, Casamassima D, Vizzarri F, Costagliola C. Ocular tissues and fluids oxidative stress in hares fed on verbascoside supplement. International Journal of Food Sciences and Nutrition [Internet]. 2014 Mar 24 [cited 2018 May 21];65(2):235–40. Available from: http://www.tandfonline.com/doi/full/10.3109/09637486.2013.836742/

40. Carrera-Quintanar L, Funes L, Viudes E, Tur J, Micol V, Roche E, et al. Antioxidant effect of lemon verbena extracts in lymphocytes of university students performing aerobic training program. Scandinavian Journal of Medicine & Science in Sports [Internet]. 2012 Aug 1 [cited 2018 May 21];22(4):454–61. Available from: http://doi.wiley.com/10.1111/j.1600-0838.2010.01244.x/

41. Mirzaie A, Shandiz SAS, Noorbazargan H, Asgary EA. Evaluation of chemical composition, antioxidant, antibacterial, cytotoxic and apoptotic effects of Aloysia citrodora extract on colon cancer cell line. Tehran University Medical Journal [Internet]. 2016 [cited 2018 May 21];74(3):168–76. Available from: https://www.scopus.com/record/display.uri?eid=2-s2.0-84983000249&origin=inward&txGid=ea964b8ecc29388a1b21b482682a75f2

13

Wereke

13.1. (*Ibervillea sonorae*)

Belinda Vallejo-Córdoba[1]*, Lilia María Beltrán-Barrientos[1], Ricardo Reyes-Díaz[1], Adrián Hernández-Mendoza[1], Aarón Fernando González-Córdova[1]

[1]Centro de Investigación en Alimentación y Desarrollo, A.C. Carretera a la Victoria K.m. 0.6 Col. Ejido la Victoria. Hermosillo, Sonora, México.

* Autor de correspondencia: vallejo@ciad.mx

Wereke (*Ibervillea sonorae*): Una planta medicinal de México con potencial efecto antidiabetogénico y antiobesogénico

La obesidad es una enfermedad que se define como una acumulación anormal o excesiva de grasa en el cuerpo, la cual puede ser perjudicial para la salud. Ésta tiene como indicador el índice de masa corporal (IMC), el cual es una relación entre el peso y la talla (estatura). En el caso de los adultos, se considera que una persona tiene obesidad cuando el IMC alcanza valores iguales o mayores a 30. En el 2016, la prevalencia de obesidad a nivel mundial fue de alrededor del 16 % de población (OMS, 2018).

Las principales causas de esta enfermedad son: el desequilibrio energético entre calorías consumidas y gastadas así como el sedentarismo. La obesidad es factor de riesgo para padecer otras enfermedades crónico-degenerativas, como las enfermedades cardiovasculares (principalmente hipertensión, cardiopatías, enfermedades cerebrovasculares), diabetes, dislipidemias, trastornos del aparato locomotor (osteoartritis y enfermedades de las articulaciones), y algunos cánceres (endometrio, mama, ovarios, próstata, hígado, vesícula biliar, riñones y colon) (OMS, 2017).

La obesidad, así como las enfermedades no transmisibles, pueden prevenirse con buenos hábitos alimenticios y un buen estilo de vida. Sin embargo, para poder disminuir esta enfermedad, es necesario recurrir a cambios en los hábitos alimenticios, como limitar la ingesta energética procedente de la cantidad de grasa total e hidratos de carbono refinados; aumentar el consumo de frutas y verduras, de leguminosas, e hidratos de carbono integrales. Por otro lado es fundamental realizar actividad física (OMS, 2017). Incluso, en algunos casos para reducir la obesidad, como estrategia ha sido recomendada la utilización de tratamientos farmacológicos tales como el Orlistat y la Sibutramina; sin embargo, estos pueden traer efectos secundarios y son de alto costo; por lo que las personas han recurrido a los tratamientos no convencionales (Freitas y Almeida, 2017; Mopuri e Islam, 2017).

Por otro lado, la obesidad es un factor de riesgo para el desarrollo de otras enfermedades crónicas no transmisibles como la diabetes mellitus y el cáncer (OMS, 2017). Por lo anterior, diversos estudios se han enfocado en la búsqueda de plantas medicinales y fitoquímicos que puedan ser utilizados como tratamientos para reducir la obesidad y la diabetes (Andrade-Cetto y Heinrich, 2005; Freitas y Almeida, 2017; Mopuri e Islam, 2017). De hecho, se ha reportado que los extractos crudos de estas plantas, o los compuestos aislados de las mismas, son los responsables de los efectos benéficos (Hasani-Ranjbar et al., 2010; 2012; 2013; Freitas y Almeida, 2017).

Mopuri e Islam (2017), realizaron una revisión sobre plantas medicinales y fitoquímicos con potencial antiobesogénico y concluyeron que, aunque se han realizado diversos estudios tanto *in vitro* como en modelos *in vivo* dirigidos a diferentes vías de señalización celular, ninguno de los compuestos bioactivos de las plantas reportadas han sido aislados y estudiados. Sin embargo, sí se ha evaluado la actividad antiobesogénica de extractos y fracciones de *Garcinia cambogia*, *Nelumbo nucifera*, semillas de uva, *Curcuma longa*, *Emblica officinalis*, y *Salacia oblonga* y han mostrado excelentes efectos antiobesogénicos, particularmente en términos de inhibición de lipasa *in vitro*, supresión del apetito, inhibición de diferenciación de adipocitos y adipogénesis, regulación del metabolismo de los lípidos y activación termogénica, etc. Sin embargo, es necesario una mayor profundidad de estudios para aislar, purificar y examinar los efectos antiobesogénicos de las plantas mencionadas, sus posibles efectos toxicológicos en modelo *in vitro* e *in vivo* y estudios clínicos (Mopuri e Islam, 2017).

Entre algunos compuestos bioactivos identificados en ciertas plantas relacionados a la actividad antiobesogénica se encuentran los siguientes: ácido p-cumárico, curcumina, sericósido, ácido hidroxicítrico, escina, ginsenósido, ácido clorogénico (cafeico), ácido glicirrícico, ácido ursólico, kaempfenol, ácido corosólico, y ácido ferúlico (Mopuri e Islam, 2017).

En México, el uso de plantas medicinales ha sido una práctica desde el Siglo XIV (Valdivia-Correa et al., 2016). Una de las especies de plantas poco estudiadas y explotadas es la raíz de *Ibervillea sonorae;* comúnmente conocida como wereke o wereque, que es una planta utilizada en el noroeste de México (Estrada-Zúñiga et al., 2012). El wereke es una planta de origen mexicano que pertenece a la familia *Cucurbitaceae*, es una planta trepadora en forma de enredadera, con flores pequeñas amarillas y pequeños frutos que se vuelven rojos cuando están maduros. Llega a crecer alrededor de tres metros de altura y se desarrolla en climas cálidos y áridos, por lo que se puede encontrar principalmente en los estados desérticos del norte de México como Sonora, Sinaloa, Chihuahua, Tamaulipas y Baja California. Inclusive también se le ha encontrado en California y Arizona, Estados Unidos (García, 2013; Ramírez-Ortiz et al., 2016).

Es importante mencionar que las zonas áridas y semiáridas de México ocupan un poco más de la mitad del territorio nacional y se estima que albergan a unas 6 mil especies vegetales, de las cuales un poco más del 50 % son endémicas (González-Medrano, 2012). Por lo tanto, no es arriesgado afirmar que el wereke, si bien no se cuenta con registros oficiales de su cultivo en producciones intensivas, tiene un gran potencial para cultivo y aprovechamiento.

Actualmente, hay pocos estudios relacionados con los beneficios del consumo de extractos y/o componentes del wereke derivados de la raíz tuberosa. Algunos de estos estudios *in vitro* e *in vivo* con modelos animales se han enfocado en los efectos antioxidantes e hipoglicémicos del wereke (Alarcon-Aguilar et al., 2005; Hernández-Galicia et al., 2007; Estrada-Zúñiga et al., 2012; Zapata-Bustos et al., 2014) así como en el efecto antiobesogénico (Rivera-Ramírez et al., 2011).

Alarcon-Aguilar et al. (2002) administraron oralmente extracto acuoso de wereke (300 mg/kg) a ratones sanos y reportaron que los niveles de glucosa en sangre no disminuyeron significativamente. Por el contrario, si encontraron disminución de glucosa en sangre a los 120 y 240 min, cuando el wereke fue administrado de forma intraperitoneal (i.p.) (150-850 mg/kg) en una sola dosis a ratones sanos, y el efecto fue dosis-dependiente. Además, la disminución de glucosa fue mayor en los animales tratados con extracto de wereke, que en aquellos que recibieron el fármaco tolbutamida (80 mg/kg). Por otro lado, también encontraron disminución de glucosa en sangre cuando se les administró extracto de wereke (i.p. 300 y 500 mg/kg), a ratas y ratones diabéticos inducidos con alloxan (Alarcon-Aguilar et al., 2002).

Asimismo, Alarcón-Aguilar et al. (2005) evaluaron el efecto hipoglicémico de extractos de wereke en ratas sanas y ratas con diabetes inducida con alloxan. Después de administrar 600 mg/kg (i.p.) de extracto acuoso o jugo de wereke, a ratas sanas, encontraron disminución de glucosa en la sangre a los 360 min. Por otro lado, la administración de 300 y 600 mg/kg (i.p.) de extracto de wereke en diclorometano, tuvieron un efecto hipoglicémico después de 360 min. Además, en un estudio paralelo, los autores obtuvieron extracto de wereke en diclorometano, y luego de 41 días de tratamiento con el extracto, en una dosis oral de 300 mg/kg, en ratas diabéticas inducidas con alloxan, encontraron disminución significativa de glucosa en sangre, peso y triglicéridos (Alarcon-Aguilar et al., 2005).

Posteriormente, con el fin de poder evaluar qué compuestos son los responsables del efecto hipoglicémico en el extracto de la raíz del wereke, se identificaron once monoglicéridos (MG) y cinco ácidos grasos (TG) (ácido láurico, mirístico, palmítico, linoléico y linolénico) (Hernández-Galicia et al., 2007). Además, estos autores encontraron un efecto hipoglicémico, en ratas diabéticas inducidas con alloxan, después de ser administradas con extracto de wereke en diclorometano (300 mg/kg), fracciones obtenidas del mismo extracto (150 y 300 mg/kg), y una mezcla de los compuestos identificados en las fracciones (75:75 mg/kg de MG y FA). Asimismo concluyeron que el efecto fue dosis-dependiente (Hernández-Galicia et al., 2007).

Por otro lado, en otro estudio se evaluó el efecto del extracto acuoso de wereke en un modelo murino con ratas con obesidad e hiperglicemia inducida con una dieta hipercalórica, y los posibles efectos de esta dieta sobre la oxidación hepática. Los resultados mostraron que con una dosis de 100-400 mg/kg de extracto de wereke durante ocho semanas, se encontró una disminución en los niveles de glucosa y triglicéridos en sangre, además de tener un efecto preventivo en el aumento de peso; y que éste fue dosis-dependiente. Las dosis de 100-400 mg/kg de extracto acuoso de wereke previnieron el aumento de peso de las ratas alimentadas con una dieta hipercalórica (alta en grasa y fructosa). Además, se encontró que una dosis de 200 mg/kg, disminuyó la oxidación de lípidos en hígado de ratas con obesidad e hiperglicemia inducida (Rivera-Ramírez et al., 2011).

Finalmente, en un estudio realizado por Zapata-Bustos et al. (2014), evaluaron el mecanismo por el cual se podría dar el efecto antidiabético y antiobesogénico del extracto acuoso de wereke (1-50 g/mL) en células de preadipocitos de murino (3T3-F442A) y de humanos (3T3-L1). Los resultados indicaron que el extracto de wereke (50 g/mL) estimula la utilización de glucosa en células de adipocitos que son sensibles y resistentes a la insulina. Además, el extracto de wereke indujo 3T3-F442A adipogénesis pero no en células 3T3-L1 y preadipocitos de humano. Por otro lado, en contraste al estudio de Hernández-Galicia et al. (2007), que atribuyeron el efecto antidiabetogénico a compuestos liposolubles, Zapata-Bustos et al. (2014) reportaron compuestos hidrosolubles, tales como compuestos fenólicos, particulamente ácido gálico, como los responsables de dicho efecto.

Si bien hay evidencia del potencial antidiabetógenico y antiobesogénico del wereke en estudios *in vitro* e *in vivo*, aún son necesarios más estudios multidisciplinarios, incluyendo estudios clínicos, que demuestren su eficacia en el tratamiento y prevención de la diabetes mellitus tipo 2 y de la obesidad. Además son necesarios estudios que permitan identificar los compuestos presentes en los extractos de wereke responsables de los efectos benéficos.

Referencias

Alarcón-Aguilar F.J., Campos-Sepulveda A.E., Xolalpa-Molina S., Hernández-Galicia E., Roman-Ramos R. 2002. Hypoglycaemic activity of *Ibervillea sonorae* roots in healthy and diabetic mice and rats. Pharmaceutical Biology. 40(8):570-575.

Alarcón-Aguilar F.J., Calzada-Bermejo F., Hernández-Galicia E., Ruiz-Ángeles C., Roman-Ramos R. 2005. Acute and chronic hypoglycemic effect of *Ibervillea sonorae* root extracts-II. Journal of Ethnopharmacology. 97:447-452.

Estrada-Zúñiga M.E., Arano-Varela H., Buendía-González L., Orozco-Villafuerte J. 2012. Fatty acids, phenols content, and antioxidant activity in *Ibervillea sonorae* callus cultures. Revista Mexicana de Ingeniería Química. 11(1):89-96.

Freitas L.M., Almeida E.E. 2017. Medicinal plants for the treatment of obesity: ethnopharmacological approach and chemical and biological studies. Am. J. Transl. Res. 9(5):2050-2064.

García, M. I. 2013. Identificación química y farmacológica de compuestos activos de Ibervillea sonorae como hipoglucemiante. Tesis de maestría. Instituto politécnico nacional.

González-Medrano F. 2012. Las zonas áridas y semiáridas de México y su vegetación. Disponible en: https://agua.org.mx/biblioteca/las-zonas-aridas-y-semiari-das-de-mexico-y-su-vegetacion/

Hasani-Ranjbar S., Nayebi N., Moradi L., Mehri A., Larijani B., Abdollahi M. 2010. The efficacy and safety of herbal medicines used in the treatment of hyperlipidemia; a systematic review. Curr. Pharm. Design. 16:2935–2947.

Hasani-Ranjbar S., Jouyandeh Z., Abdollahi M. 2013. A systematic review of anti-obesity medicinal plants - an update. Journal of Diabetes & Metabolic Disorders. 12(28):1-10.

Hernández-Galicia E., Calzada F., Roman-Ramos R., Alarcón-Aguilar F.J. 2007. Monoglycerides and fatty acids from *Ibervillea sonorae* root: Isolation and hypoglycemic activity. Planta Med. 73:235-240.

Mopuri, R.; Md. S. Islam. 2017. Medicinal plants and phytochemicals with anti-obesogenic potentials: A review. Biomedicine & Pharmacotherapy 89 (2017)1442-1452.

Organización Mundial de la Salud. 2017. Food Ingredients as Anti-Obesity Agents: A Review. 31 de mayo de 2018.

Ramírez-Ortiz, M.E., Rodríguez-Carmona, O.Y., Hernández-Rodríguez, O.S., Chel-Guerrero, L., & Aguilar-Méndez, M.A. (2016). Estudio de la actividad hipoglucemiante y antioxidante de tronadora, raíz de wereque y raíz de nopal. En M.E. Ramírez Ortiz (Ed.). *Alimentos Funcionales de Hoy.* Barcelona, España: OmniaScience.143-180.

Rivera-Ramírez F., Escalona-Cardoso G.N., Garduño-Siciliano L., Galaviz-Hernández C., Paniagua-Castro N. 2011. Antiobesity and hypoglycaemic effects of aqueous extract of *Ibervillea sonorae* in mice fed a high-fat diet with fructose. Journal of Biomedicine and Biotechnology. 1-6.

Valdivia-Correa B., Gómez-Gutiérrez C., Uribe M., Méndez-Sánchez N. 2016. Herbal Medicine in Mexico: A Cause of Hepatotoxicity. A Critical Review. International Molecular Sciences. 17(235):1-10.

Xie J.T., Wang C.Z., Ni M., Wu J.A., Mehendale S.R., Aung H.H., Foo A., Yuan C.S. 2007. American ginseng berry juice intake reduces blood glucose and body weight in ob/ob mice. J Food Sci. 72(8): S590–S594.

Zapata-Bustos R., Alonso-Castro A.J., Gómez-Sánchez M., Salazar-Olivo L.A. 2014. Ibervillea sonorae (*Cucurbitaceae*) induces the glucose uptake in human adipocytes by activating a PI3K-independent pathway. Journal of Ethnopharmacology. 152:546-552.

14

Maíz morado

14.1. (*Zea mays*)

Ana Lucía Mayorga[1], Ana M. Pérez[1]

[1]Centro Nacional de Ciencia y Tecnología de Alimentos (CITA), Universidad de Costa Rica

Autor para correspondencia: **ana.perez@ucr.ac.cr**

14.2. Características agronómicas

14.2.1. Taxonomía

El maíz (*Zea mays* L.) es originario de América, pertenece a la familia de las Poáceas (gramíneas), tribu Maydeas, y es la única especie cultivada de este género con gran importancia económica (Bonilla-Morales, 2008). El maíz morado, cuyo nombre en inglés es "Andean purple corn", al que se le conoce también por el nombre más común de "blue corn" o "purple corn", se le denomina en Costa Rica maíz pujagua. En la Tabla 1 se presenta la clasificación taxonómica del maíz morado.

Cuadro 14.1 Clasificación taxonómica del maíz *(Zea mays L.)*.

Característica	Detalle

Reino	Plantae
Subreino	Viridiplantae
Infrareino	Streptophyta
Superdivisión	Embryophyta
División	Tracheophyta
Subdivisión	Spermatophytina
Clase	Magnoliopsida
Superorden	Lilianae
Orden	Poales
Familia	Poaceae
Género	Zea L.
Especie	Zea mays

Fuente: (ITIS, n.d.).

Evolutivamente, se han ido desarrollando distintas variedades e híbridos de maíz, con diferencias a nivel de composición, morfología, color, entre otras características. Por ejemplo, su color incluye tonos amarillos, cafés, rojos, morados, y grises con apariencia metálica, que históricamente tenían asociación directa con diferentes deidades, festivales y rituales religiosos (Staller, 2010). Las distintas coloraciones están asociadas a la concentración, el tipo y la ubicación de compuestos bioactivos como los carotenoides y las antocianinas (Győri, 2017).

14.2.2. Condiciones de cultivo

Se reportan en la literatura rendimientos por hectárea muy variables para el cultivo de maíz azul, que para zonas sin riego en México pueden oscilar desde 1.02 a 3.36 $ton.ha^{-1}$ (Johnson & Jha, 1993), hasta 10.5 $ton.ha^{-1}$ en maíces azules de la raza Chalqueño (Arellano, Tut, María, Salinas, & Taboada, 2003). Los rendimientos del maíz azul de polinización abierta son relativamente bajos si se comparan contra rendimientos de híbridos comerciales (Salinas-Moreno, Soria Ruiz, & Espinosa Trujillo, 2010), los cuales pueden generar de 8 a 13 $ton.ha^{-1}$ (Betrán, Bockholt, & Rooney, 2000). Un trabajo en la provincia de Guanacaste, Costa Rica, reportó rendimientos de 1.61 ton/ha y 1.17 ton/ha para las variedades de maíz denominado pujagua, de color morado oscuro y rosado, respectivamente (Matarrita-Rosales & Brenes-Marchena, 2017).

Otros reportes indican que las variedades de maíz azul son sensibles a condiciones de sequía (Arellano et al., 2003). Esto reviste de gran importancia para Costa Rica, dado que la principal zona de producción actual del maíz morado es la provincia de Guanacaste, donde las condiciones agroclimáticas limitan cada vez más el suministro de agua para actividades agrícolas, requiriéndose en muchos casos contar con un sistema de riego.

La mayoría de las razas de maíz azul muestran características muy variables de la planta, incluidos los periodos de floración y la desigual altura entre plantas. Otra característica peculiar es el mayor número de tallos por planta, que muchas veces no producen mazorcas (Salinas-Moreno et al., 2010).

La localización geográfica del cultivo afecta de manera significativa el contenido de antocianinas y polifenoles totales, por lo que éste es un factor que debe ser tomado en cuenta al seleccionar un material para la producción de colorantes a partir de maíz morado (Jing, Noriega, Schwartz, & Giusti, 2007). De acuerdo con estos autores, no se encontró influencia de la fertilización con potasio o de la densidad de siembra sobre los pigmentos o la síntesis de compuestos fenólicos.

Para su crecimiento activo la temperatura debe situarse sobre los 25 - 30 °C, ya que por encima de los 40° C la planta vegeta mal (Aysanoa, 2010).

En Costa Rica, en algunos territorios indígenas como Matambú, el maíz de la variedad pujagua se siembra ocasionalmente o en menor cantidad que las variedades blancas y amarillas, mientras que en Baja Talamanca solo se encuentra el maíz amarillo, aunque antes existían diversas variedades de maíz blanco, rojo, morado y negro (Solano-Laclé, 2014). Dicha autora indica que en la zona Huetar todavía se siembran variedades de maíz amarillo y blanco, pero no del morado. Esta situación evidencia la pérdida creciente del maíz morado como parte de la dieta habitual de nuestra población. Un factor que podría explicar su consumo reducido, es su mayor precio, un 20 % superior al del maíz amarillo o blanco. Esto podría deberse al hecho de que su manejo agronómico es más complejo y su rendimiento de cosecha es menor al de las otras variedades, siendo además más susceptible al ataque de insectos durante su almacenamiento (Solano-Laclé, 2014).

Los productores de maíces criollos en Guanacaste se caracterizan por ser pequeños propietarios, adultos mayores, que han cosechado y cultivado la semilla a través de generaciones por tradición familiar, generalmente sin insumos ni mecanización, cuyas parcelas tienen una extensión promedio menor a media hectárea (Matarrita-Rosales & Brenes-Marchena, 2017).

En la provincia de Guanacaste, Costa Rica, la siembra de maíz morado no es una actividad permanente, dado que cada año se siembra en función del precio y porque no hay uso para el elote (Bonilla-Morales, 2018). Entre las variedades de maíz morado cultivadas en el país, los productores reconocen principalmente dos, "pujagua" (grano semidentado de coloración rosada) y "congo" o "pujagua congo" (grano semidentado de color morado, azul oscuro o negro).

El manejo agronómico del maíz pujagua en Guanacaste es muy pobre, se aplican por lo general solo dos fertilizaciones, un número menor que el empleado para el maíz blanco o amarillo; el uso de tres fertilizaciones aumenta el rendimiento (Vásquez, 2018).

En un estudio realizado en el cantón de Santa Cruz de la provincia de Guanacaste, el total del ciclo de crecimiento para la variedad de maíz "pujagua", desde emergencia a madurez fisiológica, fue de 91 días, menor que los ciclos de las variedades de maíz criollo amarillo o blanco, el cual osciló alrededor de los 100 días (Matarrita-Rosales & Brenes-Marchena, 2017).

En el cantón de Santa Cruz, Guanacaste, los agricultores tradicionalmente asocian el cultivo del maíz a otros productos vegetales como el frijol o el ayote, que siembran entre las plantas de maíz cuando estas tienen de 40 a 50 cm de altura para que no interfieran con su crecimiento inicial. Esta práctica de intercalar la siembra de maíz con otros cultivos aumentaría el rendimiento total del suelo y complementa la dieta de los productores (Matarrita-Rosales & Brenes-Marchena, 2017).

Los agricultores costarricenses toman como punto de cosecha de madurez fisiológica un grano con 30-33 % de humedad, el cual se deja secar cubierto con un manteado; se acostumbra también doblar la planta antes de que se seque, con lo que se corta el suministro de nutrientes, y se cosecha hasta que se alcanza una humedad de alrededor del 18 % (Bonilla-Morales, 2018). Para un almacenamiento seguro, el contenido de humedad del grano debe de oscilar entre 12-14 % dependiendo de la duración esperada, el tipo de empaque y su manejo poscosecha (Betrán et al., 2000).

14.2.3. Estacionalidad

En el cantón de Santa Cruz, Guanacaste, los agricultores tienen dos épocas de siembra bien definidas, la "primera" que va del 1 de mayo hasta el 15 de junio. La "segunda" o "postrera" que va del 15 de agosto al 15 de setiembre. Estas épocas se definen en función de la distribución de las lluvias en la región. En Santa Cruz se siembran en "primera" cerca de 300 hectáreas, principalmente en las zonas bajas y cerca de 500 hectáreas en "segunda", principalmente en las zonas más altas, provenientes de semilla conservada por el agricultor. Sin embargo, no se cuenta con un registro preciso de las áreas cultivadas propiamente con maíces criollos (Matarrita-Rosales & Brenes-Marchena, 2017).

14.2.4. Plagas y enfermedades

En Costa Rica, entre las plagas que afectan el cultivo de maíz morado se encuentra el gusano llamado "cogollero" (*Spodoptera frugiperda*) que ataca los "cogollos", es decir las partes tiernas de la planta, y tiene también un efecto defoliador (Bonilla-Morales, 2018). De acuerdo con Vásquez (2018), a nivel de poscosecha se identifican gorgojos que atacan en el campo (*Sitophilus zeamais*) y durante el almacenamiento (*Tribolium castaneum, T. confuseum*). Además, la forma en que se almacena actualmente causa problemas de ataques de roedores y crecimiento de hongos, lo que limita que se conserve la semilla de un año a otro, por lo que los productores requieren de capacitación para almacenar la semilla (Salazar-Chavarría, 2018).

14.3. Características nutricionales

14.3.1. Composición nutricional del maíz

La composición del maíz está determinada primordialmente por factores como la genética, así como las condiciones agroclimáticas y prácticas agrícolas (Agama-Acevedo, Salinas-Moreno, Pacheco-Vargas, & Bello-Pérez, 2011).

En general, se destaca que el maíz morado posee un mayor contenido de proteínas y minerales que otros tipos de maíz. Además, es apreciado por su elevado contenido de flavonoides, lo que explica su elevada capacidad antioxidante, comparado con maíces no coloreados (Betrán et al., 2000).

En la Cuadro 14.2 se muestran datos reportados en la literatura para la composición proximal del maíz coloreado. Los carbohidratos totales representan la fracción mayoritaria en el maíz morado; siendo estos altamente disponibles (Reyes-García, Gómez-Sánchez Prieto, Espinoza-Barrientos, Bravo-Rebatta, & Ganoza-Morón, 2009). Entre los carbohidratos presentes, el almidón es el mayor componente en los granos de maíz, éste puede poseer valores cercanos a los 64,1-89,9 g/100 g en base seca. Específicamente, la amilosa se ha reportado en rangos de 20,4-33,3 g/100 g de almidón. El rango para el contenido de proteínas oscila entre 6,73-10,9 g/100 g en base seca y los lípidos entre 1,98-5,98 g/100 g en base seca. La fracción de cenizas es la menor en cuanto a la composición proximal, rondando en valores de aproximadamente 1,5 g/100 g en base seca.

Cuadro 14.2 Composición proximal de maíz con distintas coloraciones.

Componente	*Azul (Agama-Acevedo et al., 2011) (1)	*Azul (Ortiz-Prudencio, 2006)	*Azul/morado (Salinas Moreno et al., 2013) (1)	*Morado (Nascimento et al., 2014)	*Morado (Mansilla, 2018)	*Morado (3) (Reyes-García et al., 2009)	*Rojo (Ortiz-Prudencio, 2006)	*Multicolor (Ortiz-Prudencio, 2006)	*Multicolor (Ortiz-Prudencio, 2006)
Humedad (g/100 g)	7,22-10,67	9,02 ± 0,58	-	10,00 ± 0,03	-	11,4	9,69 ± 0,16	9,60 ± 0,23	9,60 ± 0,23
Carbohidratos totales (g/100 g)		-	-	-	-	76,2	-	-	-
Almidón (g/100 g)	78,5-89,9	-	-	-	63,48-64,77	-	-	-	-
Amilosa (g/100 g)	20,7-33,32	-	-	27,10 ± 0,5	-	-	-	-	-
Fibra (g/100 g)	-	13,95 ± 2,73	-	11,20 ± 0,4	-	1,8	-	-	-
Proteínas (g/100 g)	6,73-9,37	9,73 ± 0,72	9,5-10,9	9,10 ± 0,1	9,67-11,37	7,30	11,27 ± 0,44	10,20 ± 0,22	10,20 ± 0,22
Lípidos (g/100 g)	4,46-5,98	5,35 ± 0,943	4,2-5,3	1,80 ± 0,02	7,32-7,53	3,4	6,18 ± 0,443	5,38 ± 0,154	5,38 ± 0,154
Cenizas (g/100 g)	1,40-1,68	1,52 ± 0,11	-	1,71 ± 0,02	1,86-2,06	1,7	1,53 ± 0,06	1,47 ± 0,09	1,47 ± 0,09

* Valores según color de maíz

1) valores en base seca, 2) g/100 g de almidón, 3) maíz sin mazorca o coronta, 4) determinado como extracto etéreo.

Se determinó la digestibilidad *in vitro* de proteínas presentes en maíz morado, obteniéndose un porcentaje de entre 61,40 y 67,65 % de digestibilidad, la cual se sugiere se ve afectada por la presencia de lípidos que las recubren y por la unión de ciertas proteínas al pericarpio del grano, lo que limita su accesibilidad (Mansilla, 2018).

Entre los minerales (Cuadro 14.3) destacan el potasio (458 ± 3,5 mg/100 g) y el magnesio (118 ± 0,83 mg/100 g); mientras que en los elementos traza sobresale el estroncio (119 ± 7,4 µg/100 g) (Agama-Acevedo et al., 2011; Nascimento et al., 2014; Salinas Moreno et al., 2013).

Cuadro 14.3 Contenido de diferentes elementos reportados en maíz morado (Nascimento et al., 2014).

Elemento	Concentración
Molibdeno (µg/100 g)	-
Estroncio (µg/100 g)	119 ± 7,4
Cobalto (µg/100 g)	-
Litio (µg/100 g)	9,48 ± 0,21
Vanadio (µg/100 g)	9,01 ± 0,42
Níquel (µg/100 g)	8,50 ± 0,39
Selenio (µg/100 g)	2,91 ± 0,16
Cobre (mg/100 g)	0,16 ± 0,004
Manganeso (mg/100 g)	0,57 ± 0,01
Hierro (mg/100 g)	2,78 ± 0,31
Cinc (mg/100 g)	2,54 ± 0,03
Magnesio (mg/100 g)	118 ± 0,83
Calcio (mg/100 g)	-
Fósforo (mg/100 g)	291 ± 3,6
Sodio (mg/100 g)	-
Potasio (mg/100 g)	458 ± 3,5

14.3.2. Composición nutricional de otras partes de la planta

La mazorca de maíz de variedades coloreadas también puede contener una importante cantidad de compuestos funcionales, como las antocianinas. Por ejemplo, se evaluaron extractos metanólicos de granos y mazorcas de maíz morado para cuantificar el contenido de antocianinas totales, así como su capacidad antioxidante. Los resultados encontrados por Yang & Zhai (2010) indicaron una mayor concentración de antocianinas en el extracto de mazorca en comparación con el extracto de las semillas. Además, estos autores reportaron que en comparación con el butilhidroxitolueno (BHT), la capacidad antioxidante de los extractos de granos y mazorcas fueron mayores, de acuerdo con las pruebas DPPH y TEAC; pero menor al realizar la prueba FRAP. Asimismo, se determinó una correlación entre el contenido de antocianinas y la actividad antioxidante (Cuadro 14.4).

Cuadro 14.4 Contenido de diferentes elementos reportados en maíz morado (Nascimento et al., 2014).

Muestra	Antocianinas totales (mg de equivalentes de cianidina 3-glucósido/100 g de muestra seca)	Actividad antioxidante	Actividad antioxidante	Actividad antioxidante
Actividad antioxidante	Muestra	DPPH (1) (µg/mL)	TEAC (2) (µg/mL)	FRAP (mmol FeSO4/g peso seco)
Semillas	55,8 ± 1,5	48,5 ± 0,5b	43,1 ± 0,5c	16,2 ± 0,5a
Mazorca	92,3 ± 2,1	40,1 ± 0,8c	38,6 ± 0,3b	18,7 ± 0,4b
BHT	-	175,7 ± 0,4a	55,8 ± 0,6a	8,6 ± 0,4c

(1) La actividad antioxidante se evaluó como la concentración requerida para disminuir en un 50 % la absorbancia a 517 nm
(2) La actividad antioxidante se evaluó como la concentración requerida para disminuir en un 50 % la absorbancia a 731 nm
Valor promedio ± desviación estándar (n>3)

En las mazorcas de maíz morado se han detectado compuestos como la cianidina 3-glucósido, pelargonidina 3-glucósido, peonidina 3-glucósido, cianidina 3-(malonil)-glucósido, pelargonidina 3-(malonil)-glucósido, peonidina 3-(malonil)-glucósido, entre otros compuestos (Jing et al., 2007).

Monroy *et al.* (2016) obtuvieron un extracto hidroalcohólico a partir de la mazorca de maíz morado. Este concentrado de compuestos antioxidantes estaba conformado por 66 mg de equivalentes de cianidina 3-glucósido/g de extracto seco, así como por 290 mg de equivalentes de ácido gálico/g y 117 mg de equivalentes de catequina por gramo (Monroy, Rodrigues, Sartoratto, & Cabral, 2016).

En otra investigación, se determinó el contenido total de antocianinas en diferentes partes de la planta de maíz morado. Se concluyó que los contenidos más elevados se encontraban en las hojas que envuelven a la mazorca del maíz; mientras que las hojas de la planta presentaron las menores concentraciones (Cuadro 14.6).

Cuadro 14.5 Contenido de antocianinas totales en diferentes partes de la planta de maíz morado (Li et al., 2008).

Parte de la planta	Contenido de antocianinas totales (mg de equivalentes de cianidina 3-glucósido/ 100 g)
Hojas de la mazorca	1,25-13,18
Mazorca	0,49-4,60
Hojas de la planta	0,12-0,93

Se ha observado que la composición de polifenoles y antocianinas totales de las mazorcas de maíz morado es dependiente de la zona de siembra, pero no se observó efecto significativo alguno debido a la densidad de siembra o al tipo de fertilizante como fuente de potasio empleado (Jing et al., 2007).

Por otro lado, los estigmas o el pelo del maíz poseen una serie de compuestos fenólicos que podrían ser valorizados, como por ejemplo antocianinas, ácidos cafeilquínicos, derivados de maizina y de metoximaizina. La concentración varía en función de la variedad o pigmentación del maíz, como también de los días de desarrollo de la mazorca, por lo general con una tendencia a reducirse en el tiempo (Žilić, Janković, Basić, Vančetović, & Maksimović, 2016). Por otra parte, como puede observarse en la Tabla 6, la concentración de potasio es elevada.

Cuadro 14.6 Rangos del contenido en base seca de diferentes compuestos presentes en el pelo de maíz coloreado (Žilić et al., 2016).

Propiedad	Valores Maíz morado	Valores Maíz rosado
Polifenoles totales (mg de ácido gálico/100 g)	3958,9-8101,6	4347,2-10160,8
Flavonoides totales (mg equivalentes de catequina/100 g)	3594,2-5565,3	3644,9-6478,3
Antocianinas totales (equivalentes de cianidina 3-glucósido/100 g)	1,49-192,9	1,57
Proantocianidinas (mg equivalentes de leucocianidina/100 g)	0,25-69,4	ND
Clorofila a (mg/100 g)	12,3-29,6	12,2-55,5
Clorofila b (mg/100 g)	7,0-54,0	7,6-22,9
Na (mg/100 g)	10,1-12,5	25,6-28,9
K (mg/100 g)	1520,9-1656,2	1334,1-1550,7
Mg (mg/100 g)	88,6-125,6	90,0-104,4
Ca (mg/100 g)	63,2-133,9	53,9-121,8

14.3.3. Productos alimenticios

El maíz se cosecha cuando posee una humedad aproximada de entre el 18 y el 20 %. Esta etapa debe de realizarse de manera tal que el grano se proteja de daño mecánico, el cual puede causar defectos en la calidad o representar riesgos en la inocuidad de los productos derivados. Con fin de estabilizar los granos y aumentar su vida útil, el maíz es subsecuentemente deshidratado, hasta alcanzar valores de humedad entre un 13 y un 14 % (Betrán et al., 2000). Estos granos pueden ser comercializados directamente o bien pueden recibir un procesamiento posterior que incremente su valor; como por ejemplo, la aplicación de molienda y tamizado para obtener distintos tipos de harinas.

En general, el maíz de color rojo, púrpura o morado, azul y negro se produce en muy pequeñas cantidades, por lo que su consumo se ha dirigido principalmente a la preparación de especialidades culinarias (Žilić et al., 2012).

En Costa Rica, el maíz pujagua se ha empleado en productos alimenticios como por ejemplo los tamales, yoltamales, tamal asado, tortillas, bizcochos, rosquillas, empanadas, pan, atol, chicha, pozol, mazamorra, sopas, guisos, picadillos, alfajores, tanelas, diferentes tipos de frituras, bebidas alcohólicas como la chicha y el chicheme, entre otros. Productos similares se han reportado en otros países, recibiendo diferentes nombres como por ejemplo el atol, el pinole, los chicos, la chicha morada, tlacoyos, tortillas, gorditas, *finger bread* y otros (Abdel-Aal, Young, & Rabalski, 2006; Betrán et al., 2000; Cerdas & Sedó, n.d.; Hernández-Martínez et al., 2016; Serna-Saldívar, Gómez, & Rooney, 2001).

El proceso de nixtamalización implica la cocción de los granos en agua alcalinizada con cal, y su objetivo es facilitar la remoción del pericarpio. Posteriormente, los granos reciben un tratamiento de secado. Este proceso causa importantes pérdidas de las antocianinas del grano de maíz azul, que pueden oscilar entre 40 y 70 % (Salinas-Moreno et al., 2003), aunque es indispensable su aplicación para poder elaborar ciertos productos. De acuerdo con Salinas-Moreno *et al.*, (2010), si el pigmento se localiza en la capa de aleurona, el maíz es adecuado para elaborar productos nixtamalizados, y éste es el caso de maíces de color morado, azul o negro. Según estos autores, los granos con pigmento en el pericarpio no son apropiados para la nixtamalización dado que se favorece la degradación de las antocianinas bajo condiciones de pH alcalino y a una temperatura elevada, que son características de este proceso.

Sin embargo, para la elaboración de alimentos como el pinolillo, no se requiere nixtamalizar el grano, sino únicamente tostarlo y molerlo. A pesar de que el tostado se realiza a temperaturas elevadas (superiores a 100 °C), es posible que haya una menor degradación de las antocianinas en relación con las pérdidas ocurridas durante el proceso de nixtamalización (Salinas-Moreno, Pacheco-Vargas, & Bello-Pérez, 2010; Serna-Saldívar et al., 2001).

Un estudio evaluó el efecto del procesamiento sobre la retención de antocianinas en tortillas elaboradas a partir de maíz morado nixtamalizado. Se evaluaron 15 accesiones distintas, obteniéndose porcentajes de retención de las antocianinas desde los granos crudos, hasta las tortillas nixtamalizadas, de entre 10,7 y hasta 46,0 % (Mora-Rochín et al., 2016).

Paralelamente, mediante el uso del maíz pujagua se ha visualizado una oportunidad para satisfacer el mercado de consumidores que no pueden consumir productos con gluten, que contengan, por ejemplo, el trigo. Este grupo incluye a personas con enfermedad celíaca, alérgicos al trigo o sensibles al gluten. A éste, se le unen otras personas que eligen estos productos pensando en una alimentación saludable, preocupados por la pérdida de peso, o para diversificar su dieta, entre otras razones. Algunos ejemplos de productos alternativos son los *pancakes,* los *muffins*, los cereales de desayuno y una variedad de *snacks* extruidos (Betrán et al., 2000).

Se han planteado otras alternativas, como por ejemplo el uso de extractos de maíz morado como un colorante de bajo costo, concentrado en antocianinas (Cevallos-Casals & Cisneros-Zevallos, 2004; Gonzalez de Mejia et al., 2015).

Un estudio abordó la aplicación de un extracto de maíz morado como aditivo antioxidante en mayonesa, y se comparó su desempeño contra aquel determinado al aplicar antioxidantes comerciales (BHT y EDTA). Se concluyó que, durante el almacenamiento, el extracto de maíz morado tuvo un mejor desempeño y se planteó la hipótesis de que la coloración de tonos morados que mostró la mayonesa puede destacarla a nivel de mercado, como producto con mayor valor agregado (Li, Kim, Li, Lee, & Rhee, 2014).

14.3.4. Propiedades funcionales

Los polifenoles totales y las antocianinas totales son metabolitos que destacan en los maíces coloreados (Tabla 7). Estas últimas son los compuestos responsables de la coloración de las variedades de maíz de tonos morados, rojizos y sus combinaciones.

Se ha reportado que las antocianinas se concentran en el pericarpio, aleurona y endospermo, en diferentes proporciones. Algunos autores han señalado un mayor contenido en el pericarpio, mientras que otros, en la aleurona. Un estudio concluye que existe una mayor concentración de antocianinas en el pericarpio para el caso del maíz morado, y en la aleurona en el caso del maíz azul. En general, hay concordancia en que el endospermo contiene una menor proporción de antocianinas (Betrán et al., 2000; González-Manzano et al., 2008; Li, Somavat, Singh, Chatham, & González de Mejia, 2017; Salinas-Moreno, Salas-Sánchez, Rubio-Hernández, & Ramos-Lobato, 2005).

El contenido total de antocianinas y otros compuestos está determinado en gran medida por el tipo de maíz; usualmente los valores que se reportan se encuentran en el rango de las decenas y centenas (Cuadro 14.7). Por ejemplo, Mangalvedhe *et al.*, (2015) analizaron 67 accesiones de maíz, incluyendo híbridos amarillos y coloreados, y se obtuvieron valores máximos de antocianinas totales de 82,915 mg de equivalentes de cianidina 3-glucósido/100 g de maíz (Mangalvedhe, Danao, & Paulsmeyer, 2015).

No obstante, otros factores influyen en el contenido neto, como por ejemplo, la etapa de desarrollo del maíz y las condiciones de cultivo. En un estudio se observó un incremento del contenido total de polifenoles y de las antocianinas totales, en contraste con una reducción de ácidos fenólicos en el tiempo de desarrollo de un maíz negro (Hu & Xu, 2011).

Cuadro 14.7 Polifenoles y antocianinas totales de maíz coloreado.

Maíz	(a) (Zhao et al., 2008)	(a) (Harakotr, Suriharn, Tangwongchai, Scott, & Lertrat, 2014)	(a) (Mansilla, 2018)	(a) (Cuevas-Montilla, Hillebrand, Antezana, & Winterhalter, 2011)	(b) (Zhao et al., 2008)	(b) (Abdel-Aal et al., 2006)	(b) (Harakotr et al., 2014)1	(b) (Agama-Acevedo et al., 2011)	(b) (Salinas Moreno et al., 2013)	(b) (Urias-Lugo, Heredia, Serna-Saldivar, Muy-Rangel, & Valdez-Torres, 2015)	(b) (Mansilla, 2018)	(b) (Cuevas-Montilla et al., 2011)
Rosado	114,7 ± 7,9	710 ± 40	-	-	12,74 ± 0,41	16,39 ± 0,47	9,26 ± 0,09	-	-	-	-	-
Rojo	359,5 ± 22,4	-	-	-	149,3 ± 5,6	5,09 – 60,71	-	-	-	-	-	-
Gris	137,6 ± 7,4	-	-	-	29,22 ± 0,86	-	-	-	-	-	-	-
Morado	477,6 ± 5,00	600 - 920	973,4-1073,2	311,0-817,6	256,5 ± 11,2	127,7 ± 0,49	2,65 - 31,29	-	18,7-131,0	64,6-105,2	149,1-194,9	N.D.-71,68
Azul	-	-	-	-	-	19,67 – 32,27	-	19,1-69,3	-	-	-	-
Negro	489,8 ± 24,9	1970 ± 30	-	-	304,5 ± 16,3	-	143,86 ± 0,75	-	-	-	-	-
Multicolor		680 ± 20	-	-	-	133,17 ± 0,56	7,48 ± 0,27	-	-	-	-	-

1) expresados como antocianinas monoméricas totales; N.D. = no detectado.
a) Polifenoles totales (mg ácido gálico/100 g de semillas secas)
b) Antocianinas totales (mg cianidina 3-glucósido/100 g de semillas secas

Se ha idéntificado una variedad de antocianinas en maíces coloreados, econ un rango de 18 hasta 27 tipos de compuestos diferentes. La mayoría de éstas son derivadas de las antocianidinas: cianidina (74-87 %), peonidina (10-16 %) y pelargonidina (3-14 %). Estas agliconas se enlazan primordialmente con la glucosa y la rutinosa para la formación de antocianinas. Cerca de un 50 % de éstas antocianinas pueden poseer acilaciones, en donde destacan aquellas que incluyen el ácido malónico y el ácido succínico (Abdel-Aal et al., 2006; Cuevas-Montilla et al., 2011; Dia et al., 2015; González-Manzano et al., 2008; Harakotr et al., 2014; Mora-Rochín et al., 2016; Salinas-Moreno et al., 2005; Zhao et al., 2008).

La concentración de antocianinas también depende del grado de madurez. Por ejemplo, un estudio destaca que las antocianinas aciladas fueron mayores en el maíz inmaduro, 67,1-88,2 % del total de antocianinas monoméricas, en comparación con el maduro, cuyos valores variaron entre 46,2 y 83,6 %. Por tanto, el maíz inmaduro se plantea como una mejor fuente de estos compuestos funcionales. No obstante, el maíz maduro obtuvo una mayor concentración de antocianinas totales (Harakotr et al., 2014).

Del total de antocianinas, la cianidina-3-glucósido se ha reportado como la principal antocianina en variedades de color rojo (51 %), azul (49 %); multicolor (47 %) y morado (31 %); mientras que la pelargonidina-3-glucósido (43 %) predominó en el caso de aquellas con coloraciones rosadas. En la Cuadro 14.8 se muestran los valores reportados para distintas antocianinas en diferentes variedades de maíz (Abdel-Aal et al., 2006).

Cuadro 14.8 Concentraciones de distintas antocianinas aciladas y no aciladas en diferentes variedades de maíz coloreado (Abdel-Aal et al., 2006).

Antocianina	*Azul	*Rosado	*Morado	*Rojo	*Mixto
Cianidina 3-malonil-glucósido (1)	1,5 ± 0,03	-	-	-	-
Cianidina malonil-glucósido (1)	2,9 ± 0,1	0,6 ± 0,03	3,6 ± 0,3	4,2 ± 0,4	1,2 ± 0,1
Cianidina malonil-glucósido (1)	13,2 ± 0,7	1,2 ± 0,1	32,0 ± 0,5	16,8 ± 0,9	3,9 ± 0,2
Cianidina malonil-glucósido (1)	6,9 ± 0,4	0,4 ± 0,01	34,8 ± 1,7	20,2 ± 1,1	4,7 ± 0,1
Cianidina disuccinil-glucósido	4,6 ± 0,2	1,5 ± 0,1	57,6 ± 3,1	8,7 ± 0,4	2,1 ± 0,1
Pelargonidina malonil-glucósido (2)	0,8 ± 0,1	1,3 ± 0,1	-	0,7 ± 0,1	0,3 ± 0,04
Pelargonidina malonil-glucósido (2)	1,2 ± 0,1	4,9 ± 0,3	5,5 ± 0,3	2,1 ± 0,1	0,5 ± 0,02
Pelargonidina-malonil-glucósido (2)	-	0,5 ± 0,02	21,2 ± 1,1	1,6 ± 0,1	-
Cianidina succinil-glucósido (3)	12,2 ± 0,7	1,1 ± 0,1	14,7 ± 0,4	11,3 ± 0,5	8,9 ± 0,2
Cianidina succinil-glucósido (3)	30,9 ± 1,6	3,3 ± 0,2	101,6 ± 7,1	30,1 ± 1,3	12,6 ± 0,3
Cianidina succinil-glucósido (3)	-	-	11,2 ± 1,1	4,8 ± 0,2	-
Cianidina succinil-glucósido (3)	12,9 ± 0,7	1,4 ± 0,2	97,1 ± 5,1	43,5 ± 2,1	3,9 ±0,3
Pelargonidina succinil-glucósido (4)	0,3 ± 0,03	2,4 ± 0,2	-	0,6 ± 0,1	0,2 ± 0,02
Pelargonidina succinil-glucósido (4)	1,4 ± 0,1	3,5 ± 0,1	-	1,8 ± 0,2	1,6 ± 0,1
Pelargonidina succinil-glucósido (4)	2,6 ± 0,2	15,9 ± 0,7	22,1 ± 1,2	2,1 ± 0,2	1,9 ± 0,2
Pelargonidina succinil-glucósido (4)	2,3 ± 0,2	3,6 ± 0,2	23,9 ± 1,4	4,3 ± 0,3	-

Peonidina succinil-glucósido (5)	-	-	12,3 ± 0,5	3,7 ± 0,1	-
Peonidina succinil-glucósido (5)	1,1 ± 0,1	-	14,5 ± 0,7	7,1 ± 0,4	0,8 ± 0,1
Peonidina succinil-glucósido (5)	-	-	13,5 ± 0,7	9,5 ± 0,5	-
Cianidina malonil-succinil-glucósido (6)	2,1 ± 0,2	-	25,3 ± 1,3	4,8 ± 0,3	-
Cianidina malonil-succinil-glucósido (6)	2,6 ± 0,2	-	35,1 ± 2,1	5,1 ± 0,2	-
Pelargonidina malonil-succinil-glucósido (7)	-	0,9 ± 0,1	3,7 ± 0,2	0,6 ± 0,1	-
Pelargonidina malonil-succinil-glucósido (7)	-	-	3,1 ± 0,1	0,9 ± 0,1	-
Pelargonidina disuccinil-glucósido (8)	-	0,4 ± 0,03	-	-	-
Pelargonidina disuccinil-glucósido (8)	-	2,1 ± 0,2	14,3 ± 0,1	0,8 ± 0,1	-
Luteolunidina glucósido	-	-	31,0 ± 1,4	-	1,2 ± 0,1
Cianidina 3-glucósido	110,2 ± 5,1	7,8 ± 0,4	289,9 ± 14,4	284,5 ± 11,0	47,1 ± 2,2
Cianidina 3-rutinósido	1,1 ± 0,03	-	-	-	-
Pelargonidina 3-glucósido	12,1 ± 0,3	39,8 ± 2,1	55,3 ± 2,6	27,7 ± 1,9	6,8 ± 0,3
Peonidina 3-glucósido	2,3 ± 0,1	0,7 ± 0,1	27,3 ± 1,2	58,7 ± 2,5	2,2 ± 0,1
Peonidina disuccinil-glucósido	-	-	5,6 ± 0,3	2,3 ± 0,1	-

Las antocianinas que poseen mismo nombre y número poseen masa molecular idéntica, y se asignaron como isómeros.
* Concentración promedio (mg/kg)

Otras antocianinas han sido reportadas, como por ejemplo pelargonidina 3-(6“-etilmalonil)-glucósido y peonidina 3-(6”-etilmalonil)-glucósido (Quiñones & Coy-Barrera, 2015).

Adicionalmente, se han identificado distintos compuestos fenólicos en maíz morado. Entre ellos se encuentran ácidos fenólicos como el protocatecuico, vanílico, *p*-coumárico, clorogénico, cafeico, ferúlico y derivados hidroxicinámicos. Además de flavonoides como naringenina, kaempferol, rutina, morina y derivados de quercetina y hesperidina (Pedreschi & Cisneros-Zevallos, 2007; Ramos-Escudero, Muñoz, Alvarado-Ortiz, Alvarado, & Yáñez, 2012) (Cuadro 14.9).

Cuadro 14.9 Contenido de ácidos fenólicos determinados en distintos cultivares de maíz morado (Cuevas-Montilla et al., 2011).

Ácido fenólico	Concentración (mg/100 g en base seca)	Concentración (mg/100 g en base seca)
Concentración (mg/100 g en base seca)	Soluble	Ligada
p-coumárico	17,4-53,8	5,7-439,4

Ferúlico	98,0-175,3	N.D.-159,4

Otros de los compuestos que han sido reportados contienen residuos polifenólicos, como por ejemplo catequina y epicatequinas unidas a antocianinas aciladas y no aciladas (González-Manzano et al., 2008), por ejemplo, la (epi)catequina-cianidina 3,5-diglucósido (Cuevas-Montilla, Antezana, & Winterhalter, 2008).

14.3.5. Propiedades terapéuticas y farmacológicas

Se han realizado diferentes investigaciones acerca de las actividades biológicas de extractos de maíces coloreados, tanto a nivel *in vitro* como *in vivo*. Al respecto, ha sido de interés la evaluación de la actividad antioxidante de estos extractos, su actividad antimutagénica y distintos beneficios a nivel cardiovascular. La mayoría de los efectos reportados se ha asociado a la presencia de compuestos polifenólicos, como las antocianinas, y distintos flavonoides (Guillén-Sánchez, Mori-Arismendi, & Paucar-Menacho, 2014). Adicionalmente, se ha observado que el maíz morado posee un menor contenido de almidón y un menor índice glicémico que otros tipos de maíz, como por ejemplo el maíz blanco (Castañeda-Sánchez, 2011).

A continuación se resumen los resultados de algunas publicaciones científicas que abordan las actividades biológicas de maíces pigmentados, tanto *in vitro* como *ex vivo* e *in vivo*.

Evaluación de las propiedades antimutagénicas y antioxidantes en dos diferentes extractos de maíz morado (Pedreschi & Cisneros-Zevallos, 2006)

Se evaluaron las propiedades antimutagénicas y antioxidantes de diferentes concentraciones de extractos de maíz morado, obtenidos en medio acuoso y con etil acetato.

El extracto acuoso presentó la mayor proporción de antocianinas y la actividad antioxidante más elevada (0,880-1,050 µg de Trolox/µg de compuestos fenólicos) pero la menor capacidad antimutagénica (17-46 %). En contraste, el extracto de etil acetato mostró una menor actividad antioxidante promedio (0,530-1,330 µg de Trolox/µg de compuestos fenólicos), pero un mayor poder antimutagénico (24-81 %). Este último estaba conformado principalmente por ácidos fenólicos y polifenoles de tipo flavonoides; en particular a los derivados de quercetina se les atribuyeron las mayores propiedades antimutagénicas.

Se sugirieron dos tipos de mecanismos responsables de la actividad antimutagénica, los cuales fueron la inactivación enzimática y la actividad barredorade electrófilos.

Efecto de un extracto de maíz morado sobre el estrés oxidativo en órganos de ratones (Ramos-Escudero et al., 2012)

A partir de maíz morado se seleccionó el extracto hidroalcohólico de mayor capacidad antioxidante, que se obtuvo con una combinación de 80:20 metanol:agua, acidificado al 1 % con HCl (1 *N*). Este extracto fue caracterizado en cuanto a contenido total de polifenoles, flavonoides, flavonoles, flavanoles, antocianinas y actividad antioxidante mediante las técnicas DPPH, ABTS, FRAP y desoxirribosa. Además, se cuantificaron compuestos fenólicos específicos.

Se prepararon homogeneizados individuales de riñón, hígado y cerebro de ratones albinos macho. Estos órganos fueron tratados de distintas formas, ya sea con adición de agua, peróxido de hidrógeno, extracto de maíz y combinación de peróxido de hidrógeno con extracto de maíz.

Se observó que la aplicación de extracto de maíz incrementó la actividad de enzimas antioxidantes: superóxido dismutasas, catalasas, peroxidasas totales, mientras que redujo la formación de malondialdehído, un metabolito producto de reacciones de peroxidación.

Efecto de un extracto de maíz morado sobre la formación de cataratas (Thiraphatthanavong et al., 2014)

Se realizó un estudio para evaluar el efecto de extractos hidroalcohólicos de maíz morado ceroso, sobre cristalinos de ratas Wistar macho, con la finalidad de analizar posibles efectos de retardación de la aparición de cataratas. A los cristalinos se les adicionó glucosa en dos distintas concentraciones, para simular condiciones normales y con perfil diabético.

Se encontró que concentraciones elevadas de glucosa pueden favorecer la formación de compuestos oxidantes, entre ellos compuestos radicalarios. Además, esto repercute en la actividad de enzimas antioxidantes como catalasas, superóxido dismutasas y glutatión peroxidasas. En consecuencia, se produce un desbalance o estado de estrés oxidativo, que se ha reconocido como una de las causas de la formación de cataratas.

Los resultados indicaron que ciertos extractos redujeron la opacidad del cristalino, la formación de malondialdehído (un marcador de peroxidación lipídica) y atenuaron la reducción de la actividad glutatión peroxidasa. Estos efectos se asocian a la presencia de distintos compuestos fenólicos de los extractos de maíz morado, cuyos mecanismos de acción involucran actividades antioxidantes e intervención en la ruta metabólica del poliol, asociada al daño del cristalino.

Efecto de un extracto de maíz sobre la angiogénesis en glomérulos de riñones, en estadíos tempranos de diabetes (Kang, Lim, Lee, Yeo, & Kang, 2013)

Se obtuvo un extracto etanólico de maíz morado, el cual se administró diariamente a ratones macho, por un total de 8 semanas. Se estudiaron 3 grupos de ratones; con un primer grupo control constituido por ratones no diabéticos. Los otros dos grupos lo conformaron ratones diabéticos y dislipidémicos; a estos se les administró agua, o bien agua con extracto de maíz.

Entre los principales hallazgos se encontró que el tratamiento con extracto de maíz impide la angiogénesis en los glomérulos, mostrando por tanto un efecto protector en el riñón.

De esta manera, los investigadores destacaron el potencial del extracto de maíz como terapia para la angiogénesis anormal, asociada a la diabetes.

Efecto antiproliferativo in vitro de extractos de maíz rojo y púrpura ricos en antocianinas: sobre células de cáncer humano colorrectal (Mazewski, Liang, & González de Mejía, 2017)

Se determinó el efecto antiproliferativo de extractos acuosos y etanólicos ricos en antocianinas obtenidos a partir de maíz morado y rojo, sobre células tumorales de cáncer colorrectal (HT-29 y HCT-116), presentando un mayor potencial inhibitorio los extractos de maíz rojo. Todos los extractos evaluados incrementaron el número de células apoptóticas y causaron una reducción en la expresión de marcadores de angiogénesis.

Esta investigación evidencia el potencial de las antocianinas del maíz pigmentado para la obtención de alimentos funcionales, beneficiosos para la salud.

Efecto de una dieta fortificada con maíz morado rico en cianidina 3-glucósido sobre marcadores de obesidad e hiperglicemia en ratones (Tsuda, Horio, Uchida, Aoki, & Osawa, 2003)

Se estudió el efecto de la ingesta de maíz morado (PCC) rico en cianidina 3-glucósido (C3G), en ratones alimentados con una dieta rica en grasa (HF) durante 12 semanas. La suplementación de la dieta con PCC que presentaba un contenido de 2 g de C3G/kg de dieta redujo significativamente los efectos negativos inducidos por el consumo de una dieta alta en grasa (HF), la cual causó hiperglicemia, hiperinsulinemia, hiperleptinemia y un aumento en el peso corporal. Estas perturbaciones se normalizaron en el grupo de ratones que consumió el maíz morado, además de la dieta alta en grasa (HF).

Además, de acuerdo con estos autores, la dieta rica en maíz morado suprimió los niveles de ARN mensajero comprometidos en la síntesis de ácidos grasos y triglicéridos.

Los resultados obtenidos permiten proveer una base bioquímica y nutricional para el uso del maíz morado o de extractos de antocianinas obtenidas de este maíz pigmentado, en la elaboración de alimentos funcionales destinados a la prevención de la obesidad y la diabetes.

Estudio comparativo del maíz morado (Zea mays L.) y simvastatina en la reducción de lípidos séricos de pacientes diabéticos normotensos con dislipidemia (Ronceros, Ramos, Arroyo, Galarza, Gutiérrez, Ortega-Loayza, La Rosa, Cucho, & Palma, 2012)

Se evaluó el efecto del consumo de maíz morado deshidratado en pacientes diabéticos con dislipidemia por un período de 30 días. Para esto se constituyeron dos grupos, cada uno integrado por 15 pacientes diabéticos con dislipidemia mixta, de diagnóstico reciente, sin tratamiento previo, no hipertensos, de edad entre 40 y 60 años e índice de masa corporal de 25 a 40. A un grupo se le administró comprimidos de simvastatina (40 mg/día) y al otro grupo se le suministró maíz morado deshidratado y micropulverizado en cápsulas de 1 g (para un consumo de 2 g/día).

El estudio demostró la eficacia del maíz morado en la reducción significativa de los niveles séricos de triglicéridos y en el incremento de los niveles de colesterol HDL. La simvastatina se asoció a una mayor reducción del colesterol total (35,1 %) y del colesterol LDL (30,5 %), mientras que en el grupo que recibió maíz morado se observó un mejor control de la glicemia en ayunas, obteniéndose una reducción de 46,8 % de los niveles basales.

14.4. Referencias

Abdel-Aal, E.-S. M., Young, C. J., & Rabalski, I. (2006). Anthocyanin Composition in Black, Blue, Pink, Purple, and Red Cereal Grains.

Agama-Acevedo, E., Salinas-Moreno, Y., Pacheco-Vargas, G., & Bello-Pérez, L. A. (2011). Características físicas y químicas de dos razas de maíz azul: morfología del almidón. *Revista Mexicana de Ciencias Agrícolas*, *2*(3), 317–329.

Arellano, V. J. L., Tut, C. C., María, R. A., Salinas, M. Y., & Taboada, G. O. R. (2003). Maíz azul de los Valles Altos de México. I. Rendimiento de grano y caracteres agronómicos. *Revista Fitotecnia Mexicana*, *26*(2), 101–107.

Aysanoa, E. J. (2010). Fenología e intensidad de color en corontas del maíz morado (*Zea mays* L.) en sus diferentes estados de desarrollo en la localidad de La Molina. Lima, Perú: Universidad Nacional Agraria La Molina.

Betrán, J. F., Bockholt, A. J., & Rooney, L. W. (2000). Blue corn. In A. R. Hallauer (Ed.), *Specialty Corns* (2nd ed.). Boca Ratón, Florida: CRC Press.

Bonilla-Morales, N. (2008). *Manual de recomendaciones técnicas: cultivo de maíz (Zea mays L.)*. Instituto Nacional de Innovación y Transferencia en Tecnología Agropecuaria, Ministerio de Agricultura y Ganadería.

Bonilla-Morales, N. (2018). El cultivo del maíz morado en Costa Rica. San José, Costa Rica: Ministerio de Agricultura y Ganadería.

Castañeda-Sánchez, A. (2011). Propiedades nutricionales y antioxidantes del maíz azul (*Zea mays* L.). *Temas Selectos de Ingeniería de Alimentos*, *5*(2), 75–83.

Cerdas, N. M., & Sedó, M. P. (n.d.). Rescate de preparaciones a base de maíz en Costa Rica: una experiencia de trabajo comunitario con la participación de personas adultas mayores y estudiantes universitarios durante el período 2003-2007. *Avances En Seguridad Alimentaria y Nutricional*, 19–33.

Cevallos-Casals, B. A., & Cisneros-Zevallos, L. (2004). Stability of anthocyanin-based aqueous extracts of Andean purple corn and red-fleshed sweet potato compared to synthetic and natural colorants. *Food Chemistry*, *86*(1), 69–77.

Cuevas-Montilla, E., Antezana, A., & Winterhalter, P. (2008). Análisis y caracterización de antocianinas en diferentes variedades de maíz (*Zea mays*) boliviano. Cartagena, Colombia.

Cuevas-Montilla, E., Hillebrand, S., Antezana, A., & Winterhalter, P. (2011). Soluble and Bound Phenolic Compounds in Different Bolivian Purple Corn (*Zea mays* L.) Cultivars. *Journal of Agricultural and Food Chemistry*, *59*(13), 7068–7074.

Dia, V. P., Wang, Z., West, M., Singh, V., West, L., & de Mejia, E. G. (2015). Processing Method and Corn Cultivar Affected Anthocyanin Concentration from Dried Distillers Grains with Solubles. *Journal of Agricultural and Food Chemistry, 63*(12), 3205–3218.

Gonzalez de Mejia, E., Dia, V. P., West, L., West, M., Singh, V., Wang, Z., & Allen, C. (2015). Temperature Dependency of Shelf and Thermal Stabilities of Anthocyanins from Corn Distillers' Dried Grains with Solubles in Different Ethanol Extracts and a Commercially Available Beverage. *Journal of Agricultural and Food Chemistry, 63*(45), 10032–10041.

González-Manzano, S., Pérez-Alonso, J. J., Salinas-Moreno, Y., Mateus, N., Silva, A. M. S., de Freitas, V., & Santos-Buelga, C. (2008). Flavanol–anthocyanin pigments in corn: NMR characterisation and presence in different purple corn varieties. *Journal of Food Composition and Analysis, 21*(7), 521–526.

Guillén-Sánchez, J., Mori-Arismendi, S., & Paucar-Menacho, L. M. (2014). Características y propiedades funcionales del maíz morado (*Zea mays* L.) var subnigrovioláceo. *Scientia Agropecuaria, 5*, 211–217.

Győri, Z. (2017). Corn: Grain-Quality Characteristics and Management of Quality Requirements. In *Cereal Grains* (pp. 257–290). Elsevier.

Harakotr, B., Suriharn, B., Tangwongchai, R., Scott, M. P., & Lertrat, K. (2014). Anthocyanins and antioxidant activity in coloured waxy corn at different maturation stages. *Journal of Functional Foods, 9*, 109–118.

Hernández-Martínez, V., Salinas-Moreno, Y., Ramírez-Díaz, J. L., Vázquez-Carrillo, G., Domínguez-López, A., & Ramírez-Romero, A. G. (2016). Color, phenolic composition and antioxidant activity of blue tortillas from Mexican maize races. *CyTA - Journal of Food*, 1–9.

Hu, Q., & Xu, J. (2011). Profiles of Carotenoids, Anthocyanins, Phenolics, and Antioxidant Activity of Selected Color Waxy Corn Grains during Maturation. *Journal of Agricultural and Food Chemistry, 59*(5), 2026–2033.

ITIS. (n.d.). *Zea mays* L. Retrieved April 30, 2018, from https://www.itis.gov/servlet/SingleRpt/SingleRpt?search_topic=TSN&search_value=42269#null

Jing, P., Noriega, V., Schwartz, S. J., & Giusti, M. M. (2007). Effects of Growing Conditions on Purple Corncob (*Zea mays* L.) Anthocyanins. *Journal of Agricultural and Food Chemistry, 55*(21), 8625–8629.

Johnson, D. L., & Jha, M. N. (1993). Blue corn. In J. Janick & J. E. Simon (Eds.), *New crops* (pp. 228–230). New York: Wiley.

Kang, M.-K., Lim, S. S., Lee, J.-Y., Yeo, K. M., & Kang, Y.-H. (2013). Anthocyanin-rich purple corn extract inhibit diabetes-associated glomerular angiogenesis. *PloS One, 8*(11), e79823.

Li, C.-Y., Kim, H.-W., Li, H., Lee, D.-C., & Rhee, H.-I. (2014). Antioxidative effect of purple corn extracts during storage of mayonnaise. *Food Chemistry, 152*, 592–596.

Li, C.-Y., Kim, H.-W., Won, S., Min, H.-K., Park, K.-J., Park, J.-Y., Rhee, H.-I. (2008). Corn Husk as a Potential Source of Anthocyanins. *Journal of Agricultural and Food Chemistry, 56*(23), 11413–11416.

Li, Q., Somavat, P., Singh, V., Chatham, L., & Gonzalez de Mejia, E. (2017). A comparative study of anthocyanin distribution in purple and blue corn coproducts from three conventional fractionation processes. *Food Chemistry, 231*, 332–339.

Mangalvedhe, A. A., Danao, M.-G. C., & Paulsmeyer, M. (2015). Anthocyanin determination in different corn hybrids using near infrared spectroscopy. New Orleans, Louisiana: ASABE.

Mansilla, P. S. (2018). Evaluación del valor nutricional de maíces especiales (*Zea mays* L.): selección para calidad agroalimentaria. Universidad Nacional de Córdoba.

Matarrita-Rosales, A. ., & Brenes-Marchena, M. (2017). Caracterización fenológica y agronómica de cuatro variedades criollas de maíz (*Zea mays* L.) de valor cultural en Santa Cruz Guanacaste. Universidad de Costa Rica.

Mazewski, C., Liang, K., & González de Mejía, E. (2017). Inhibitory potential of anthocyanin-rich purple and red corn extracts on human colorectal cancer cell proliferation in vitro. *Journal of Functional Foods, 34*, 254–265.

Monroy, Y. M., Rodrigues, R. A. F., Sartoratto, A., & Cabral, F. A. (2016). Influence of ethanol, water, and their mixtures as co-solvents of the supercritical carbon dioxide in the extraction of phenolics from purple corn cob (*Zea mays* L.). *The Journal of Supercritical Fluids, 118*, 11–18.

Mora-Rochín, S., Gaxiola-Cuevas, N., Gutiérrez-Uribe, J. A., Milán-Carrillo, J., Milán-Noris, E. M., Reyes-Moreno, C., ... Cuevas-Rodríguez, E. O. (2016). Effect of traditional nixtamalization on anthocyanin content and profile in Mexican blue maize (*Zea mays* L.) landraces. *LWT - Food Science and Technology, 68*, 563–569.

Nascimento, A. C., Mota, C., Coelho, I., Gueifão, S., Santos, M., Matos, A. S., ... Castanheira, I. (2014). Characterisation of nutrient profile of quinoa (*Chenopodium quinoa*), amaranth (*Amaranthus caudatus*), and purple corn (*Zea mays* L.) consumed in the North of Argentina: Proximates, minerals and trace elements. *Food Chemistry, 148*, 420–426.

Ortíz-Prudencio, S. del A. (2006). Determinación de la composición química proximal y fibra dietaria de 43 variedades criollas de maíz de 7 municipios del sureste del estado de Hidalgo. Pachuca, México: Universidad Autónoma del Estado de Hidalgo.

Pedreschi, R., & Cisneros-Zevallos, L. (2006). Antimutagenic and Antioxidant Properties of Phenolic Fractions from Andean Purple Corn (*Zea mays* L.). *Journal of Agricultural and Food Chemistry, 54*(13), 4557–4567.

Pedreschi, R., & Cisneros-Zevallos, L. (2007). Phenolic profiles of Andean purple corn (*Zea mays* L.). *Food Chemistry, 100*(3), 956–963.

Quiñones, R., & Coy-Barrera, E. (2015). Composición de antocianinas monoméricas de cinco fenotipos de maíz coloreado (*Zea mays* L.) de la Región Central Colombiana. *Revista Facultad de Ciencias Universidad Nacional de Colombia, 4*(1), 38–51.

Ramos-Escudero, F., Muñoz, A. M., Alvarado-Ortíz, C., Alvarado, Á., & Yáñez, J. A. (2012). Purple Corn (*Zea mays* L.) Phenolic Compounds Profile and Its Assessment as an Agent Against Oxidative Stress in Isolated Mouse Organs. *Journal of Medicinal Food, 15*(2), 206–215.

Reyes-García, M., Gómez-Sánchez Prieto, I., Espinoza-Barrientos, C., Bravo-Rebatta, F., & Ganoza-Morón, L. (2009). *Tablas peruanas de composición de alimentos* (8va ed.). Lima, Perú: Centro Nacional de Alimentación y Nutrición, Instituto Nacional de Salud.

Ronceros, G., Ramos, W., Arroyo, J., Galarza, C., Gutiérrez, L., Ortega-Loayza, A. G., La Rosa, C., Cucho, C., & Palma, L. (2012). Estudio comparativo del maíz morado (*Zea mays* L.) y simvastatina en la reducción de lípidos séricos de pacientes diabéticos normotensos con dislipidemia. *Anales de la Facultad de Medicina, 73*(2), 113-117.

Salazar-Chavarría, L. (2018). El cultivo de maíz morado en Guanacaste. Proyecto CuRuBanda. Comunicación personal.

Salinas-Moreno, Y., Pacheco-Vargas, G., & Bello-Pérez, L. A. (2010). *Revista mexicana de ciencias agricolas. Revista mexicana de ciencias agrícolas* (Vol. 2). Instituto Nacional de Investigaciones Forestales, Agricolas y Pecuarias.

Salinas-Moreno, Y., Salas-Sánchez, G., Rubio-Hernández, D., & Ramos-Lobato, N. (2005). Characterization of anthocyanin extracts from maize kernels. *Journal of Chromatographic Science, 43*(9), 483–487.

Salinas-Moreno, Y., Soria Ruiz, J., & Espinosa Trujillo, E. (2010). *Aprovechamiento y distribución de maíz azul en el Estado de México*. Instituto Nacional de Investigaciones Forestales, Agricolas y Pecuarias.

Salinas Moreno, Y., Aragón Cuevas, F., Ybarra Moncada, C., Aguilar Villareal, J., Altunar López, B., & Sosa Montes, E. (2013). Caracterización física y composición química de razas de maíz de grano azul/morado de las regiones tropicales y subtropicales de Oaxaca. *Rev. Fitotec. Mex., 36*(1), 23–31.

Salinas Moreno, Y., Martínez Bustos, F., Soto Hernández, M., Ortega Paczka, R., & Arellano Vázquez, J.L. (2003). Efecto de la nixtamalizaciòn sobre las antocianinas del grano de maíces pigmentados. *Agrociencia, 37*(6), 617-628.

Serna-Saldivar, S. O., Gómez, M. H., & Rooney, L. W. (2001). Food uses of regular and specialty corns and their dry-milled fractions. In A. R. Hallauer (Ed.), *Specialty Corns* (2nd ed.). Boca Ratón, Florida: CRC Press.

Solano-Laclé, V. (2014). El maíz: semilla, trabajo, alimento, vida en las tradiciones indígenas mesoamericana y chibchense de Costa Rica.

Staller, J. E. (2010). *Maize cobs and cultures: history of Zea mays L.* USA: Springer.

Thiraphatthanavong, P., Wattanathorn, J., Muchimapura, S., Thukham-mee, W., Wannanon, P., Tong-un, T., ... Lertrat, K. (2014). Preventive Effect of *Zea mays* L. (Purple Waxy Corn) on Experimental Diabetic Cataract. *BioMed Research International, 2014*, 1–8.

Tsuda, T., Horio, F., Uchida, K., Aoki, H., & Osawa, T. (2003). Dietary cyanidin 3-O-b-D-glucoside-rich purple corn color prevents obesity and ameliorates hyperglycemia in mice. *Journal of Nutrition, 133*, 2125–2130.

Urias-Lugo, D. A., Heredia, J. B., Serna-Saldivar, S. O., Muy-Rangel, M. D., & Valdez-Torres, J. B. (2015). Total phenolics, total anthocyanins and antioxidant capacity of native and elite blue maize hybrids (*Zea mays* L.). *CyTA - Journal of Food, 13*(3), 336–339.

Vásquez, O. (2018). Comunicación personal con el Director regional de la región Chorotega. Ministerio de Agricultura y Ganadería.

Yang, Z., & Zhai, W. (2010). Identification and antioxidant activity of anthocyanins extracted from the seed and cob of purple corn (*Zea mays* L.). *Innovative Food Science & Emerging Technologies, 11*(1), 169–176.

Zhao, X., Corrales, M., Zhang, C., Hu, X., Ma, Y., & Tauscher, B. (2008). Composition and Thermal Stability of Anthocyanins from Chinese Purple Corn (*Zea mays* L.). *Journal of Agricultural and Food Chemistry, 56*(22), 10761–10766.

Žilić, S., Janković, M., Basić, Z., Vančetović, J., & Maksimović, V. (2016). Antioxidant activity, phenolic profile, chlorophyll and mineral matter content of corn silk (*Zea mays* L): Comparison with medicinal herbs. *Journal of Cereal Science, 69*, 363–370.

15

Semilla de Ramón

15.1. (*Brosimum alicastrum Sw.*)

Nina del Rocío Martínez Ruiz[1] y Alfonso Larqué Saavedra[2]

[1] Universidad Autónoma de Ciudad Juárez, [2] Centro de Investigación Científica de Yucatán

[1] Anillo Envolvente del Pronaf y Estocolmo s/n, Edif. Z-301-302, Zona Pronaf, Ciudad Juárez, Chihuahua. [2] Calle 43 No. 130. Col. Chuburná de Hidalgo, Mérida, Yucatán.

nmartine@uacj.mx, **larque@cicy.mx**

15.2. Introducción

Brosimum alicastrum Sw. es un árbol que ha estado integrado a la vida de la cultura maya desde hace siglos según se reseña en los libros sagrados de los mayas, el Chilam Balam y el Popol Vuh, donde se describe su papel en la alimentación de esta cultura. Existen registros de publicaciones sobre este árbol desde hace más de un siglo (Puleston, 1982). Es un árbol dominante y ampliamente distribuido en las selvas de las regiones tropicales húmedas de México. Su presencia en Mesoamérica está ampliamente documentada (Berg, 1972). En México este árbol es conocido por más de 50 nombres comunes dentro de los que destacan el de ramón, ojite, ojoche, capono, uhi, apomo, entre otros (Pardo-Tejeda & Sánchez-Muñoz, 1980). Pertenece a la familia de las Moraceae, es un árbol perennifolio cuyo hábitat natural es muy diverso. En la Península de Yucatán es común que los árboles se cultiven en el traspatio de las casas de las poblaciones mayas para ser utilizados como forraje (Peters & Pardo-Tejeda, 1982) o como modulador del microclima (Larqué Saavedra, comunicación personal). Este árbol se caracteriza por su alta productividad (Hernández-González, Vergara-Yoisura, & Larqué-Saavedra, 2014) y el uso integral de todas sus partes, desde construcción, ornamentos hasta alimentación y medicina tradicional. Particularmente su semilla se caracteriza por ser fuente importante de proteína, fibra dietaria y micronutrientes (USDA, 2016; Carter, 2015; Larqué-Saavedra, 2014b). La harina de la semilla de ramón posee compuestos fenólicos y una capacidad antioxidante de interés con posibles propiedades funcionales (Ozer, 2017; Tokpunar, 2010). La semilla de ramón es un producto que puede ser aprovechado en el diseño de alimentos nutritivos para consumo humano. En general, *Brosimum alicastrum* Sw. representa una propuesta de innovación forestal, como parte de la riqueza de la biodiversidad mexicana, que se puede traducir en bienestar social.

15.3. Características agronómicas

15.3.1. Taxonomía y distribución

Brosimum alicastrum Sw. fue descrito desde el año de 1788 y su nombre de origen griego (*Brosimos*) se refiere al hecho de ser comestible. Es un árbol ampliamente conocido por las diferentes etnias de México y Guatemala y se le conoce comúnmente como "ramón", aunque recibe diferentes nombres como capomo, hichoso, masico, masiquilla, ujushte de verano, ojoche, lechoso (América Central); árbol de leche, muratinga, guaimero, tilla (Venezuela), mojito, mojote, mujú, ojite, ramón del mico, talcoite, hairi (CONABIO, 1972) (Cuadro 15.1). El nombre de ramón proviene de ramonear, que hace referencia al consumo de sus semillas, plántulas y hojas por el ganado vacuno y otros animales domésticos (Meiners, Sánchez, & De Blois, 2009). Este árbol se ha considerado una especie emblemática de los mayas debido a que fue una fuente principal de alimento junto con el maíz (Carter, 2015). *Brosimum alicastrum* Sw. ha sido descrita como una de las especies tropicales con alto potencial económico, sin embargo, en la actualidad es subutilizado (*National Academy of Sciences*, 1975) (Peters & Pardo-Tejeda, 1982).

Nombres de *Brosimum alicastrum* Sw. asignado por diferentes etnias en México.

Nombre	Lengua	Estado
A-akl	Tepehuana	Durango
Ash-Ahx	Tzeltal	Chiapas
Gueltzé	Zapoteca	Oaxaca
Hairi-te	Huichola	Jalisco
Jauri	Cora	Nayarit
Juskapu	Totonaca	Veracruz
Lan-fe-lá	Chontal	Oaxaca
Moj-cuji	Popoluca	Veracruz
Oox	Maya	Yucatán y Quintana Roo
Tlatlacóyic	Náhuatl	México
Tunumi-tajan	Mixteca	Oaxaca
Yashalash	Lacandona	Chiapas

Fuente: (Meiners et al., 2009).

Brosimum alicastrum Sw. es una especie botánica arbórea del género Brosimum proveniente de la familia de las Moraceae, división de las angiospermas. En la Cuadro 15.2 se presenta la clasificación taxonómica del ramón (*Brosimum alicastrum* Sw.).

Clasificación taxonómica del ramón (*Brosimum alicastrum Sw.*).

Reino	Plantae
Subreino	Viridiplantae
División	Tracheophyta
Clase	Magnoliopsida
Orden	Rosales
Familia	Moracea
Especie	Brosimum alicastrum Sw.

Fuente: (Aragón, 1990).

Su hábitat natural es muy diverso, se ha reportado su presencia en diferentes tipos de vegetación: se encuentra en selva tropical, bosque tropical perennifolio y caducifolio, matorral espinoso, bosque de ladera, bosque húmedo y matorral xerófilo. Se ha llegado a encontrar en cañadas húmedas de zonas semiáridas. Se ha reportado que en la vegetación asociada al ramón está *Vochisioa hodurensis*, *Inga* sp., *Robinsonella mirandae*, *Mirandaceltis monoica*, *Lonchocarpus* sp., *Dialium guianense*, *Spondias* sp., *Terminalia amazonia*, *Minikara zapota*, *Calophyllum brasiliense*, *Swietenia macrophylla*, *Vitex ollis*, *Dendropanax arboreus* (Berg, 1972).

En México su distribución por el Golfo abarca desde Tamaulipas y San Luis Potosí hasta Yucatán y Quintana Roo y por el Pacífico desde Sinaloa a Chiapas. Se le encuentra en la Cuenca de Balsas en Michoacán y Morelos (Berg, 1972; CONABIO, 1972) (Figura 15.1). También se localiza en América Central y las Antillas hasta Ecuador y Venezuela en América del Sur (CONABIO, 1972).

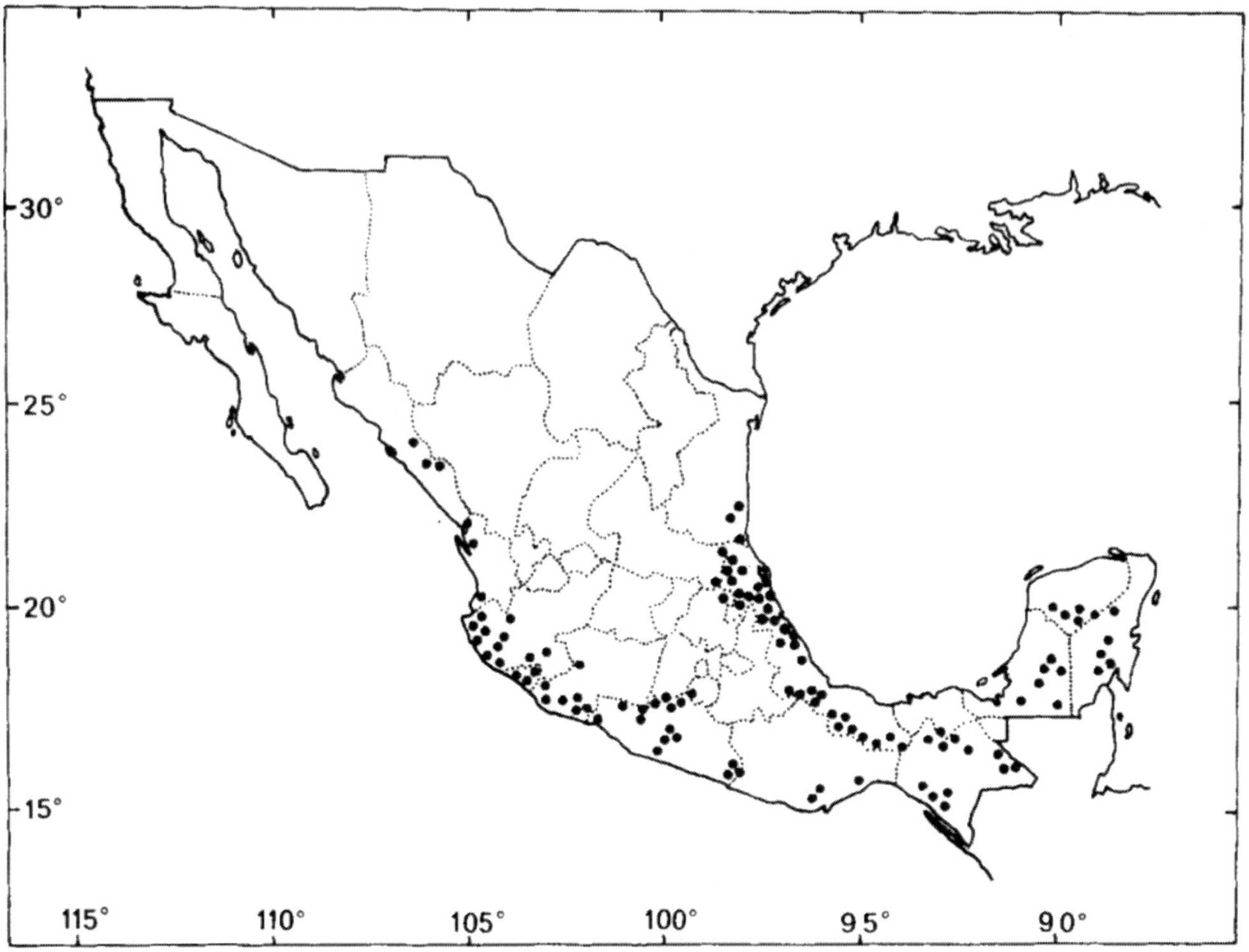

Distribución del árbol de ramón en México (*Brosimum alicastrum Sw.*). Fuente: (Peters & Pardo-Tejeda, 1982).

15.3.2. Características de la planta

Es un árbol tropical perennifolio, con altura entre 25 a 40 m, aunque hay ejemplares de hasta 45 m en Chiapas, Tabasco y Guatemala (Pennington & Sarukhán, 2005). En Yucatán varían entre 15 y 22 m de altura (Durán, Dorantes, & Méndez, 2000) y en diámetro de 70 a 150 cm, de copa redondeada a umbelada, follaje verde oscuro, con ramas oblicuamente ascendentes, fuste recto, cilíndrico, de base alargada o con gambas cóncavas. La corteza es áspera, gris a negruzca-gris, con lenticelas y se desprende en láminas escamosas. El grosor total de la corteza varía de 0.5 a 1 cm. Las hojas son simples, enteras, alternas, elípticas a elíptico-oblongas, de 8 a 18 cm de largo y de 4 a 4.75 cm de ancho; posee un pecíolo de 0.5 cm de largo, ápice agudo a acuminado, de color verde oscuro lustroso y envés verde pálido y opaco. El fruto es una baya globosa con pericarpio carnoso y comestible; mide de 1.5 a 2.5 cm de diámetro, de color verde amarillento a anaranjado en su madurez, se encuentra cubierto por diminutas escamas y contiene una sola semilla (CONABIO, 1972). Sus raíces son fuertes, pivotantes, algunas superficiales y otras penetran profundamente hasta alcanzar el manto freático (Burgos, 1982; Peters & Pardo-Tejeda, 1982) y se ha señalado que es tolerante a la sequía e inundaciones (Puleston, 1982).

La expresión sexual de *Brosimum alicastrum* Sw. no está totalmente dilucidada. Es una especie monoica y existen árboles femeninos o masculinos (Berg, 1972) cuya fecundación es anemófila, que presenta además geitonogamia, es decir, favorece la fecundación cruzada. Se estima que hay árboles hermafroditas que producen un porcentaje muy bajo de semillas que no llega a ser superior al 2 % del total de las semillas colectadas en núcleos de árboles en las selvas de Veracruz. En Yucatán, México se encontró que en plantaciones cercanas a los 100 años, tres de ellas hechas por el hombre, el 64 % mostraron ser masculinas y hermafroditas y 36 % femeninas (Larqué-Saavedra, datos no publicados).

15.3.3. Condiciones de cultivo y bioproductividad

Los árboles pueden crecer en suelos con limitación de nutrientes y debido a su capacidad para almacenar agua, no requieren riego durante la estación seca (Berg, 1972). Las condiciones para el desarrollo de *Brosimum alicastrum* Sw. se presentan en la Tabla 15.3.

Condiciones naturales para el cultivo de *Brosimum alicastrum* Sw.

Condiciones Ambientales	Condiciones Ambientales	Suelo	Suelo	Mejor crecimiento
Pluviometría (mm)	1000-3500	Suelos	Aluviales fértiles y alcalinos, incluyendo topografía cárstica de origen calizo y litosoles.	<300 msnm
Estación seca (meses)	0-6	1000-3500	Suelos	Aluviales fértiles y alcalinos, incluyendo topografía cárstica de origen calizo y litosoles.
Altitud (msnm)	0-1000	Textura	Media	Suelos
T máx (cálida) (°C)	20-40	pH	6.8 a >8.2	Media
T min (frío) (°C)	12-18	Drenaje	Libre (bien drenados)	6.8 a >8.2
T media anual (°C)	15-35			Libre (bien drenados)

Fuente: (Blancas, 2015).

La propagación del ramón puede ser a partir de la semilla con una germinación entre el 89 y 95 % y un tiempo de inicio de 8 a 10 días. La propagación asexual está poco estudiada, pero por evidencias experimentales no se ha podido ratificar que se pueda propagar por estacas como se ha publicado (Larqué-Saavedra, 2014). Tiene buena capacidad para competir con malezas y es una especie de lento crecimiento. Los individuos jóvenes (diámetro de 1 a 8 cm) crecen en promedio 0.1 cm; los de 8.1 a 16 cm crecen 0.3 cm/año y los de 16 a 32 cm crecen 0.5 cm/año. Los árboles adultos (>32 cm de diámetro) crecen 1.3 cm/año (Hernández-González, Vergara-Yoisura, & Larqué-Saavedra, 2015; Berg, 1972). Es una especie de muy larga vida, a los siete años se ha observado la aparición de sus primeras flores (Hernández-González *et al.*, 2015). En plantaciones comerciales, *Brosimum alicastrum Sw.* demanda disponibilidad de agua, al menos en los dos primeros años, para que la raíz penetre entre el suelo pedregoso y pobre para posteriormente prosperar y desarrollarse. Con un adecuado manejo y riego adicional en este tipo de suelo, los árboles de ramón sobreviven bien y han mostrado abundante follaje. A los 5.5 años se considera una fase de crecimiento rápido y casi lineal. Su mayor crecimiento se presenta durante la época de lluvias (Hernández-González *et al.*, 2015).

La bioproductividad del árbol de ramón es una importante cualidad, se estima que un árbol de ramón puede producir entre 60 y 75 kg de semillas/año, sin embargo un estudio en Yucatán indicó que árboles de más de 25 años producen 95.5 kg de semilla/año (peso fresco) y 163.4 kg/ha/año de follaje (Hernández-González *et al.*, 2014), por lo que se ha calculado que una plantación comercial de 250 árboles/ha produce entre 20 y 25 ton/ha/año de semilla y 48.9 ton/ha/año de follaje (Larqué-Saavedra, 2014), superior a lo que produce una gramínea en un sistema intensivo de cultivo (ej. el maíz 3.3 ton/ha en México). Ayala y Sandoval (1995) reportaron que plantaciones experimentales de árboles de 4 años de edad producen de 10 a 15 ton/ha de follaje en cada poda y que se pueden realizar 3 cortes al año, por lo tanto, estas plantaciones producen dos veces más pastura que otros forrajes establecidos (Larqué-Saavedra, 2014). El principal uso del ramón en Yucatán es como forraje, aprovechándose hojas y ramas tiernas, las cuales pueden presentar entre 8 y 30 % de proteína cruda, con mejores características que una leguminosa como *Leucaena leucocephala* (peladera o huaxin) y es bien aceptado por el ganado (Ayala & Sandoval, 1995).

Brosimum alicastrum Sw. tiene la capacidad fisiológica y fotosintética para adaptarse a condiciones de mucha luz, incluso en la estación seca, presenta una alta eficiencia en el uso del agua y es capaz de prosperar bajo una variedad de condiciones con limitada disponibilidad de agua, lo cual le confiere una ventaja adaptativa de relevancia ecofisiológica. En su patrón de fijación de bióxido de carbono y transpiración en árboles adultos, se ha definido como una planta tipo C_3, con una fijación máxima de 5 mol m^2 s^1 a 500 mol m^2 s^1 de luz, con una eficiencia de uso de agua entre 0.55 y 1.55 mol/mmol^{-1}, dependiendo de la hora del día (Hernández-González, Vergara Yoisura, & Larqué-Saavedra, 2014). En México, el ramón florece principalmente de noviembre a febrero, aunque también se pueden encontrar flores fuera de época. En Veracruz florece de enero a mayo y en Campeche y Quintana Roo en abril-mayo, enero-marzo-junio. Los frutos maduran de marzo a mayo aproximadamente y en Yucatán entre abril y septiembre. El desarrollo de los frutos es muy rápido (Berg, 1972).

El ramón favorece la restauración de suelos y su conservación contrarresta el efecto de vientos fuertes y recupera terrenos degradados por actividades agrícolas o pecuarias. El ramón provee protección a las cuencas hidrográficas, conserva la biodiversidad, captura carbono, da protección a los bosques y paisajes. Se estima que *Brosimum alicastrum* Sw. puede ser potencialmente el primer árbol oxalogénico que produce una cantidad significativa de alimento (Blancas, 2015) y se ha propuesto como una especie ideal para establecer cortinas rompevientos. Está reportada su importancia en el mantenimiento y conservación de la fauna; por ejemplo, 39 especies y 10 familias de aves se alimentan del fruto, asimismo venados y jabalíes (Berg, 1972). Este árbol es un indicador común para ubicar asentamientos mayas, ya que por lo general se encuentra alrededor de las ruinas de esta cultura, hecho que fue reportado por los arqueólogos desde 1935 (Lambert & Arnason, 1982; Cook, 1935).

15.3.4. Plagas y enfermedades de *Brosimum alicastrum* Sw.

El ramón es atacado por insectos que se alimentan de su madera dura como lo son *Xyleborus ferrugineus* (F.) y *X. morigerus* (Blandford) (Muñoz-Flores, Sáenz-Reyes, & Rueda-Sánchez, 2011) y de sus hojas *Trioza resellae* Tuthill (agallador) (Ascencio-Álvarez *et al.*, 2015). Algunos insectos del ramón se muestran en la Figura 15.2.

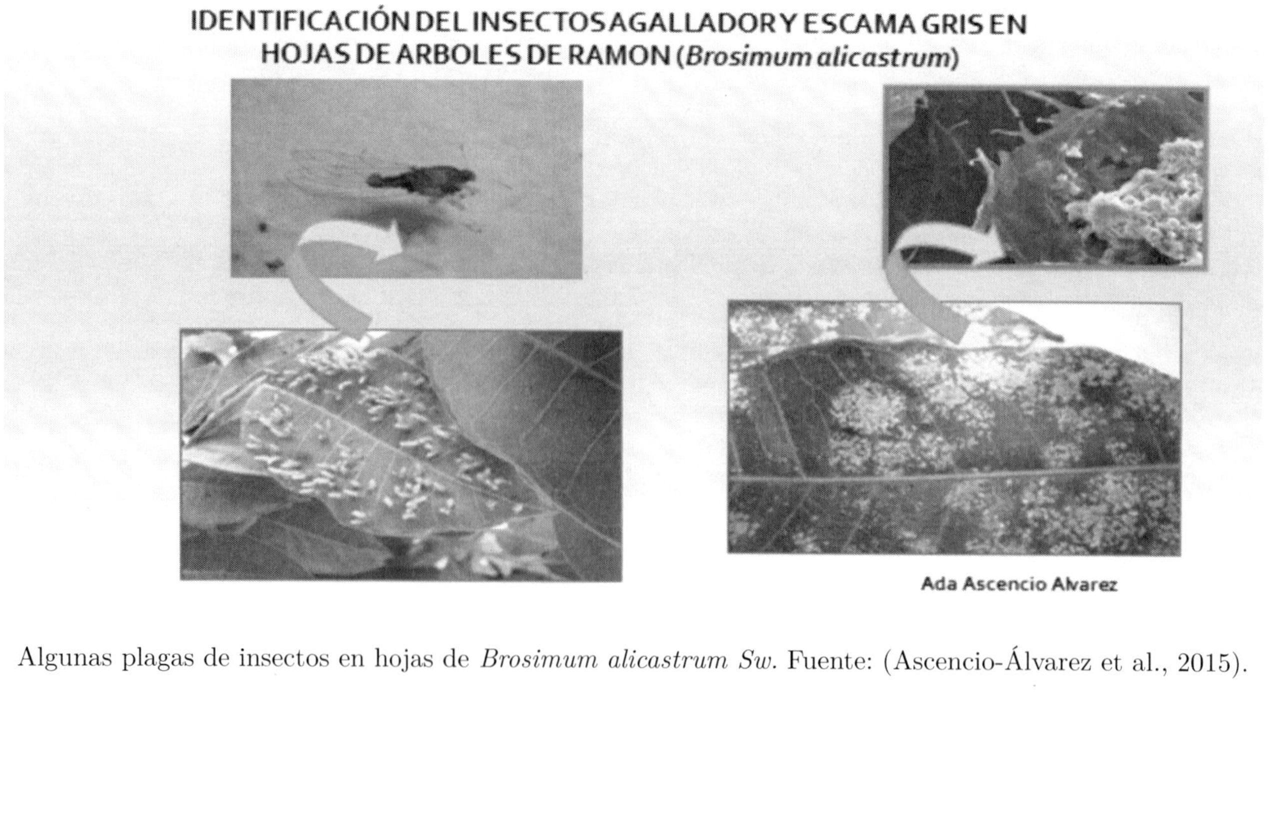

Algunas plagas de insectos en hojas de *Brosimum alicastrum Sw.* Fuente: (Ascencio-Álvarez et al., 2015).

Trioza resellae Tuthill produce agallas en las hojas de ramón, estas lesiones limitan la fotosíntesis y el crecimiento del árbol, afectando su rendimiento. Este insecto es la más importante plaga, produce de 400-600 agallas por hoja. Las agallas son estructuras tisulares anormales que se desarrollan debido a una reacción específica a la actividad de un cuerpo inductor (Ascencio-Álvarez *et al.*, 2015)*.**Acrocinus longimanus *es un escarabajo tropical nativo del sur de México hasta Brasil, el cual causa la destrucción de la madera del árbol, los huevos son colocados por las hembras adultas, en orificios sobre la corteza del árbol, utilizando sus mandíbulas. La larva se alimenta de la madera, donde posteriormente empupa, para emerger como adulto y continuar el ciclo (Velado & Pablo, 2012). Entre los depredadores de su semilla se tiene principalmente a dos roedores:* Heteromys desmarestiantus* y *Dasyprocta punctata* (Berg, 1972).

En relación con hongos patógenos en el ramón, se han identificado *Cercospora* sp., *Chalara* sp., *Colletotrichum* sp., *Fusarium, Gilmaniella* sp., *Tubercularia* sp, (Benítez, 2012) y *Alternaria alternata* (Figura 15.3). Las enfermedades causadas por hongos son comunes en los ecosistemas forestales neotropicales. Atacan las plantas en las diferentes etapas de su ciclo vital, siendo las hojas los órganos más afectados, sufriendo necrosis, clorosis y deformación, lo cual afecta la fotosíntesis y el crecimiento, la supervivencia, reproducción y capacidad competitiva de la planta hospedera (Benítez, 2012).

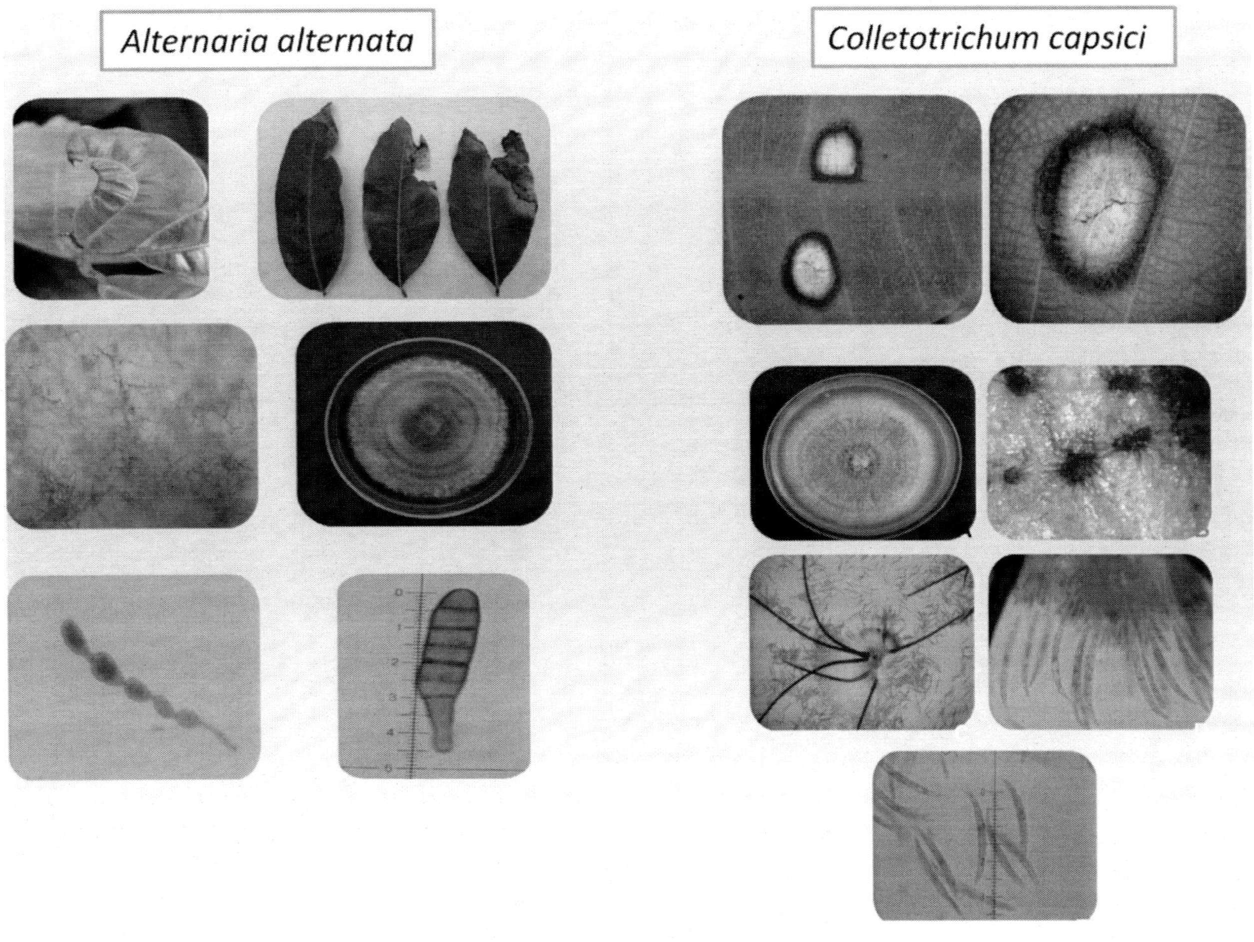

Algunos hongos patógenos identificados en hojas de *Brosimum alicastrum* Sw. Fuente: imágenes proporcionadas por el CICY (Dr. Alfonso Larqué Saavedra).

15.4. Obtención y características nutrimentales de la semilla de ramón

Para la obtención de la harina de ramón, de forma tradicional, la semilla debe perder al menos el 80 % de su peso en agua y posteriormente se muele en un molino con mallas para que la harina tenga un tamaño de partícula homogéneo (Larqué-Saavedra, datos no publicados). Otra forma de obtener la harina de ramón es cocerla en agua a 98 °C durante 1 h, después se seca en horno de convección con aire a 75 °C hasta alcanzar un contenido de agua no superior al 10 %, por último, la semilla se pulveriza en un molino de martillos y ciclón por 2 min reduciendo el tamaño de su partícula a 500 micras (35 mesh) (Arévalo & Bressani, 2013).

La semilla del árbol del ramón se define como un producto orgánico. El contenido nutrimental de la harina de esta semilla puede variar dependiendo del lugar donde crece este árbol, particularmente en algunos estados de México y en países de Centroamérica (Tabla 15.4).

Cuadro 15.4 Contenido nutrimental de semilla de *B. alicastrum* Sw. de diferentes lugares.

			Aporte nutrimental	Aporte nutrimental	Aporte nutrimental	Aporte nutrimental	Aporte nutrimental	Aporte nutrimental	Aporte nutrimental	Aporte nutrimental
Lugar	Referencia	Calorías (kcal)	Calorías (kcal)	Humedad (g)	Proteína (g)	Grasa (g)	Ceniza (g)	Carbohidratos (g)	Fibra dietaria (g)	
Yucatán	(Cravioto, 1952)**	—	—		14.4	0.9	3.4	81.3	—	
Yucatán	(INCAP-ICNND, 1961)	363	363	6.1	12.1	1.7	4.7	81.5	—	
Yucatán	(Larqué-Saavedra, 2014)	312	312	13.3	13.0	1.3	3.9	81.8	15.0	
Veracruz	(INPI, 1976)	—	—	12.2	10.2	2.0	4.7	81.5	—	
Honduras	(Zamorano, 2009)**	281	281	7.7	8.8	1.4	4.0	85.9	21.7	
Guatemala*	(Arévalo & Bressani, 2013)	—	—	8.3	11.5	0.8	4.1	83.7	14.0	
Guatemala	(Carter, 2015)	—	—	9.7	10.4	0.7	3.8	85.1	13.0	
Nicaragua	(Carter, 2015)	—	—	11.8	11.7	0.6	4.1	83.6	16.3	

(g/100 g de harina). *Datos convertidos a base seca para comparación. **(Carter, 2015).

FAO clasifica a esta especie como "*GRAS*", es decir inocua, donde el fruto, la semilla, madera, hojas y látex son fuentes de materia prima para alimentación y forrajes (FAO, 2012). La harina de semilla de *Brosimum alicastrum* Sw. en general se caracteriza por tener un alto contenido de proteína (11.4-13.4 %), fibra dietaria (13.0-16.0 %), minerales (4.8-4.1 %), un bajo contenido de grasa (0.6-1.3 %), una humedad promedio de 6.5-13.3 %, carbohidratos totales entre 81.8-85.1 % y un aporte calórico de 3.4 a 4.1 kcal/g de harina (USDA, 2016; Carter, 2015; Larqué-Saavedra, 2014b). No obstante, y a excepción de Honduras, el contenido de proteína en la harina de ramón es mayor a la del trigo, maíz y arroz (9.3, 9.8 y 7.2 % respectivamente), granos que son usados tradicionalmente como base de la alimentación en diferentes culturas (Carter, 2015).

El perfil de aminoácidos de la harina de semilla de ramón indica que proporciona proteínas de alta calidad biológica (Cuadro 15.5) (Carter, 2015). La harina contiene lisina y triptófano, aminoácidos que se encuentran limitados en las dietas de México y Centro América (Peters & Pardo-Tejeda, 1982).

Cuadro 15.5 Contenido de aminoácidos en harina de semilla de *B. alicastrum* Sw.

Aminoácidos	Contenido (g/ 100 g de harina))
Ácido aspártico	0.951
Triptófano	0.234
Ácido glutámico	5.206
Leucina	0.935
Prolina	0.429
Arginina	0.793
Serina	0.577
Valina	0.834
Fenilalanina	0.407
Glicina	0.541
Treonina	0.335
Alanina	0.392
Isoleucina	0.488
Tirosina	0.634
Lisina	0.376
Histidina	0.132
Metionina	0.050
Cistina	0.135

Fuente: (USDA, 2016).

La harina de ramón tiene bajo contenido en grasa (0.6 a 1.3 g), y sus principales ácidos grasos son ácido linoleico (55.1 %), palmítico (27.2 %), linolénico (9.9 %), esteárico (6.3 %) y eicosanoico (3.4 %) (Tokpunar, 2010). La harina tiene un importante aporte de micronutrientes (Tabla 15.6), particularmente en riboflavina, niacina, vitamina A, vitamina C, calcio, magnesio, fósforo, potasio y hierro por 100 g de harina (USDA, 2016; Carter, 2015; Larqué-Saavedra, 2014b) los cuales son mayores a los que aporta una harina integral de maíz amarillo (USDA, 2017).

Cuadro 15.6 Contenido de vitaminas y minerales en harina de semilla de *B. alicastrum* Sw.

Vitaminas	Contenido	Minerales	Contenido*
Riboflavina (mg)	0.14	Calcio (mg)	94.00
Ácido Pantoténico (mg)	1.87	Cobre (mg)	2.45
Niacina (mg)	2.10	Hierro (mg)	4.60
Tiamina (mg)	0.03	Magnesio (mg)	115.00
Vitamina A (mg)*	73.93	Manganeso (mg)	0.30
Vitamina B6 (mg)	0.68	Fósforo (mg)	178.00
Vitamina C (mg)	46.60	Potasio (mg)	2011.00
Ácido fólico (µg)	26.87	Sodio (mg)	53.00
		Zinc (mg)	1.91

*Por 100 g de harina (base seca). Fuente: (USDA, 2016; Flaster, 2007).

Desafortunadamente, las propiedades de la harina de ramón *(B. alicastrum* Sw.*)* son desconocidas en muchos lugares del país, siendo particularmente en el sur, donde se da con mucha facilidad mientras que en los municipios de Tzucacab, Ticul y Oxkutzcab (Yucatán, México) únicamente es empleado como alimento para animales (Hernández, Munguía, & Monforte, 2015).

15.5. Contenido de fitoquímicos y propiedades antioxidantes

En sus propiedades antioxidantes, la harina de la semilla de *B. alicastrum* Sw. contiene más compuestos polifenólicos (24.7 mg EAG/g) que la nuez (8.1 mg EAG/g), cacahuate (4.3 mg EAG/g) o almendra (0.9 mg EAG/g,) y una capacidad antioxidante (92.5 % Inh-ABTS y 78.1 % DPPH) similar a la nuez (92.2 % Inh-ABTS y 84.8 % DPPH), pero mayor que la del cacahuate (91.1 % Inh-ABTS y 45.5 % DPPH) y la almendra (58.9 % Inh-ABTS y 45.5 % DPPH) (Tokpunar, 2010). Recientemente se ha reportado que la semilla de ramón tiene un contenido en ácidos fenólicos (ácido gálico, ácido *p*-hidroxibenzoico, ácido vanílico, ácido cafeico y ácido *p*-cumárico) que va de 6.5 a 326 g/g, siendo el ácido *p*-hidroxibenzoico el principal compuesto fenólico (Ozer, 2017) (Figura 15.4 y 15.5).

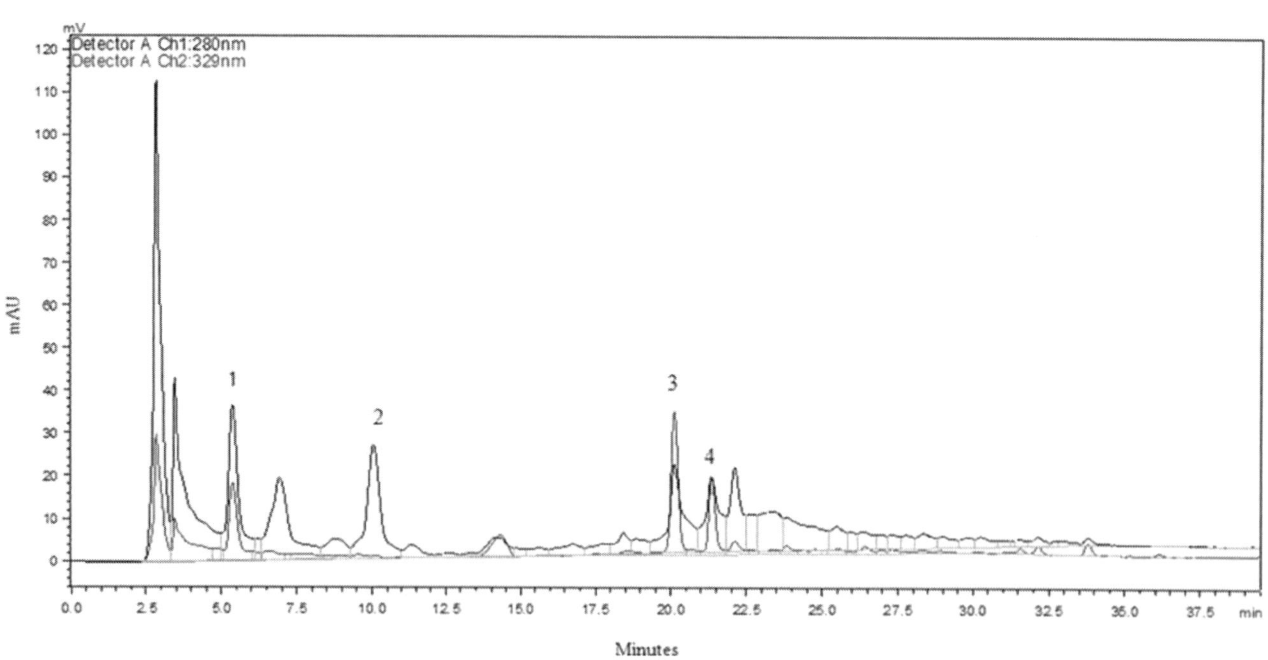

Cromatograma HPLC de ácidos fenólicos libres en semilla de ramón. Extracción metanol-ácido acético, 280 y 329 nm. 1 –ácido gálico, 2 –ácido *p*-hidroxibenzoico, 3 –ácido vanílico y 4 – ácido cafeico. Fuente: (Ozer, 2017).

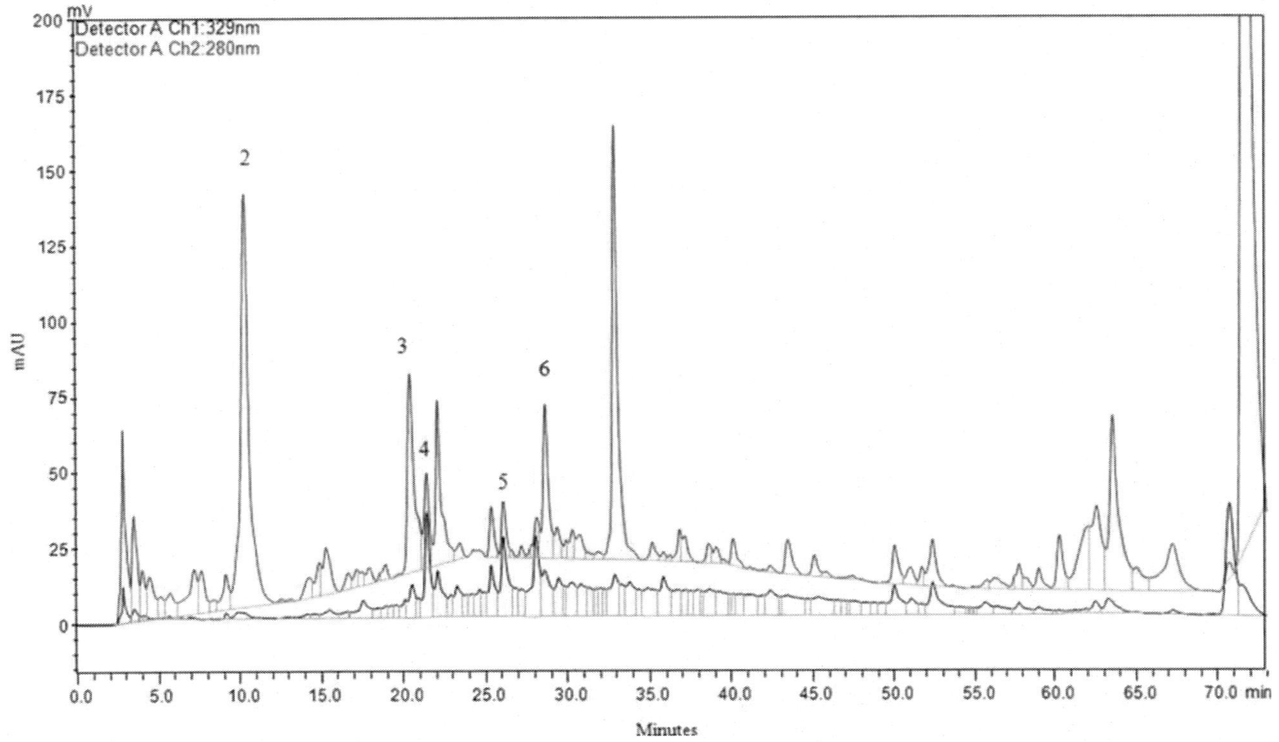

Cromatograma HPLC de ácidos fenólicos en semilla de ramón. Hidrólisis alcalina, 280 y 329 nm. 12 – ácido *p*-hidroxibenzoico, 3 –ácido vanílico, 4 –ácido cafeico, 5 –ácido *p*-cumárico y 6 –epicatequina. Fuente (Ozer, 2017).

15.6. Usos del ramón

Brosimum alicastrum Sw. es un árbol que se caracteriza por su uso integral de manera tradicional (Figura 15.6). Entre los usos más comunes que se le han dado al árbol destaca el aprovechamiento de su madera que se obtiene del tronco para la construcción de tarimas, material para elaborar artesanías, mangos para herramientas, fabricación de artículos torneados y como pulpa para papel (Batis, Alcocer, Gual, Sánchez, & Vázquez-Yanes, 1999).

Figura 15.6 .Usos tradicionales del árbol *Brosimum alicastrum* Sw. Fuente: imagen proporcionada por el grupo de investigación del CICY (Dr. Alfonso Larqué Saavedra).

El uso del follaje para alimentación de ganado ubica a *Brosimum alicastrum* Sw. como una excelente fuente de proteína cruda (13-17 %) suficiente para el mantenimiento de la microbiota ruminal (> 7 %) y de fibra neutro detergente (36-46 %), además de mostrar los animales una preferencia por el consumo del follaje arbóreo de ramón en comparación con el "Huaxin" (*Leucaena leucocephala*) (Rojas-Schroeder, Sarmiento-Franco, Sandoval-Castro, & Santos-Ricalde, 2017). Sus hojas, semillas y tallo joven se utilizan como alimento pecuario (Berg, 1972). Su corteza, látex y hojas se usan para elaborar tónicos e infusiones para problemas renales, tos, dolores de pecho y asma (Peters & Pardo-Tejeda, 1982) (Cuadro 15.7).

Estructuras vegetativas aprovechadas de *Brosimum alicastrum* Sw.

Aprovechamiento	Estructuras vegetativas
Follaje	Hojas y semillas
Poste	Ramas
Leña	Ramas
Construcción de casas	Tallo
Herramientas de trabajo	Ramas
Muebles	Tallo
Miel	Flores
Comestible	Semillas
Medicina tradicional	Semillas, corteza, hojas y látex

Fuente: (Orantes, Caballero, & Velázquez, 2012).

En diferentes partes del país, el ramón es utilizado como alimento para los humanos, tal es el caso de diferentes zonas de las huastecas, Sinaloa, Jalisco, Nayarit y Chiapas, entre otros. Los habitantes de tres comunidades de Chiapas utilizan las semillas como alimento en diversos platillos. La forma de utilizar las semillas consiste en tostarlas y molerlas para obtener una harina que se usa principalmente en la elaboración de tamales, atole, café y tortillas, también se colectan las semillas y se hierven con azúcar para preparar un dulce. El cocimiento de la corteza se utiliza para el tratamiento de la diabetes, las semillas preparadas en atole se utilizan para la producción de leche materna, el látex se usa como anestésico para la extracción de dientes (Orantes *et al.*, 2012).

15.7. Perspectivas sobre el ramón

A pesar de ser una especie con propiedades de interés nutrimental y potencialmente funcionales, *Brosimum alicastrum* Sw. está poco desarrollado y utilizado, a pesar del conocimiento ancestral de este árbol. Actualmente no existen plantaciones comerciales de ramón, condición que se debe estimular debido a la dependencia de granos que tiene México actualmente. Por lo antes señalado, el Centro de Investigación Científica de Yucatán (CICY) ha estado dando seguimiento a un proyecto integral sobre el ramón (Figura 15.7). Este proyecto considera al árbol de *Brosimum alicastrum* Sw. como una especie multifuncional, con diferentes servicios ambientales que se deben de cuantificar a través de estudios con alto impacto ambiental, por ejemplo en la captura de CO_2 (Hernández-González *et al.*, 2014), reforestación, restauración de suelos, resistencia de la especie a sequías e inundaciones y su producción de biomasa, entre otros. En energía se tienen ya estudios sobre la producción de biocombustibles, como el etanol (Olguin-Maciel *et al.*, 2017). Muchos de estos estudios se han desarrollado en el Banco de Germoplasma del trópico mexicano del CICY.

Proyecto del grupo de Investigación de CICY sobre *Brosimum alicastrum* Sw.

En el impacto alimentario, particularmente se ha impulsado el establecimiento de empresas de base tecnológica como agroindustrias para la producción de alimento pecuario y de consumo humano. En el desarrollo de agroindustrias, Kishur, es una empresa de base tecnológica, ubicada en Chocholá, Yucatán, México dedicada 100 % a la comercialización de productos de ramón. Esta empresa es una sociedad de producción rural que genera una actividad agroindustrial sostenida con impacto social y económico para la región. En esta empresa se comercializan dos productos desarrollados por el CICY, como lo es la harina de *Brosimum alicastrum* y un alimento pecuario bajo la denominación de Maya-Óox (Figura 15.8).

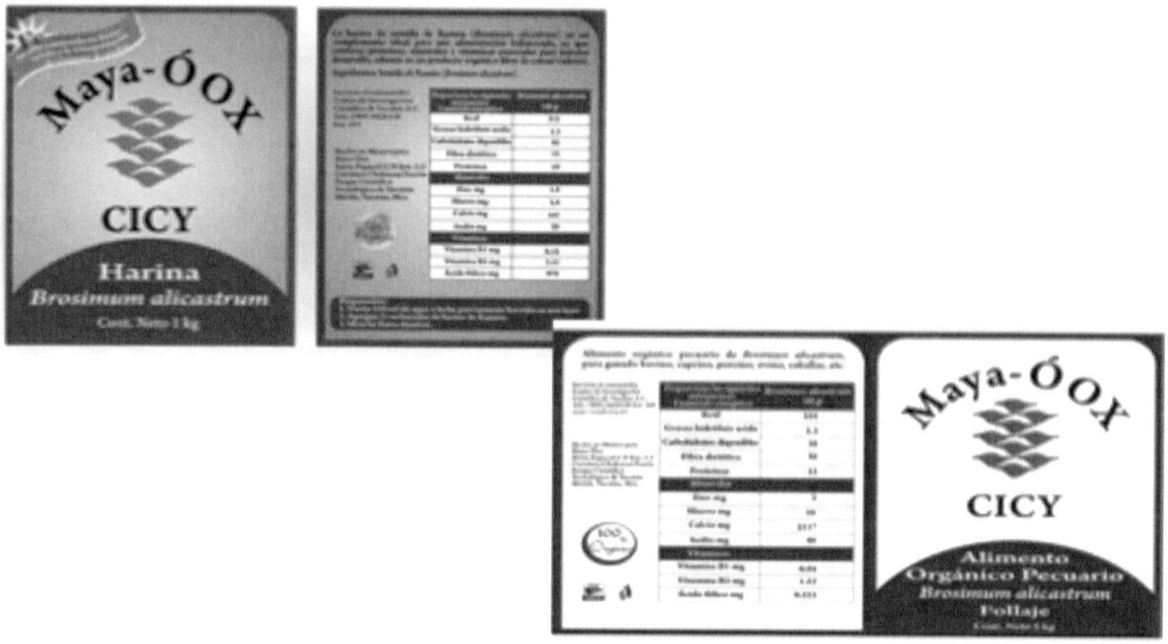

Productos alimentarios de ramón desarrollados por el CICY. Fuente: imágenes proporcionadas por el CICY (Dr. Alfonso Larqué Saavedra).

El grupo de trabajo de la Universidad Autónoma de Ciudad Juárez (CA Química y Alimentos, CA Salud Comunitaria) actualmente trabaja en el diseño y estudio de las propiedades nutrimentales y funcionales de la harina de semilla de ramón, así como de alimentos diseñados para consumo humano que contienen harina de *B. alicastrum* Sw. Entre los alimentos que ya se tienen hay una bebida para niños y jóvenes escolares, una tortilla de harina de trigo parcialmente sustituida con harina de ramón y un alimento con alto aporte de proteína especialmente diseñado para el adulto mayor con presarcopenia (datos recientes no publicados).

15.8. Referencias

Aragón, U. R. (1990). *Caracterización preliminar del ramón (Brosimum alicastrum Swartz), in situ en el bosque muy húmedo subtropical cálido de Peten, Guatemala.* Universidad de San Carlos Guatemala.

Arévalo, A., & Bressani, R. (2013). Respuesta glicémica de la semilla de Ramón (Brosimum alicastrum) en mujeres de 16 a 25 años de edad, residentes de la ciudad capital, Guatemala. *Revista 25 de La Universidad de Guatemala*, 66–71.

Ascencio-Álvarez, A., Martín-Mex, R., Tucuch-Haas, J. I., Valdez-Carrasco, J., Huchin-Poot, E. G., Andrade-Canto, S. B., … Larqué-Saavedra, A. (2015). Identificación del insecto agallador (Trioza rusellae Tuthill) en hojas de Brosimum alicastrum Swartz en Yucatán, México. *Revista Chapingo, Serie Ciencias Forestales Y Del Ambiente*, *21*(1), 123–132.

Ayala, A., & Sandoval, S. M. (1995). Establecimiento y producción temprana de forraje de ramón (Brosimum alicastrum Swartz) en plantaciones a altas densidades en el norte de Yucatán, México. *Agroforestería de Las Américas*, *2*(7), 1–7.

Batis, A., Alcocer, M., Gual, M., Sánchez, C., & Vázquez-Yanes, C. (1999). *Árboles y arbustos nativos potencialmente valiosos para la restauración ecológica y la reforestación*. México.

Benítez, J. (2012). Hongos patógenos en la selva. *Investigación Y Ciencia*, *enero*, 36–42.

Berg, C. (1972). Brosimum alicastrum. *Flora Neotrópica. Monograph*, *7*, 183–186.

Blancas, J. (2015). *Análisis sistémico del aprovechamiento sustentable de la semilla del árbol de ramón (Brosimum alicastrum) en Bacalar, Quintano Roo, México. Periodo 201-2014*. Universidad de Quintana Roo.

Burgos, G. (1982). *Brosimum alicastrum Swartz posibilidades de utilización en la alimentación*. Universidad Autónoma de Yucatán.

Carter, C. T. (2015). *Chemical and Functional Properties of Brosimum Alicastrum Seed Powder (Maya Nut , Ramón Nut)*. Clemson University, USA.

CONABIO. (1972). *Brosimum alicastrum Sw.*

Cook, O. F. (1935). The Maya Breadnut in Southern Florida. *Science*, *27*, 615–616.

Durán, R. A., Dorantes, P. S., & Méndez, M. (2000). *Manual de propagación de plantas de la Península de Yucatán*. Mérida, Yucatán: Centro de Investigación Científica de Yucatán.

FAO. (2012). *The State of the World's Forest Genetic Resources. Country Report Mexico*. México.

Flaster, T. (2007). *Brosimum Alicastrum SW.) And B. Alicastrum- Derived Ingredients for use in Traditional Foods Generally Recognized as Safe (GRAS) Self- Affirmation Report*.

Hernández-González, O., Vergara-Yoisura, S., & Larqué-Saavedra, A. (2014). Studies on the productivity of Brosimum alicastrum a tropical tree used for animal feed in the Yucatan Peninsula. *Bothalia Journal*, *44*(6), 70–81.

Hernández-González, O., Vergara-Yoisura, S., & Larqué-Saavedra, A. (2015). Primeras etapas de crecimiento de Brosimum alicastrum Sw. en Yucatán. *Revista Mexicana de Ciencias Forestales*, *6*(27), 38–48.

Hernández-González, O., Vergara Yoisura, S., & Larqué-Saavedra, A. (2014). Photosynthesis, Transpiration, Stomatal Conductance, Chlorophyll Fluorescence and Chlorophyll Content in Brosimum alicastrum. *Bothalia Journal*, *44*(6), 165–176.

Hernández, V., Munguía, A., & Monforte, G. (2015). *Caracterización De La Producción Con Árboles De Ramón (Brosimum Alicastrum Sw.) Y Sus Derivados Para El Desarrollo Sustentable De La Región Sur Del Estado De Yucatán*. Cuernavaca, Morelos, México.

INCAP-ICNND. (1961). *Composición de alimentos comúnmente usados en América Latina*.

INPI. (1976). *Análisis de semilla de Brosimum alicastrum*.

Lambert, J. D. H., & Arnason, J. T. (1982). Ramón and Maya Ruins: An Ecological, not an Economic, Relation. *Science*, *216*, 298–299.

Larqué-Saavedra, A. (2014). Brosimum alicastrum. Ramón. *Gaceta*, *6*(49), 6–33.

Meiners, M., Sánchez, C., & De Blois, S. (2009). El ramón: fruto de nuestra cultura y raíz para la conservación. *Biodiversitas*, (87), 7–10.

Muñoz Flores, H., Sáenz Reyes, J. T., & Rueda Sánchez, A. (2011). *Especies Promisorias de Clima Tropical para Plantaciones Forestales Comerciales en Michoacán. Libro técnico*.

Olguin-Maciel, E., Larqué-Saavedra, A., Pérez-Brito, D., Barahona-Pérez, L. F., Alzate-Gaviria, L., Toledano-Thompson, T., … Tapia-Tussell, R. (2017). Brosimum alicastrum as a novel starch source for bioethanol production. *Energies*, *10*(10).

Orantes, C., Caballero, A., & Velázquez, M. (2012). Aprovechamiento del árbol nativo Brosimum alicastrum Swartz (Moraceae) en la Selva Zoque Chiapas, México. *Lacandonia*, *6*(1), 71–82.

Ozer, H. K. (2017). Phenolic compositions and antioxidant activities of Maya nut (Brosimum alicastrum): Comparison with commercial nuts. *International Journal of Food Properties*, *20*(11), 2772–2781.

Pardo-Tejeda, E., & Sánchez-Muñoz, C. (1980). *Brosimum alicastrum (Ramón, capomo, ojite, ojoche) recurso silvestre tropical desaprovechado* (2da.). Xalapa, Veracruz: Instituto Nacional de Investigaciones sobre recursos Bióticos.

Pennington, T., & Sarukhán, J. (2005). *Árboles tropicales de México. Manual para la identificación de las principales especies* (3a.). México: Fondo de Cultura Económica.

Peters, C., & Pardo-Tejeda, E. (1982a). Brosimum alicastrum (Moraceae): uses and potential in Mexico. *Economic Botany*, *36*(2), 166–175.

Peters, C., & Pardo-Tejeda, E. (1982b). Brosimum alicastrum (Moraceae): Uses and Potential in Mexico. *Economic Botany*, *36*(2), 166–175.

Puleston, D. E. (1982). *Maya Subsistence.* (K. P. Flannery, Ed.) (1st ed.). USA: Academic Press.

Rojas-Schroeder, J., Sarmiento-Franco, L., Sandoval-Castro, C., & Santos-Ricalde, R. (2017). Utilización del follaje de ramón (Brosimum alicastrum Swarth) en la alimentación animal. *Tropical and Subtropical Agroecosystems*, *20*, 363–371.

Tokpunar, H. K. (2010). *Chemical composition and antioxidant properties of maya nut (Brosimum alicastrum).* Clemson University, USA.

USDA. (2016). National Nutrient database for Standard Reference. Agricultural Research Service.

USDA. (2017). National Nutrient database for Standard Reference. Agricultural Research Service.

Velado, M., & Pablo, J. (2012). *Impacto del escarabajo barrenador (Acrocinus longimanus) sobre los árboles de ojushte (Brosimum alicastrum) y el efecto indirecto sobre la población de monos araña (Ateles geoffroyi) en el área natural protegida Chaguantique, Puerto El Triunfo, Usulután.* Universidad de El Salvador.

16

Tomasa

Subproducto del Procesamiento del Tomate: Actividad antiplaquetaria

Iván Palomo, Eduardo Fuentes, Marcelo Alarcón, Anibal Concha

TOMASA, subproducto del Procesamiento del Tomate: Actividad antiplaquetaria.

Palomo I [1,2], Fuentes E[1,2], Alarcón M[1,2] y Concha A[3].

1, Centro de Investigación en Trombosis, Facultad de Ciencias de la Salud; 2, Programa de Envejecimiento en Envejecimiento Saludable, Universidad de Talca, Chile; 3, Centro de Estudios de Alimentos Procesados.

1, Centro de Investigación en Trombosis, Facultad de Ciencias de la Salud; 2, Programa de Envejecimiento en Envejecimiento Saludable, Universidad de Talca, Chile; 3, Centro de Estudios de Alimentos Procesados.

Autor para correspondencia: ipalomo@utalca.cl

16.1. Introducción

En los últimos años se ha producido un incremento significativo en la incidencia y prevalencia de las enfermedades cardiovasculares (ECV; infarto agudo de miocardio, enfermedad cerebrovascular y trombosis arterial periférica) (A. S. Go et al., 2014, I. F. Palomo et al., 2006). Las ECV representan alrededor del 30 % de las defunciones mundiales (World Health Organization. Informe sobre la salud en el mundo, 2002), con un incremento relativo a través del tiempo, producto del envejecimiento de la población (C. F. Jackson and N. K. Wenger, 2011) y de los factores de riesgos cardiovascular (FRCV), como la diabetes, hipertensión arterial, tabaquismo, dislipidemias y obesidad (L. A. Bazzano et al., 2003, A. Esteghamati et al., 2006, G. I. Palomo et al., 2007, W. Wang et al., 2006), los cuales son desencadenantes de las lesiones ateromatosas (H. González-Navarro et al., 2007).

En el proceso aterosclerótico la comunicación plaqueta/endotelio y plaqueta/leucocito es importante dado el carácter inflamatorio de la lesión vascular; factor desencadenante de la erosión o rotura de la placa ateromatosa (Y. Huo et al., 2003, P. Seizer et al., 2008). La aterosclerosis ya no se considera solamente una enfermedad debida a la pérdida de la homeostasis lipídica, sino que contempla la participación de numerosos componentes inflamatorios celulares y moleculares en todas sus etapas; desde la lesión temprana a la formación de una placa vulnerable (E. Corrado et al., 2010). Por lo general, las lesiones ateromatosas presentan un marcado infiltrado leucocitario, principalmente monocitos (macrófagos), células T, células dendríticas y neutrófilos. Estas células secretan moléculas que contribuyen a la aparición y progresión de la aterosclerosis en el sitio de lesión endotelial (M. Gómez et al., 2009, N. Matijevic et al., 2011, D. A. Steeber and T. F. Tedder, 2000). La inflamación es un paso clave entre los FRCV y la aterosclerosis, y sus complicaciones en la alteración biológica arterial (P. Libby et al., 2009, J. T. Willerson and P. M. Ridker, 2004). Por su parte, las plaquetas facilitan el crecimiento de la placa ateromatosa, proceso que contribuye al desarrollo de la enfermedad tanto en modelos animales como en humanos (S. Massberg et al., 2002, S. Penz et al., 2005).

Dado el aumento de las ECV y de la población mundial, se crea la demanda por fuentes de alimentos que contribuyan a la prevención de ECV y a una mejor calidad en la salud de las personas, es decir, es necesario el desarrollo de alimentos funcionales y nutracéuticos que cumplan una función adicional a la nutrición. En el último año, el mercado global de alimentos funcionales se estimó en US $69,45 billones, y se espera que la tasa de crecimiento anual sea de 8 %, por lo que el año 2020 el mercado tendría un valor de US$110,21 billones. En este contexto, nuestros estudios han demostrado el rol protector cardiovascular de la alimentación saludable, la que incluye preferentemente frutas y verduras. Entre estas últimas, destaca el tomate (Solanum lycopersicum L.), principal hortaliza de fruto en el mundo, y de alto consumo como producto fresco y procesado (pasta, jugo y deshidratado), con una significativa capacidad para contribuir a la disminución de las ECV a través de su actividad antitrombótica (E. J. Fuentes et al., 2012).

Más de 30 millones de toneladas de tomates se procesan anualmente en todo el mundo para producir tomates enlatados, ketchup, jugo de tomate, salsa y muchos otros productos. La región del Maule, Chile, concentra cerca del 66 % de la producción nacional de tomate industrial, lo que representa cerca de 600 mil toneladas de tomate de proceso cada año. Dados los altos volúmenes de tomate que se procesan anualmente, se generan cerca de 18 mil toneladas del subproducto industrial del proceso de tomate denominado tomasa (conformada por piel y semillas), producidas en su mayor parte en las empresas Sugal Chile y Agrozzi, ambas presentes en la Región del Maule. Hoy en día, la utilidad de la tomasa se reduce solo a ser vendida a muy bajo precio (CLP $7/kg) o regalada para consumo animal. Adicionalmente, el residuo no consumido por los animales, causa contaminación del terreno agrícola ya que no hay depósitos específicos para su eliminación (Marcos Del Valle et al., 2006). A pesar de su subutilización, de acuerdo a nuestros estudios hemos observado que la tomasa presenta actividad antitrombótica aproximadamente dos veces más potente que el tomate (E. Fuentes et al., 2013b).

En vista de lo anteriormente descrito (alta prevalencia de ECV, crecimiento de la población y subutilización de una posible fuente alimentaria) y con base en investigaciones previas de nuestro grupo de investigación (http://www.thrombosisresearchcenter.utalca.cl) se presenta la oportunidad de utilizar los grandes volúmenes de tomasa producida y subutilizada cada año, para la obtención de un nuevo producto comercial con la capacidad antitrombótica comprobada científicamente.

16.2. Tomate y enfermedades cardiovasculares

En relación a las ECV, desde el punto de vista de salud pública, los esfuerzos deben estar dirigidos a la prevención primaria, es decir, a disminuir los FRCV (L. Badimon and G. Vilahur, 2008). Estudios epidemiológicos han demostrado el rol protector cardiovascular de una dieta saludable (L. Dauchet et al., 2006). En este ámbito, el efecto de frutas y hortalizas (F&H) podría estar relacionado a sus compuestos bioactivos, lo que motiva la investigación de fitoquímicos para la prevención de ECV (L. Badimon et al., 2010, M. H. Carlsen et al., 2010). En dicho contexto, el tomate (S. lycopersicum) presenta actividad antioxidante (E. Fuentes, R. Carle, L. Astudillo, L. Guzman, M. Gutierrez, G. CarrascoyI. Palomo, 2013b), hipolipemiante (Iván Palomo G et al., 2010) y antiagregante plaquetaria (E. Fuentes et al., 2012).

El tomate es una planta dicotiledónea perteneciente a la familia de las solanáceas (F Nuez, 1995). Es una de las principales hortalizas cultivadas en Chile, concentrándose el 88 % de la superficie productiva entre la región V y VII (INE Instituto Nacional de Estadística VI Censo Nacional Agropecuario. Santiago (Chile), 1997). S. lycopersicum contiene potasio, ácido fólico, beta-caroteno, vitamina C, vitamina E, flavonoides y licopeno (H. M. Chandra et al., 2012, Guil-Guerrero J and Rebolloso-Fuentes M, 2009).

El objetivo de este proyecto es caracterizar principios bioactivos del tomate con actividad inhibitoria de la función plaquetaria y protectora del endotelio.

a) Inhibición de la función plaquetaria

Se ha observado que el tomate tiene actividad antiagregante plaquetaria in vitro e in vivo al inhibir la agregación plaquetaria inducida por ADP y colágeno (A. K. Dutta-Roy et al., 2001, S. A. Lazarus and M. L. Garg, 2004, N. O'Kennedy et al., 2006a, N. O'Kennedy et al., 2006b, J. Yamamoto et al., 2003), como fue confirmado por nuestro grupo de investigación (C. Torres-Urrutia et al., 2011).

Por otra parte, existe una amplia gama de compuestos bioactivos presentes en el tomate con actividad antiagregante plaquetaria, de entre los cuales es conocida su biodisponibilidad (derivados de flavonoides) y de otros que no han sido identificados (K. J. Murphy et al., 2003).

Dutta-Roy et al (A. K. Dutta-Roy, L. Crosbie and M. J. Gordon, 2001), Yamamoto et al (J. Yamamoto, T. Taka, K. Yamada, Y. Ijiri, M. Murakami, Y. Hirata, A. Naemura, M. Hashimoto, T. Yamashita, K. Oiwa, J. Seki, H. Suganuma, T. Inakuma and T. Yoshida, 2003), y Lazarus y Garg (S. A. Lazarus and M. L. Garg, 2004) describieron la actividad antiagregante plaquetaria del extracto acuoso de tomate, destacando la presencia de adenosina, la estabilidad térmica y falta de cambios en los niveles basales de cAMP, respectivamente. Por otra parte, O'Kennedy et al (N. O'Kennedy, L. Crosbie, S. Whelan, V. Luther, G. Horgan, J. I. Broom, D. J. Webb and A. K. Duttaroy, 2006b) demostraron una reducción significativa de la agregación plaquetaria ex vivo después de 3 h del consumo del suplemento de extracto de tomate.

En nuestro laboratorio previamente observamos que los extractos acuoso y metanólico presentan estabilidad térmica (22, 60 y 100°C) y ácido-base (pH 2 y 10) para inhibir la agregación plaquetaria inducida por ADP. Adicionalmente encontramos que una de las fracciones moleculares obtenidas a partir de ambos extractos presentó la mayor actividad (aproximadamente 70 % de inhibición de la agregación plaquetaria). En ratas tratadas con macerados de tomate, se observó un leve efecto antiagregante plaquetario ex vivo (E. J. Fuentes, L. A. Astudillo, M. I. Gutierrez, S. O. Contreras, L. O. Bustamante, P. I. Rubio, R. Moore-Carrasco, M. A. Alarcón, J. A. Fuentes, D. E. Gonzalez and I. F. Palomo, 2012).

Además de los actuales fármacos antiplaquetarios, algunos compuestos bioactivos, tales como los polifenoles, han mostrado capacidad para inhibir la formación de agregados mixtos in vitro y ex vivo. Por su parte, se ha observado que los ácidos cafeico y clorogénico, y derivados del cacao inhiben la expresión de P-selectina in vitro (plaquetas humanas) y ex vivo (plaquetas de ratón) (J. B. Park, 2007, J. B. Park and N. Schoene, 2006). El ácido cafeico, por espectrometría de masa y cromatografía líquida de alta eficacia (HPLC), ha sido identificado en el extracto metanólico del tomate (M. Gómez-Romero et al., 2010).

b) Actividad protectora de endotelio

Entre los componentes que protegen el endotelio se encuentran las moléculas antioxidantes (vitamina C, vitamina E y licopeno, entre otras) y ácidos grasos poliinsaturados (Iván Palomo G. et al.). Se ha observado que los extractos acuoso y metanólico de tomate presentan actividad antioxidante in vitro (E. Paran et al., 2009).

Posiblemente la actividad protectora del endotelio del tomate se explique por los siguientes mecanismos: (a) protección antioxidante de LDL (M. L. Silaste et al., 2007), (b) reducción del daño oxidativo del ADN y otros marcadores de estrés oxidativo (J. Y. Kim et al., 2011) e (c) inhibición de la expresión de moléculas de adhesión en CE (C. F. Hung et al., 2008).

Miniproteínas de cisteína y carotenoides presentes en el tomate presentan efecto antiangiogénico vía inhibición de la fosforilación de Erk, Akt, p38 MAPK y JNK, sin alterar la viabilidad y proliferación normal de CE (C. Cavallini et al., 2011, D. K. Lee et al., 2006, P. Palozza et al., 2010b).

El licopeno (principal carotenoide del tomate) inhibe la expresión de moléculas de adhesión celular y la migración de CE por bloqueo en la expresión de NF-B, CD14 y receptor tipo Toll 4 (TLR4), y producción de factor de necrosis tumoral (TNF)- (P. Palozza et al., 2010a, M. Sahin et al., 2012, R. E. Simone et al., 2011, X. Tang et al., 2009, L. G. Wood and P. G. Gibson, 2009).

Otros potentes compuestos bioactivos presentes en el tomate, son los flavonoides, que a concentraciones nanomolares protegen el cofactor tetrahidrobiopterina de radicales derivados de peroxinitrito, manteniendo la acción de la óxido nítrico sintasa endotelial (eNOS) (M. F. McCarty, 2008, V. Stangl et al., 2011). Además previene la apoptosis celular a través del bloqueo de las vías de señalización de JNK y p38 MAPK (J. S. Choi et al., 2008, X. Durán et al., 2009).

16.3. Tomasa como ingrediente funcional

De acuerdo a lo anterior, la presente monografía se refiere a un extracto de tomasa con propiedades antiplaquetarias y antitrombóticas útil como aditivo de alimentos, tal como un aditivo bioactivo (sin importar la estructura de los compuestos presentes) a partir del residuo agroindustrial tomasa con actividades antiagregante plaquetaria y antitrombótica.

El procedimiento para la obtención de un extracto a partir de residuo agroindustrial de tomate o tomasa, comprende las etapas de:

i) Moler o triturar los sólidos;

ii) solubilizar los sólidos de la etapa ii) utilizando un solvente;

iii) extraer los compuestos de interés de la solución de la etapa

iv) por ultrasonido;

v) filtrar la suspensión para separar los sólidos del extracto acuoso de tomasa.

La materia prima utilizada fue obtenida a partir de residuos de la industria procesadora del tomate (tomasa) de la empresa Sugal Chile (plantas Talca y Quinta de Tilcoco). La tomasa, que corresponde principalmente a cáscaras y semillas del tomate, se puede someter a un proceso de secado, por ejemplo, en una estufa por dos días a 60 °C, con la finalidad de eliminar el contenido de agua presente en la mezcla. El producto, correspondiente a sólidos de irregular tamaño, se somete a un proceso de molienda o trituración con el fin de generar un polvo grueso de tomasa, reduciendo de este modo el tamaño de partícula y aumentando así el área de exposición al solvente a utilizar en la siguiente etapa, facilitando de esta manera el proceso de extracción. A continuación, los sólidos triturados son disueltos en un solvente (por ejemplo, agua destilada o agua potable) para formar una suspensión, con la finalidad que los compuestos presentes en dichos sólidos triturados (tomasa seca y molida) y que son solubles en dicho solvente se disuelvan y puedan ser extraídos en forma de solución acuosa. La mezcla anterior, correspondiente a sólidos en suspensión, es sometida a una etapa de extracción de los compuestos de interés mediante ultrasonido, para romper las paredes de las células vegetales y así liberar los compuestos solubles presentes en el interior de dichas células en el solvente de elección. A continuación, dicha suspensión es sometida a un proceso de filtrado, para separar los sólidos del líquido utilizando por ejemplo, membranas o una gasa. El líquido obtenido a partir de este proceso corresponde al extracto acuoso de tomasa, el cual, de manera opcional, puede ser sometido a un proceso de secado para la obtención de extracto acuoso seco de tomasa. El proceso de secado se puede llevar a cabo, por ejemplo, mediante un proceso de liofilización con la finalidad de almacenarlo hasta su posterior uso en alimentos funcionales (ver diagrama de flujo del proceso en la Figura 16.1).

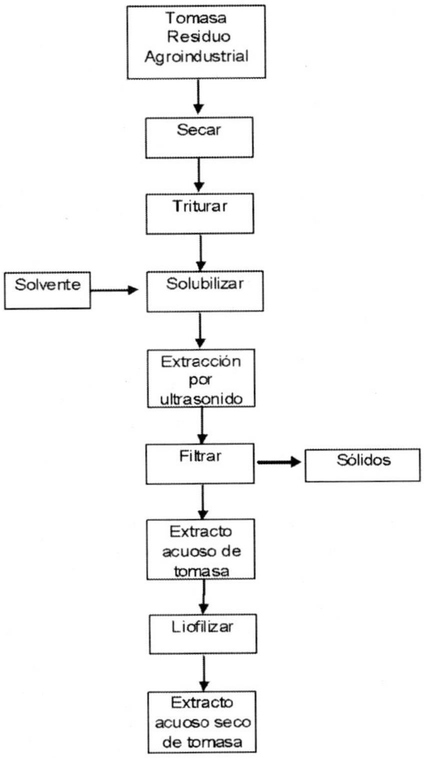

Figura 16.1 Diagrama de flujo.

La tomasa se somete directamente a molienda o trituración, en vista que el proceso de secado no es esencial para la obtención del extracto acuoso. Sin embargo, una tomasa seca favorece la molienda y, por consiguiente, el proceso de extracción y el rendimiento del extracto obtenido. A continuación se solubilizan los sólidos provenientes de la molienda de la tomasa mediante el uso de un solvente y se extraen los compuestos de interés de la solución mediante ultrasonido para finalmente filtrar la suspensión y separar los sólidos del extracto acuoso de tomasa.

El extracto acuoso de tomasa obtenido después de la etapa de filtración es sometido a un proceso de liofilización para generar un extracto acuoso seco de tomasa. Dicho proceso es el que provoca menos modificaciones en el producto y menos pérdidas de los componentes. Se detectó que la actividad se mantuvo igual a la observada en el extracto acuoso generado antes de la etapa de liofilización.

Ejemplo 1:

Tomasa fue secada en un horno a 60 °C durante dos días, y posteriormente triturada y disuelta en una proporción de 1 g de tomasa por 1 ml de agua destilada. La suspensión se sometió a ultrasonido durante 5 min y después se filtró dos veces a través de una gasa. El extracto acuoso obtenido se liofilizó para generar un extracto acuoso seco de tomasa y se almacenó a -80 °C hasta su uso.

Basado en el Codex Alimentarius, los productos derivados del tomate pueden estar contaminados con productos químicos como insecticidas, herbicida, etc., dado que la piel del tomate está directamente expuesta a estas sustancias químicas. A pesar de lo anterior, el análisis de multiresiduos F-H arrojó la presencia de tres compuestos: difenoconazol, pirimetanil y lambda cihalotrina, los cuales se encontraban en concentraciones dentro de los niveles permitidos, esto es bajo el Límite Máximo de Residuos (LMR) de tomasa (ver Cuadro 16.1).

Análisis	**Resultado mg/kg (ppm)**	**LOQ mg/kg (ppm)**	**LMR en Tomate mg/Kg**
Difenoconazol	0,051	0,010	0,5
Pirimetanil	0,010	0,010	0,7
Lambda Cihalotrina	0,020	0,010	0,1

Cuadro 16.1 Análisis de Residuos.

(*) Normas alimentarias FAO/OMS CODEX Alimentarius

(**) Reglamento (UE) N° 459/2010 de la Comisión de 27 mayo 2010.

$<$ LOQ = Menor al Límite de Cuantificación.

LMR=Límite Máximo de Residuos de Tomates.

Por su parte, el análisis microbiológico de la tomasa mostró estar dentro de la norma: Recuento total <30000 (UFC/g), Hongos <5000 (UFC/g), Coliformes totales <10 (UFC/g), S. aureus <10 (UFC/g), E. coli <10 (UFC/g) y ausencia de Salmonella (en 25 g).

Entre los principios bioactivos presentes en el tomate o los subproductos del mismo, se han encontrado tocoferoles, fitosteroles, carotenoides (principalmente licopeno), y adenosina, adenosina monofosfato y guanosina (inhibidor de la función plaquetaria) (E. Fuentes et al., 2013a, E. Fuentes, R. Castro, L. Astudillo, G. Carrasco, M. Alarcon, M. Gutierrez and I. Palomo, 2012, E. Fuentes et al., 2013d, E. Vági et al., 2007). Adicionalmente, la tomasa contiene semilla de tomate que posee otros compuestos, entre ellos ácidos grasos insaturados (ácidos linoleico, oleico y palmítico, entre otros) (Nick Kalogeropoulos et al., 2012). Se ha demostrado que el ácido linoleico fue capaz de inhibir la formación de trombosis arterial, expresión del factor tisular y agregación plaquetaria (E. W. Holy et al., 2011). Además, se ha informado que -tocoferol inhibe la agregación plaquetaria a través de un mecanismo dependiente de PKC, lo que puede explicar la disminución de la expresión de P-selectina (J. E. Freedman et al., 1996, T. Murohara et al., 2004).

La caracterización químico-biológica de la tomasa mostró los siguientes resultados:

16.3.1. Química proximal

El análisis proximal se realiza en la tomasa sin procesar (fresca). La tomasa contiene alrededor de 28 mg de licopeno en 100 g de materia fresca de tomasa y fenoles totales que corresponden a alrededor de 21 mg de ácido gálico en 100 g de muestra fresca de tomasa. El resultado del análisis químico proximal es el siguiente: Proteína Total 16,8 %; Cenizas 4,7 %; Fibra Cruda 42,9 %; Humedad 13,6 %; Grasa con Hidrólisis Ácida 12,7 %; Calcio 0,120 %; Cobre 8,990 mg/kg; Fósforo Total 0,440 %; Hierro 54,390 mg/kg; Sodio 0,0220 %; Zinc 22,54 mg/kg y Extracto no Nitrogenado 9,3 %

16.3.2. Actividad antiplaquetaria de tomasa

Las siguientes son evidencias in vitro, in vivo y ex vivo de la actividad antiplaquetaria de la tomasa:

Estudios in vitro. Al estudiar la actividad antiagregante plaquetaria in vitro de tomasa, observamos que esta última presentó un potente efecto antiagregante, el cual es independiente del agonista usado (ADP, colágeno, TRAP-6 y ácido araquidónico) (E. Fuentes et al., 2013c).

Comparación de las propiedades exhibidas del extracto acuoso de pulpa de tomate y del extracto acuoso de tomasa. Del análisis del extracto acuoso de tomasa se logra determinar que el mismo posee un poder antitrombótico mucho más efectivo que el mismo tomate. El extracto acuoso de pulpa de tomate sólo fue capaz de inhibir la agregación plaquetaria alrededor del 41±4 y 19±2 % con ADP y colágeno, respectivamente. Mientras que el extracto acuoso de tomasa inhibió la agregación plaquetaria usando cuatro agonistas (ADP: 35±5 %, colágeno: 36±6 %, TRAP-6: 22±4 % y ácido araquidónico: 20±3 %). Dichos resultados se muestran en las Tablas 2, 3 y 4, donde la inhibición de la agregación plaquetaria inducida se compara con el control negativo. Los valores en las Tablas 2, 3 y 4 se presentan como un promedio ± error promedio estándar (n = 3), donde el agonista ADP se usó en 8 µM, el colágeno en 1,5 µg/mL, TRAP-6 30 µM y ácido araquidónico 1 mM, mientras que los extractos se utilizaron en una concentración de 1 mg/mL. *P < 0,05 versus el control negativo (solución salina al 0,9 %).

	Agregación máxima (%)			
	ADP	Colágeno	TRAP-6	AA
Tomate Maduro				
Cáscara	51±0.08*	71±0.02*	80±0.03	74±0.06
Pulpa	53±0.09*	73±0.04*	83±0.05	85±0.06
Mucilago de semillas	37±0.08*	51±0.14*	78±0.03	80±0.09
Tomate Verde				
Cáscara	86±0.02	84±0.04	84±0.02	76±0.02
Pulpa	48±0.05*	73±0.02*	78±0.02	80±0.09
Mucilago de semillas	42±0.08*	84±0.09	72±0.07	84±0.06
Control negativo	85±0.02	90±0.04	91±0.01	84±0.14

Cuadro 16.2 Actividad antiagregante plaquetaria de extractos de tomate maduro y verde.

AA, ácido araquidónico. * p<0,05.

	Agregación máxima (%)			
	ADP	Colágeno	TRAP-6	AA
Extracto acuoso de tomasa	55±0.12*	58±0.05*	71±0.04*	68±0.05*
Extracto acuoso de semillas	40±0.09*	10±0.01*	59±0.06*	59±0.11*
Extracto de éter de petróleo	26±0.04*	18±0.03*	23±0.03*	20±0.05*
Control negativo	85±0.02	90±0.04	91±0.01	84±0.14

Cuadro 16.3 Actividad antiagregante plaquetaria de extractos de tomasa.

AA, ácido araquidónico. * $p<0,05$.

	Inhibición de la agregación plaquetaria (%)			
	ADP	Colágeno	TRAP-6	Ácido araquidónico
Tomasa (1 mg/mL)	35±5*	36±6*	22±4*	20±3*
Pulpa de tomate (1mg/mL)	41±4*	19±2*	NS	NS

Cuadro 16.4 Actividad antiagregante plaquetaria del extracto acuoso de tomasa usando cuatro agonistas.

- $p<0,05$.

En la figura 16.2 se muestra en forma representativa la actividad inhibitoria del extracto de tomasa, utilizando ADP como agonista.

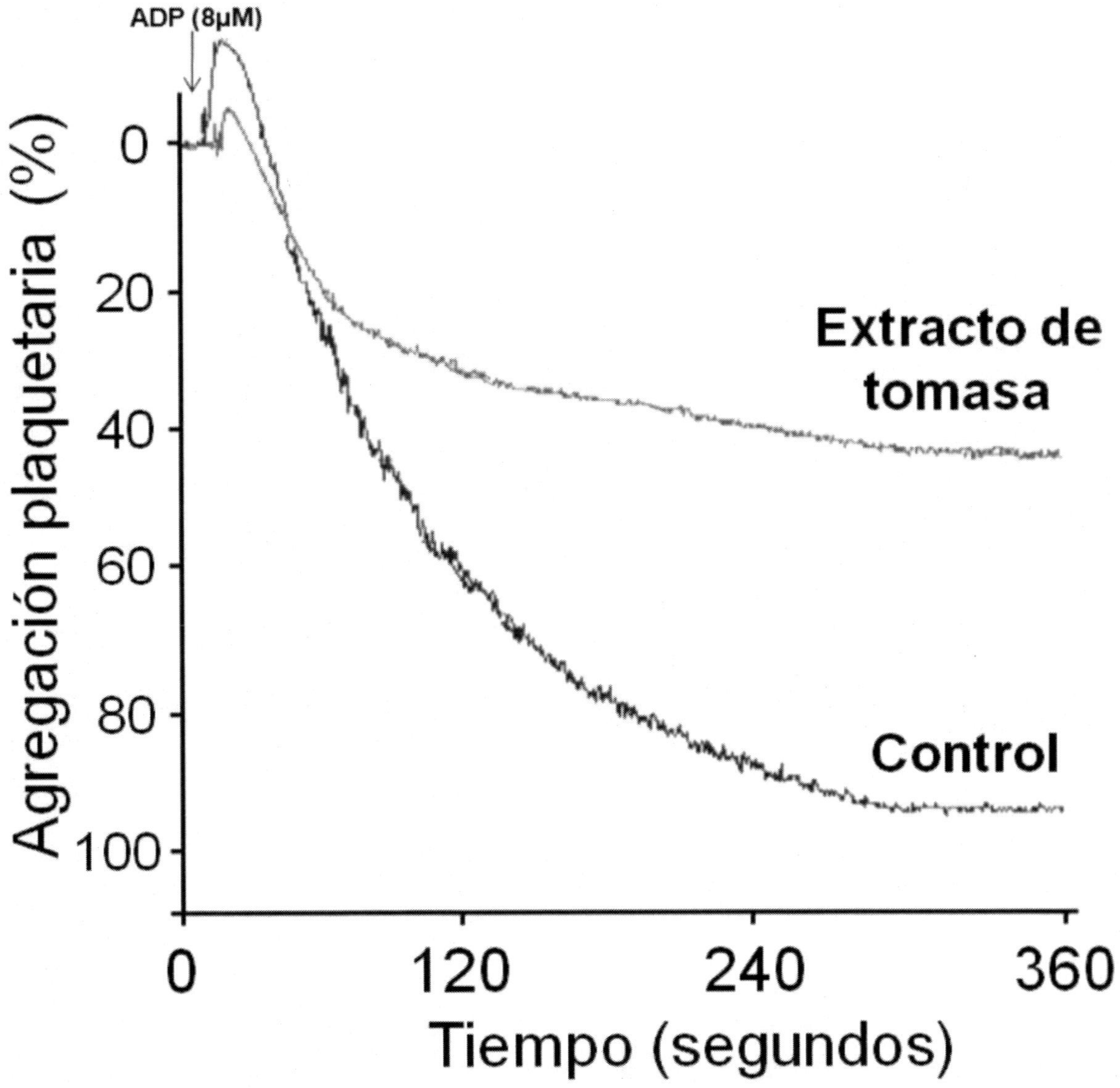

Figura 16.2 Esquema representativo.

Estudios in vivo y ex vivo. En ratas Wistar, observamos que la administración oral de extracto acuoso de tomasa (1g/kg/día, durante 15 días), prolongó el tiempo de sangría (grupo estudio 4,5±0,7 min vs grupo control 2,9±0,5 min, p<0,05) y disminuyó el área bajo la curva en el estudio de agregación plaquetaria (grupo estudio 270±58 vs grupo control 370±61, p<0,05) (ver Tabla 16.5) (R. Rodriguez-Azua et al., 2014).

Dosis	Tiempo de sangría (min)	Agregación Plaquetaria			
		Tiempo Lag (s)	Pendiente	Máxima agregación (%)	Área bajo la curva
1 g/kg/day	4.5±0.7 *†	0.3±0.01	75±7	49±3 *	270± 58
0.1 g/kg/day	2.9± 0.3*	0.4± 0.1	82±2	51±2	277± 27
Control	2.9±0.5 †	0.3± 0.1	88±9	58±5 *	370± 61

*p <0.05 † p< 0,05

Cuadro 16.5 Actividad antiagregante plaquetaria en ratas sometidas a dosis de tomasa.

16.3.3. Actividad antiplaquetaria de una composición de extracto acuoso de tomasa más maltodextrina

Se preparó una composición de tomasa más maltodextrina pensando en la generación de una galleta con tomasa fresca. Se realizaron mezclas de tomasa en polvo con maltodextrina, las que fueron sometidas a pruebas detectándose que la actividad antiagregante plaquetaria se mantuvo en dichas mezclas, concluyendo que no hubo diferencias significativas con respecto al uso del aditivo en la inhibición de la agregación plaquetaria.

16.3.4. Actividad antitrombótica de tomasa

Para estudiar la prevención del desarrollo de trombosis arterial en la arteria mesentérica, a animales (ratones 20-25 g) anestesiados se les administró una solución salina (control negativo), ácido acetilsalicílico (control positivo) o tomasa en una dosis de 200 mg de tomasa/kg de peso corporal por inyección intraperitoneal. Se examinó el efecto de la tomasa en la formación de trombosis arterial, como se muestra en la figura 3. Durante el tiempo (60 min) en que se controló el flujo de sangre arterial, tomasa inhibió significativamente la oclusión arterial. La administración de tomasa (oclusión: 73,3±1.5 %, n=3) mostró reducciones significativas en el tamaño de la oclusión arterial en comparación con el control negativo (oclusión 100 %, n=3) (p <0,05).

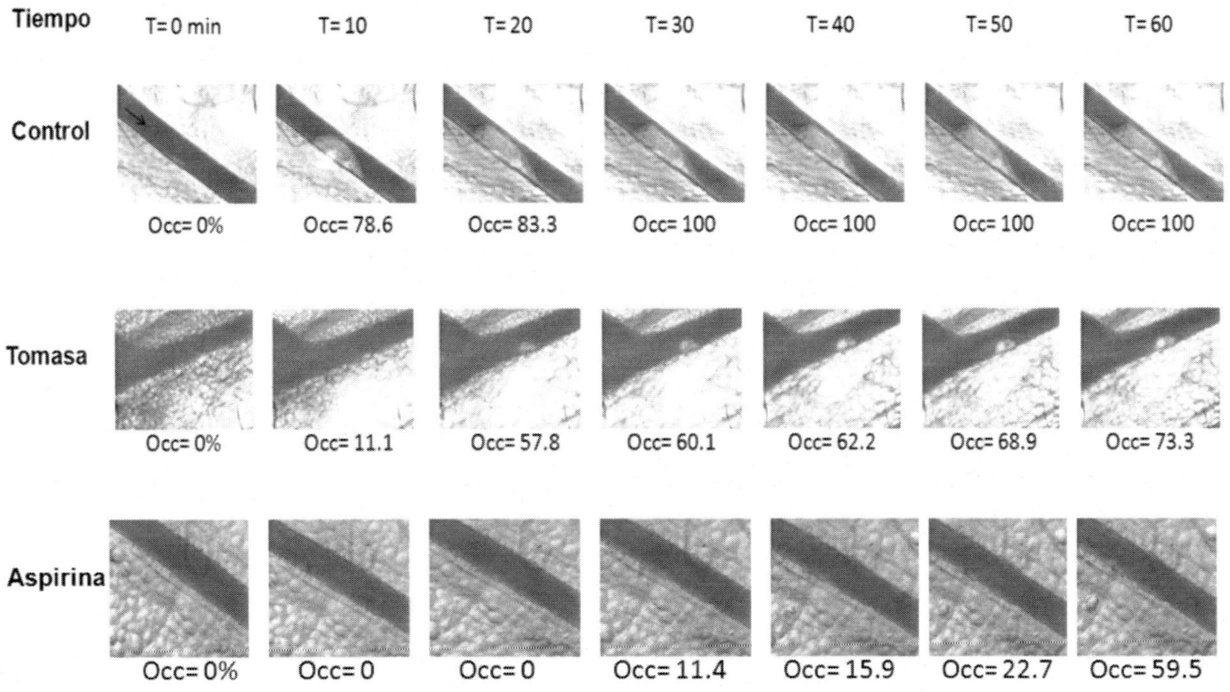

Fugura 16.3 Estudio antitrombótico.

16.3.5. Estudio Clínico

La actividad antiplaquetaria del extracto acuoso de tomasa fue evaluado en un estudio clínico. El tamaño de la muestra fue calculado con base en los datos de un estudio previo informado por O'Kennedy et al. (N. O'Kennedy, L. Crosbie, S. Whelan, V. Luther, G. Horgan, J. I. Broom, D. J. Webb and A. K. Duttaroy, 2006b), que es un estudio no muy diferente a éste. En ese ensayo, el tamaño del efecto en la respuesta de las plaquetas entre el tratamiento (18 g de jarabe de extracto de tomate) y el control después de la estimulación de las plaquetas con colágeno fue de 17,4 %, con una desviación estándar de 19.5 %. Asumiendo una máxima diferencia similar entre el control y la dosis de 10 g de extracto de tomasa, y la mitad de esta diferencia para la dosis de 2,5 g de extracto de tomasa, entonces para obtener evidencia suficiente para rechazar la hipótesis nula de que no hay diferencias entre los 3 grupos en el 5 % nivel de significancia con una potencia del 90 % se trabajó con 33 participantes por grupo para completar la prueba. Los datos fueron analizados mediante Wilcoxon paired test. Este estudio clínico concluyó que el consumo diario de 1 g de extracto acuoso de tomasa durante 5 días presentó una leve actividad inhibidora de la agregación plaquetaria.

16.4. Bibliografía

Badimon, L. and G. Vilahur. 2008. "Coronary Atherothrombotic Disease: Progress in Antiplatelet Therapy." Rev Esp Cardiol, 61(5), 501-13.

Badimon, L.; G. Vilahur and T. Padro. 2010. "Nutraceuticals and Atherosclerosis: Human Trials." Cardiovasc Ther, 28(4), 202-15.

Bazzano, L. A.; J. He; P. Muntner; S. Vupputuri and P. K. Whelton. 2003. "Relationship between Cigarette Smoking and Novel Risk Factors for Cardiovascular Disease in the United States." Ann Intern Med, 138(11), 891-7.

Carlsen, M. H.; B. L. Halvorsen; K. Holte; S. K. Bohn; S. Dragland; L. Sampson; C. Willey; H. Senoo; Y. Umezono; C. Sanada, et al. 2010. "The Total Antioxidant Content of More Than 3100 Foods, Beverages, Spices, Herbs and Supplements Used Worldwide." Nutr J, 9, 3.

Cavallini, C.; M. Trettene; M. Degan; P. Delva; B. Molesini; P. Minuz and T. Pandolfini. 2011. "Anti-Angiogenic Effects of Two Cystine-Knot Miniproteins from Tomato Fruit." Br J Pharmacol, 162(6), 1261-73.

Corrado, E.; M. Rizzo; G. Coppola; K. Fattouch; G. Novo; I. Marturana; F. Ferrara and S. Novo. 2010. "An Update on the Role of Markers of Inflammation in Atherosclerosis." J Atheroscler Thromb, 17(1), 1-11.

Chandra, H. M.; B. M. Shanmugaraj; B. Srinivasan and S. Ramalingam. 2012. "Influence of Genotypic Variations on Antioxidant Properties in Different Fractions of Tomato." J Food Sci, 77(11), C1174-8.

Choi, J. S.; Y. J. Choi; S. Y. Shin; J. Li; S. W. Kang; J. Y. Bae; D. S. Kim; G. E. Ji; J. S. Kang and Y. H. Kang. 2008. "Dietary Flavonoids Differentially Reduce Oxidized Ldl-Induced Apoptosis in Human Endothelial Cells: Role of Mapk- and Jak/Stat-Signaling." J Nutr, 138(6), 983-90.

Dauchet, L.; P. Amouyel; S. Hercberg and J. Dallongeville. 2006. "Fruit and Vegetable Consumption and Risk of Coronary Heart Disease: A Meta-Analysis of Cohort Studies." J Nutr, 136(10), 2588-93.

Duran, X.; G. Vilahur and L. Badimon. 2009. "Exogenous in Vivo No-Donor Treatment Preserves P53 Levels and Protects Vascular Cells from Apoptosis." Atherosclerosis, 205(1), 101-6.

Dutta-Roy, A. K.; L. Crosbie and M. J. Gordon. 2001. "Effects of Tomato Extract on Human Platelet Aggregation in Vitro." Platelets, 12(4), 218-27.

Esteghamati, A.; M. Abbasi; M. Nakhjavani; A. Yousefizadeh; A. P. Basa and H. Afshar. 2006. "Prevalence of Diabetes and Other Cardiovascular Risk Factors in an Iranian Population with Acute Coronary Syndrome." Cardiovasc Diabetol, 5, 15.

Freedman, J. E.; J. H. Farhat; J. Loscalzo and J. F. Keaney, Jr. 1996. "Alpha-Tocopherol Inhibits Aggregation of Human Platelets by a Protein Kinase C-Dependent Mechanism." Circulation, 94(10), 2434-40.

Fuentes, E.; M. Alarcón; L. Astudillo; C. Valenzuela; M. Gutiérrez and I. Palomo. 2013a. "Protective Mechanisms of Guanosine from Solanum Lycopersicum on Agonist-Induced Platelet Activation: Role of Scd40l." Molecules, 18(7), 8120-35.

Fuentes, E.; R. Carle; L. Astudillo; L. Guzmán; M. Gutiérrez; G. Carrasco and I. Palomo. 2013b. "Antioxidant and Antiplatelet Activities in Extracts from Green and Fully Ripe Tomato Fruits (Solanum Lycopersicum) and Pomace from Industrial Tomato Processing." Evid Based Complement Alternat Med, 2013, 867578.

Fuentes, E.; R. Castro; L. Astudillo; G. Carrasco; M. Alarcón; M. Gutiérrez and I. Palomo. 2012. "Bioassay-Guided Isolation and Hplc Determination of Bioactive Compound That Relate to the Antiplatelet Activity (Adhesion, Secretion, and Aggregation) from Solanum Lycopersicum." Evid Based Complement Alternat Med, 2012, 147031.

Fuentes, E.; O. Forero-Doria; G. Carrasco; A. Marican; L. S. Santos; M. Alarcón and I. Palomo. 2013c. "Effect of Tomato Industrial Processing on Phenolic Profile and Antiplatelet Activity." Molecules, 18(9), 11526-36.

Fuentes, E. J.; L. A. Astudillo; M. I. Gutiérrez; S. O. Contreras; L. O. Bustamante; P. I. Rubio; R. Moore-Carrasco; M. A. Alarcón; J. A. Fuentes; D. E. González, et al. 2012. "Fractions of Aqueous and Methanolic Extracts from Tomato (Solanum Lycopersicum L.) Present Platelet Antiaggregant Activity." Blood Coagul Fibrinolysis, 23(2), 109-17.

Fuentes, E.; J. Pereira; M. Alarcón; C. Valenzuela; P. Pérez; L. Astudillo and I. Palomo. 2013d. "Protective Mechanisms of S. Lycopersicum Aqueous Fraction (Nucleosides and Flavonoids) on Platelet Activation and Thrombus Formation: In Vitro, Ex Vivo and in Vivo Studies." Evid Based Complement Alternat Med, 2013, 609714.

Go, A. S.; D. Mozaffarian; V. L. Roger; E. J. Benjamin; J. D. Berry; M. J. Blaha; S. Dai; E. S. Ford; C. S. Fox; S. Franco, et al. 2014. "Heart Disease and Stroke Statistics–2014 Update: A Report from the American Heart Association." Circulation, 129(3), e28-e292.

Gómez-Romero, M.; A. Segura-Carretero and A. Fernández-Gutiérrez. 2010. "Metabolite Profiling and Quantification of Phenolic Compounds in Methanol Extracts of Tomato Fruit." Phytochemistry, 71(16), 1848-64.

Gómez, M.; S. M. Sanz-González; Y. N. Abu Nabah; A. Lamana; F. Sánchez-Madrid and V. Andrés. 2009. "Atherosclerosis Development in Apolipoprotein E-Null Mice Deficient for Cd69." Cardiovasc Res, 81(1), 197-205.

González-Navarro, H.; D. J. Burks and V. Andrés. 2007. "Murine Models to Investigate the Influence of Diabetic Metabolism on the Development of Atherosclerosis and Restenosis." Front Biosci, 12, 4439-55.

Guil-Guerrero J and Rebolloso-Fuentes M. 2009. "Nutrient Composition and Antioxidant Activity of Eight Tomato (Lycopersicon Esculentum) Varieties." J Food Composition Analysis, 22, 123-9.

Holy, E. W.; M. Forestier; E. K. Richter; A. Akhmedov; F. Leiber; G. G. Camici; P. Mocharla; T. F. Luscher; J. H. Beer and F. C. Tanner. 2011. "Dietary Alpha-Linolenic Acid Inhibits Arterial Thrombus Formation, Tissue Factor Expression, and Platelet Activation." Arterioscler Thromb Vasc Biol, 31(8), 1772-80.

Hung, C. F.; T. F. Huang; B. H. Chen; J. M. Shieh; P. H. Wu and W. B. Wu. 2008. "Lycopene Inhibits Tnf-Alpha-Induced Endothelial Icam-1 Expression and Monocyte-Endothelial Adhesion." Eur J Pharmacol, 586(1-3), 275-82.

Huo, Y.; A. Schober; S. B. Forlow; D. F. Smith; M. C. Hyman; S. Jung; D. R. Littman; C. Weber and K. Ley. 2003. "Circulating Activated Platelets Exacerbate Atherosclerosis in Mice Deficient in Apolipoprotein E." Nat Med, 9(1), 61-7.

INE Instituto Nacional de Estadística VI Censo Nacional Agropecuario. Santiago (Chile). 1997.

Jackson, C. F. and N. K. Wenger. 2011. "Cardiovascular Disease in the Elderly." Rev Esp Cardiol, 64(8), 697-712.

Kalogeropoulos, Nick; Antonia Chiou; Vassiliki Pyriochou; Anna Peristeraki and Vaios T. Karathanos. 2012. "Bioactive Phytochemicals in Industrial Tomatoes and Their Processing Byproducts." LWT - Food Science and Technology, 49(2), 213-16.

Kim, J. Y.; J. K. Paik; O. Y. Kim; H. W. Park; J. H. Lee and Y. Jang. 2011. "Effects of Lycopene Supplementation on Oxidative Stress and Markers of Endothelial Function in Healthy Men." Atherosclerosis, 215(1), 189-95.

Lazarus, S. A. and M. L. Garg. 2004. "Tomato Extract Inhibits Human Platelet Aggregation in Vitro without Increasing Basal Camp Levels." Int J Food Sci Nutr, 55(3), 249-56.

Lee, D. K.; R. N. Grantham; J. D. Mannion and A. L. Trachte. 2006. "Carotenoids Enhance Phosphorylation of Akt and Suppress Tissue Factor Activity in Human Endothelial Cells." J Nutr Biochem, 17(11), 780-6.

Libby, P.; P. M. Ridker and G. K. Hansson. 2009. "Inflammation in Atherosclerosis: From Pathophysiology to Practice." J Am Coll Cardiol, 54(23), 2129-38.

Massberg, S.; K. Brand; S. Gruner; S. Page; E. Muller; I. Muller; W. Bergmeier; T. Richter; M. Lorenz; I. Konrad, et al. 2002. "A Critical Role of Platelet Adhesion in the Initiation of Atherosclerotic Lesion Formation." J Exp Med, 196(7), 887-96.

Matijevic, N.; K. K. Wu; A. G. Howard; B. Wasserman; W. Y. Wang; A. R. Folsom and A. R. Sharrett. 2011. "Association of Blood Monocyte and Platelet Markers with Carotid Artery Characteristics: The Atherosclerosis Risk in Communities Carotid Mri Study." Cerebrovasc Dis, 31(6), 552-8.

McCarty, M. F. 2008. "Scavenging of Peroxynitrite-Derived Radicals by Flavonoids May Support Endothelial No Synthase Activity, Contributing to the Vascular Protection Associated with High Fruit and Vegetable Intakes." Med Hypotheses, 70(1), 170-81.

Murohara, T.; H. Ikeda; Y. Otsuka; M. Aoki; N. Haramaki; A. Katoh; Y. Takajo and T. Imaizumi. 2004. "Inhibition of Platelet Adherence to Mononuclear Cells by Alpha-Tocopherol: Role of P-Selectin." Circulation, 110(2), 141-8.

Murphy, K. J.; A. K. Chronopoulos; I. Singh; M. A. Francis; H. Moriarty; M. J. Pike; A. H. Turner; N. J. Mann and A. J. Sinclair. 2003. "Dietary Flavanols and Procyanidin Oligomers from Cocoa (Theobroma Cacao) Inhibit Platelet Function." Am J Clin Nutr, 77(6), 1466-73.

Nuez, F. 1995. "El Cultivo Del Tomate." Mundi-Prensa. Barcelona.

O'Kennedy, N.; L. Crosbie; M. van Lieshout; J. I. Broom; D. J. Webb and A. K. Duttaroy. 2006a. "Effects of Antiplatelet Components of Tomato Extract on Platelet Function in Vitro and Ex Vivo: A Time-Course Cannulation Study in Healthy Humans." Am J Clin Nutr, 84(3), 570-9.

O'Kennedy, N.; L. Crosbie; S. Whelan; V. Luther; G. Horgan; J. I. Broom; D. J. Webb and A. K. Duttaroy. 2006b. "Effects of Tomato Extract on Platelet Function: A Double-Blinded Crossover Study in Healthy Humans." Am J Clin Nutr, 84(3), 561-9.

Palomo G, Iván; Eduardo Fuentes Q; Rodrigo Moore-Carrasco; Daniel R González; Armando Rojas R; Teresa Padro and Lina Badimon. "El Consumo De Frutas Y Hortalizas Ayuda a Prevenir El Daño Endotelial." Revista chilena de nutrición, 38, 343-55.

Palomo G, Iván; Eduardo Fuentes Q; Gilda Carrasco S; Daniel González R and Rodrigo Moore-Carrasco. 2010. "Actividad Antioxidante, Hipolipemiante Y Antiplaquetaria Del Tomate (Solanum Lycopersicum L.) Y El Efecto De Su Procesamiento Y Almacenaje." Revista chilena de nutrición, 37, 524-33.

Palomo, G. I.; N. G. Icaza; E. V. Mujica; F. L. Nunez; M. E. Leiva; R. M. Vásquez; L. M. Alarcón and D. E. Moyano. 2007. "[Prevalence of Cardiovascular Risk Factors in Adult from Talca, Chile]." Rev Med Chil, 135(7), 904-12.

Palomo, I. F.; G. I. Torres; M. A. Alarcón; P. J. Maragano; E. Leiva and V. Mujica. 2006. "[High Prevalence of Classic Cardiovascular Risk Factors in a Population of University Students from South Central Chile]." Rev Esp Cardiol, 59(11), 1099-105.

Palozza, P.; N. Parrone; R. E. Simone and A. Catalano. 2010a. "Lycopene in Atherosclerosis Prevention: An Integrated Scheme of the Potential Mechanisms of Action from Cell Culture Studies." Arch Biochem Biophys, 504(1), 26-33.

Palozza, P.; R. Simone; A. Catalano; A. Boninsegna; V. Bohm; K. Frohlich; M. C. Mele; G. Monego and F. O. Ranelletti. 2010b. "Lycopene Prevents 7-Ketocholesterol-Induced Oxidative Stress, Cell Cycle Arrest and Apoptosis in Human Macrophages." J Nutr Biochem, 21(1), 34-46.

Paran, E.; V. Novack; Y. N. Engelhard and I. Hazan-Halevy. 2009. "The Effects of Natural Antioxidants from Tomato Extract in Treated but Uncontrolled Hypertensive Patients." Cardiovasc Drugs Ther, 23(2), 145-51.

Park, J. B. 2007. "Caffedymine from Cocoa Has Cox Inhibitory Activity Suppressing the Expression of a Platelet Activation Marker, P-Selectin." J Agric Food Chem, 55(6), 2171-5.

Park, J. B. and N. Schoene. 2006. "Clovamide-Type Phenylpropenoic Acid Amides, N-Coumaroyldopamine and N-Caffeoyldopamine, Inhibit Platelet-Leukocyte Interactions Via Suppressing P-Selectin Expression." J Pharmacol Exp Ther, 317(2), 813-9.

Penz, S.; A. J. Reininger; R. Brandl; P. Goyal; T. Rabie; I. Bernlochner; E. Rother; C. Goetz; B. Engelmann; P. A. Smethurst, et al. 2005. "Human Atheromatous Plaques Stimulate Thrombus Formation by Activating

Platelet Glycoprotein Vi." FASEB J, 19(8), 898-909.

Rodriguez-Azua, R.; A. Treuer; R. Moore-Carrasco; D. Cortacans; M. Gutierrez; L. Astudillo; E. Fuentes and I. Palomo. 2014. "Effect of Tomato Industrial Processing (Different Hybrids, Paste, and Pomace) on Inhibition of Platelet Function in Vitro, Ex Vivo, and in Vivo." J Med Food, 17(4), 505-11.

Sahin, M.; E. Sahin and S. Gumuslu. 2012. "Effects of Lycopene and Apigenin on Human Umbilical Vein Endothelial Cells in Vitro under Angiogenic Stimulation." Acta Histochem, 114(2), 94-100.

Seizer, P.; M. Gawaz and A. E. May. 2008. "Platelet-Monocyte Interactions–a Dangerous Liaison Linking Thrombosis, Inflammation and Atherosclerosis." Curr Med Chem, 15(20), 1976-80.

Silaste, M. L.; G. Alfthan; A. Aro; Y. A. Kesaniemi and S. Horkko. 2007. "Tomato Juice Decreases Ldl Cholesterol Levels and Increases Ldl Resistance to Oxidation." Br J Nutr, 98(6), 1251-8.

Simone, R. E.; M. Russo; A. Catalano; G. Monego; K. Froehlich; V. Boehm and P. Palozza. 2011. "Lycopene Inhibits Nf-Kb-Mediated Il-8 Expression and Changes Redox and Ppargamma Signalling in Cigarette Smoke-Stimulated Macrophages." PLoS One, 6(5), e19652.

Stangl, V.; C. Kuhn; S. Hentschel; N. Jochmann; C. Jacob; V. Bohm; K. Frohlich; L. Muller; C. Gericke and M. Lorenz. 2011. "Lack of Effects of Tomato Products on Endothelial Function in Human Subjects: Results of a Randomised, Placebo-Controlled Cross-over Study." Br J Nutr, 105(2), 263-7.

Steeber, D. A. and T. F. Tedder. 2000. "Adhesion Molecule Cascades Direct Lymphocyte Recirculation and Leukocyte Migration During Inflammation." Immunol Res, 22(2-3), 299-317.

Tang, X.; X. Yang; Y. Peng and J. Lin. 2009. "Protective Effects of Lycopene against H2o2-Induced Oxidative Injury and Apoptosis in Human Endothelial Cells." Cardiovasc Drugs Ther, 23(6), 439-48.

Torres-Urrutia, C.; L. Guzmán; G. Schmeda-Hirschmann; R. Moore-Carrasco; M. Alarcoó; L. Astudillo; M. Gutiérrez; G. Carrasco; J. A. Yuri; E. Aranda, et al. 2011. "Antiplatelet, Anticoagulant, and Fibrinolytic Activity in Vitro of Extracts from Selected Fruits and Vegetables." Blood Coagul Fibrinolysis, 22(3), 197-205.

Vági, E.; B. Simándi; K. P. Vásárhelyiné; H. Daood; Á Kéry; F. Doleschall and B. Nagy. 2007. "Supercritical Carbon Dioxide Extraction of Carotenoids, Tocopherols and Sitosterols from Industrial Tomato by-Products." The Journal of Supercritical Fluids, 40(2), 218-26.

Valle, Marcos Del; Montaña Cámara and María-Esperanza Torija. 2006. "Chemical Characterization of Tomato Pomace." Journal of the Science of Food and Agriculture, 86(8), 1232-36.

Wang, W.; E. T. Lee; R. R. Fabsitz; R. Devereux; L. Best; T. K. Welty and B. V. Howard. 2006. "A Longitudinal Study of Hypertension Risk Factors and Their Relation to Cardiovascular Disease: The Strong Heart Study." Hypertension, 47(3), 403-9.

Willerson, J. T. and P. M. Ridker. 2004. "Inflammation as a Cardiovascular Risk Factor." Circulation, 109(21 Suppl 1), II2-10.

Wood, L. G. and P. G. Gibson. 2009. "Dietary Factors Lead to Innate Immune Activation in Asthma." Pharmacol Ther, 123(1), 37-53.

World Health Organization. Informe sobre la salud en el mundo. 2002. "Technical Report. Series Isbn 924356207x." Geneva: WHO.

Yamamoto, J.; T. Taka; K. Yamada; Y. Ijiri; M. Murakami; Y. Hirata; A. Naemura; M. Hashimoto; T. Yamashita; K. Oiwa, et al. 2003. "Tomatoes Have Natural Anti-Thrombotic Effects." Br J Nutr, 90(6), 1031-8.

17

Cáscara de nuez pecanera

17.1. (*Carya illinoinensis*)

Alma A. Vázquez-Flores, Emilio Álvarez -Parrilla, Joaquín Rodrigo-García, Laura A. de la Rosa*

Universidad Autónoma de Ciudad Juárez

Anillo envolvente del Pronaf y Estocolmo s/n,

Cd. Juárez, Chihuahua, CP. 32310, México

* Autor para correspondencia: ldelaros@uacj.mx

17.2. Características agronómicas

El fruto seco de *Carya illinoinensis* (Wangenh.) K.Koch se conoce comúnmente como nuez pecanera. Es uno de los frutos secos más consumidos en la dieta americana, nativo del sur de Estados Unidos (río Mississippi) y norte de México. El nogal pecanero es una planta angiosperma dicotiledónea que se caracteriza por medir de 15 a 45 m de alto, con 12 a 20 m de follaje y una circunferencia de tronco de 2 metros, que produce como fruto una semilla dura y seca dentro de una vaina o ruezno (Figura 17.1), la cual es expulsada una vez que ha llegado a su maduración (Fronza *et al.*, 2018). La semilla tiene una cáscara dura y una semilla o nuez comestible. El nogal pecanero se caracteriza por presentar una dicogamia incompleta asincrónica entre la flor macho que libera el polen y la recepción del estigma en la flor hembra, lo que hace que una práctica agronómica común sea el uso de varios cultivares en la misma plantación para asegurar la polinización (Reyes y Urrea, 2016).

Figura 1. Árbol (a) y fruto de la nuez pecanera (*Carya illinoinensis* (Wangenh.) K.Koch). En (b) se observa el fruto verde (ruezno) y en (c) el fruto seco.

Los primeros registros del consumo de nuez pecanera datan de hace más de 10,000 años, aun cuando su cultivo es más reciente (aproximadamente año 1,600 en la ciudad de Bustamante, Nuevo León). El primer cultivar propagado vegetativamente fue la variedad "Centennial" en 1876, a partir de entonces se han desarrollado (principalmente en Estados Unidos) numerosas variedades entre las que destacan "Western" y "Wichita" que representan el 85 % del área total de siembra (Reyes y Urrea, 2016; Álvarez-Parrilla *et al.*, 2018). Actualmente México y Estados Unidos producen el 90 % de la nuez pecanera a nivel mundial, siendo el estado de Chihuahua, en México, el principal productor a nivel nacional con un 65.1 % de la producción total y con una superficie cultivada de más de 58 mil hectáreas en 2016 (SIAP, 2016). Los nogales pecaneros pueden vivir hasta 200 años, teniendo las huertas mexicanas una edad promedio de 25 años y una producción promedio nacional de entre 1.1 y 2.4 toneladas/hectárea, con un promedio de 1.47 toneladas/hectárea (Cervantes Vázquez *et al.*, 2018).

17.2.1. Taxonomía

La nuez pecanera (*Carya illinoinensis*) también es conocida como nuez encarcelada, cáscara de papel, o nuez de la isla; es una especie del género *Carya* de la familia Juglandaceae. En el Cuadro 1 se presenta la clasificación taxonómica completa de esta especie.

Cuadro 17.1 Clasificación taxonómica de la nuez pecana (*Carya illinoinensis* (Wangenh.) K.Koch)

Reino	Plantae
División	Magnoliophyta
Clase	Magnoliopsida
Orden	Fagales
Familia	Juglandaceae
Género	Carya
Especie	C. illinoinensis

17.2.2. Condiciones de cultivo

Las condiciones de cultivo óptimas del nogal pecanero involucran suelos arcillosos o franco-arcillosos bien drenados para que no exista acumulación de agua con climas áridos o semiáridos (Reyes y Urrea, 2016). Otro factor importante es que los nogales son intolerantes a la sombra, con lo cual en las plantaciones es necesario tener una distancia adecuada entre los árboles para evitar que se hagan sombra entre sí (Reyes y Urrea, 2016). Para un correcto desarrollo del fruto, el árbol necesita macro y micronutrientes, dentro de los que destacan: nitrógeno (2.3 %), fósforo (1,300 ppm), calcio (19,300 ppm), potasio (11,110 ppm), magnesio (108 ppm), zinc (65 ppm), boro (94 ppm) cobre (8 ppm), molibdeno (6.3 ppm) y níquel ($<$ 1 ppm) (Fronza *et al.*, 2018; Salas-Rivera *et al.*, 2018,). El déficit de estos nutrientes (principalmente boro y níquel) produce pérdidas económicas en el fruto por problemas fisiológicos, entre los que destacan el rajado del fruto, que es la ruptura de la cáscara en el fruto por una acumulación de agua (Salas-Rivera *et al.*, 2018). Otros estudios demuestran que el nogal pecanero es sensible a los suelos salinos, así como a deficiencias de oxígeno por suelos con poco drenaje, con lo cual estos factores se deben de tener en cuenta para no afectar la productividad del árbol (Fronza *et al.*, 2018).

Otro factor importante es la precipitación pluvial durante el periodo de desarrollo del fruto que debe oscilar entre 760 y 2,000 mm anuales. Se estima que, para el correcto desarrollo del fruto, el árbol necesita aproximadamente 129,000 litros para producir un promedio de 22 kg de nuez (Fronza *et al.*, 2018). Existen dos sistemas de riego ampliamente utilizados: en Chihuahua se utiliza principalmente riego por inundación, mientras que en el norte del estado de Coahuila se utilizan sistemas de riego por goteo y microaspersión los cuales mejoran el rendimiento por hectárea, aún cuando aumentan los costos de producción (Cervantes Vázquez *et al.*, 2018).

17.2.3. Estacionalidad

El crecimiento de la nuez pecanera requiere un periodo de 240 a 260 días en zonas templadas; pero si el área de cultivo es más fría, su crecimiento se da en un periodo de 170 días. El periodo de cosecha comprende los meses de septiembre a noviembre. La temperatura óptima para el crecimiento de la nuez pecanera es de entre 23 y 29 °C, aun cuando necesita al menos 400 h de temperaturas inferiores a los 7° C para romper la dormancia y que empiece la floración y crecimiento del fruto (Reyes y Urrea, 2016).

17.2.4. Plagas y enfermedades

Los nogales pueden ser afectados tanto por la infestación de plagas, o bien, sufrir enfermedades. Ambos tienen como consecuencia un detrimento en la salud de la planta y como consecuencia, esto puede impactar en una menor producción. Con respecto a las plagas, se ha estimado que los costos para combatirlas representan un 15 % de los costos de producción. El gusano barrenador aparece en los nogales más jóvenes y de ahí se propaga por los huertos. Las plagas más frecuentes que afectan al 93 % de los huertos en la comarca lagunera de México son: gusano barrenador del ruezno (*Cydia caryana*), gusano barrenador de la nuez (*Acrobasis nuxvorella*) y los pulgones negros y amarillos (áfidos) (Cervantes Vázquez *et al.*, 2018).

Para el control del gusano barrenador, normalmente se utilizan trampas de feromonas que atraen a las palomillas machos y de esta manera se monitorea cuándo se deben de empezar los tratamientos de control. Entre los insecticidas más utilizados se encuentran los piretroides o carbarilo. Sin embargo, estos no se recomiendan cuando los huertos han sufrido anteriormente infestaciones de áfidos o ácaros. Otros insecticidas utilizados, con baja toxicidad para humanos y especies beneficiosas, son aquellos que utilizan *Bacillus thuringiensis* o *tebufenozide* que atacan a las larvas de las palomillas. La luz solar elimina al *Bacillus thuringiensis* en menos de 4 días. Otros insecticidas utilizados son clorpirifós, azinfos metílico, endosulfán, fosmet y malatión. En cuanto a control biológico, se han utilizado diferentes insectos y arañas que son enemigos naturales del barrenador. Existen más de 25 especies de avispas que atacan a las larvas del barrenador. Una de ellas es la *Trichogramma* que ovipositan dentro de los huevos del barrenador y posteriormente eclosionan y consumen el huevo. Sin embargo, no se tiene información fehaciente sobre las especies disponibles de avispas y su método de liberación que realicen un control adecuado de esta plaga (Sistema Universitario Texas A&M, 1914).

Otro reporte de plagas importantes para el nogal fue realizado en la región de Coahuila, México, en el cual éstas se incluyen por orden cronológico de aparición en relación con el ciclo del nogal. En él, se describe a las hormigas cabezonas (*Atta texana*) como las primeras en aparecer en el mes de marzo. La mosca Sierra (*Perclista marginicollis*) presenta actividad durante los meses de marzo y abril. El salivazo (*Clastoptera achatina*) es reportado como una plaga de importancia secundaria con actividad durante los meses abril, mayo, junio y agosto. El gusano barrenador de la nuez (*Acrobasis nuxvorella*) es una de las plagas más importantes para el nogal y su actividad se reporta entre abril, mayo y junio, siendo más dañina su actividad para finales de abril y principios de mayo. El gusano de la yema (*Gretchena bolliana*) es un problema para los viveros, mientras que los pulgones (*Monellia caryella* y *Monelliopsis pecanis*) presentan actividad en el mes de junio, agosto y a finales de septiembre cuando más dañinos pueden ser. El gusano barrenador del ruezno (*Cydia caryana*) es una de las plagas con mayor importancia económica para la producción de nuez, y presenta actividad durante los meses julio, agosto y septiembre que es cuando más daño puede causar. El pulgón negro *(Melanocallis caryaefoliae)* causa mayor daños a árboles criollos sin ningún manejo, aunque no afecta de manera importante a los huertos comerciales. Las chinches (*Nezara viridula*, *Euschistus servus*, *Leptoglossus phyllopus*, *Chlorochroa ligata*) generan un problema serio, ya que, si bien su actividad no es recurrente, el periodo de aparición es muy importante en la cosecha de nuez, teniendo la mayor actividad a finales de agostos y durante el mes de septiembre. El gusano de la hoja (*Datana integerrima*) es una plaga de importancia secundaria, restringida a árboles criollos sin cuidado alguno y que raramente afecta a los huertos comerciales. Finalmente, el barrenador del tronco (*Xyleborus ferrugineus*) no afecta normalmente a los árboles sanos, sino hasta que éstos ya empiezan a morir (Aguilar, 2007).

En otro estudio sobre las plagas, se cita a los pulgones negros y amarillos (*Monellia caryella* y *Monelliopsis pecanis*) y a la filoxera (*Phylloxera notabilis*) como unas de las más importantes para el nogal. Los pulgones además del daño que generan, liberan un líquido azucarado que sirve de substrato para el crecimiento de hongos, los cuales limitan la capacidad fotosintética de las hojas. En cuanto a la filoxera, son unos insectos pequeños que pueden producir defoliación y daños en la cáscara de la nuez, así como caída prematura de la fruta. Este tipo de plagas es frecuente durante periodos de sequía. En cuanto a las principales enfermedades con una gran incidencia en todo el mundo sobre la nuez pecanera se encuentra la infestación por el hongo *Fusicladium effusum* que genera inhibición del desarrollo de las hojas, y como consecuencia una disminución de la función fotosintética. Es importante la selección de la variedad de nogal pues existen variedades con mayor resistencia al hongo (Fronza *et al.,* 2018).

17.2.5. Características nutricionales

La nuez pecanera de *C. illinoinensis* es un alimento complejo, su composición proximal se caracteriza por una alta concentración de lípidos, seguidos de carbohidratos, fibra dietética y proteínas (Cuadro 1) (Álvarez-parrilla *et al.*, 2018). La nuez es considerada un alimento de alta densidad calórica (~30 kJ/g) debido a su porción lipídica (Ros, 2010), constituida principalmente de grasas monoinsaturadas MUFAS (45 %), poliinsaturadas PUFAS (28 %), y en menor cantidad de grasas saturadas (8 %) (Ortiz-Quezada *et al.*, 2011). Este tipo de grasas tiene un efecto benéfico sobre la salud, ya que están relacionadas a un bajo riesgo de presentar enfermedades cardiovasculares (Chang *et al.*, 2016). La nuez pecanera además proporciona vitaminas como la colina, vitamina A, C, y E entre las más abundantes, así como los minerales potasio, fósforo, y magnesio. Tanto vitaminas como minerales son micronutrientes esenciales que colaboran como cofactores y coenzimas para mantener un buen estado fisiológico y metabólico del organismo (Haddad, 2011; Álvarez-Parrilla et al., 2018).

Una parte mayoritaria del fruto de *C. illinoinensis* es la cáscara rígida no comestible que rodea a la nuez. En su composición proximal abunda la fibra dietética, y en menor proporción grasas y proteínas (Cuadro 1). No existen reportes sobre su contenido de vitaminas y minerales, posiblemente por considerarse un material descartado por la industria sin valor alimenticio. Es considerada de bajo o nulo valor comercial, sin embargo, su alto contenido en fibra la destacan como una potencial fuente económica de ingredientes alimenticios capaz de incrementar el valor nutricional de alimentos que carecen de fibra (USDA).

Cuadro 17.2 Composición proximal de nuez pecanera y cáscara de *C. illinoinensis.*

Nutriente	Nuez	Cáscara
Energía (kJ/g)	30*	381**
Proteína (%)	9*	<3**
Carbohidratos (%)	3.9‡	-
Grasas (%)	72*	<4**
Fibra dietética (%)	9*	80-85**
Vitaminas		
Colina (g/100g)	40.5	-
Vitamina A (UI)	56	-
Vitamina E (mg)	1.4	-
Vitamina C (mg)	1.1	-

Niacina, B3 (mg)	1.16	-
Minerales		
Potasio (mg)	410	-
Fósforo (mg)	277	-
Magnesio (mg)	121	-
Calcio (mg)	70	-
Zinc (mg)	4.5	-

Abreviaciones: kJ, kilojoule; UI, unidades internacionales
* Ortiz-Quezada 2011
‡ Haddad 2011
Álvarez-Parrilla 2018
** Promedios reportados por la USDA

El fruto de *C. illinoinensis* no sólo es rico en compuestos nutritivos, además presenta fitoquímicos tanto en su porción lipídica como en la no lipídica, considerados compuestos bioactivos que intervienen mejorando el desempeño ya sea fisiológico, físico o mental del organismo. Entre ellos, se describen a los esteroles, tocoles y polifenoles (Haddad, 2011; Ortiz-Quezada *et al.*, 2011). Sin embargo se ha observado que el contenido fitoquímico y nutritivo varía según el cultivar y las condiciones ambientales en que crece la planta, entre otros factores agrícolas (Álvarez-Parrilla *et al.*, 2018).

17.2.6. Productos alimenticios

La nuez pecanera ha sido parte de la dieta humana por miles de años, una vez que es descascarada se consume como ingrediente en la gastronomía de distintos países o como aperitivo (Ros, 2010). Las podemos encontrar también en presentación cruda, tostada, en mitades, en trozos, en jaleas, ensaladas, confituras, helados y repostería en general (Ortiz-Quezada *et al.*, 2011; de la Rosa *et al.*, 2014).

Por otra parte, el uso de la cáscara como alimento ha sido limitado, algunos estudios reportan el uso de infusiones de cáscara como remedios naturales-medicinales (Hilbig *et al.*, 2018). Más que producto alimenticio, la cáscara muestra potencial como aditivo alimenticio, se ha usado para incrementar la vida de anaquel de lechugas mínimamente procesadas (Caxambú *et al.*, 2016) ya que inhibe el crecimiento de bacterias responsables del deterioro común; de igual manera, en la carne de pollo logra inhibir el crecimiento de bacterias patógenas como *L. monocytogenes* (Babu *et al.*, 2013).

17.2.7. Propiedades funcionales del fruto de *C. illinoinensis*

Existe un gran interés actual por los efectos benéficos a la salud del consumo habitual de nueces (incluyendo más no limitado a la nuez pecanera), así como por la caracterización y extracción de los componentes bioactivos del fruto y cáscara de *C. illinoinensis* debido a su uso como ingredientes funcionales. Hoy en día, la Food and Drug Administration (FDA, por sus siglas en inglés) y la European Food Safety Authority (EFSA, por sus siglas en inglés) han reconocido que el consumo aproximado de 30-40 g de nuez logra reducir el riesgo cardiovascular (Alasalvar y Bolling, 2015). Algunos estudios señalan que el beneficio cardiovascular está relacionado a la porción lipídica, principalmente al contenido de MUFAs y PUFAs, así como de ácido -linoleico, que favorecen la vasodilatación del endotelio cardiovascular. De igual manera los tocoles (tocoferoles y tocotrienoles) participan como vitaminas liposolubles con función antioxidante, a través de la inactivación de reacciones en cadena durante la peroxidación de lípidos insaturados, mientras que los fitoesteroles inhiben la absorción del colesterol dietario (Alasalvar y Bolling, 2015). En la Figura 17.1, se muestran las estructuras de los tocoles y fitoesteroles más comunes en la nuez, así como su contenido.

Los compuestos bioactivos lipídicos pueden actuar solos o lo pueden hacer sinérgicamente con los compuestos bioactivos no lipídicos, donde se incluyen los compuestos polifenólicos (Chang, 2016). A estos se les atribuyen múltiples actividades farmacobiológicas, entre las que destacan prevención de enfermedades crónicas no transmisibles como el cáncer y diabetes, así como beneficios antiinflamatorios.

La nuez pecanera es uno de los alimentos con más elevado contenido de compuestos polifenólicos; sin embargo, las cáscaras contienen altas concentraciones aún más elevadas (de la Rosa *et al.*, 2014), ya que son sintetizadas en respuesta de factores bióticos y abióticos de la planta (Feng *et al.*, 2016), logrando concentrar una mayor cantidad de compuestos en las partes expuestas del fruto. Al igual que a la nuez, a los polifenoles de cáscara también se les atribuyen actividades antioxidantes, citoprotectoras, analgésicas, hipolipidémicas y antidiabéticas (Trevisan *et al.*, 2014; Porto *et al.*, 2015). Se ha demostrado que la cantidad y tipo de compuestos polifenólicos presentes en nuez y cáscara varían (Vazquez-Flores *et al.*, 2017), de esta manera podemos encontrar desde ácidos fenólicos simples como el ácido gálico, clorogénico, vanílico y elágico hasta complejos taninos hidrolizables constituidos por unidades de ácido gálico, elágico e hidroxidifénico unidos entre sí y con monosacáridos. Mientras que entre los flavonoides se han reportado principalmente flavan 3-oles, también conocidos como compuestos del grupo de la catequina y epicatequina, las cuales difieren entre sí únicamente en la proyección de la sustitución OH del C3. Por otro lado, las (epi)galocatequinas (componentes del mismo grupo) difieren en que el anillo B se encuentra más hidroxilado que las anteriores. Los flavan-3-oles presentes en *C. illinoinensis* también pueden presentar esterificaciones con ácido gálico, dando lugar a (epi)catequinas-3galatos y (epi)galocatequinas3-galatos. Por último pueden presentar condensaciones entre estas mismas estructuras, dando lugar a proantocianidinas (PAC) más complejas que pueden ir desde dímeros hasta hexámeros para la nuez y hasta decámeros para la cáscara (Villarreal-Lozoya *et al.*, 2007; Pinheiro do Prado *et al.*, 2009; de la Rosa *et al.*, 2014; Vázquez-Flores *et al.*, 2017; Hilbig *et al.*, 2018). Es importante conocer la estructura que presentan los polifenoles en el fruto ya que de ésta depende la intensidad con la que se ejercen ciertas actividades biológicas (Zhou *et al.*, 2014; Cui *et al.*, 2015; Cires *et al.*, 2017). En la Figura 17.2, se muestran las estructuras de los polifenoles más abundantes de nuez y cáscara de *C. illinoinensis.*

Figura 17.2 Compuestos bioactivos liposolubles e hidrosolubles del fruto de *C. illinoinensis.*

Aunque se ha reportado la presencia de polifenoles libres-monoméricos en los tejidos vegetales, las formas condensadas, polimerizadas o glicosiladas suelen ser las más abundantes, de hecho las proantocianidinas (formadas por la condensación de flavan-3-oles) conforman el grupo de compuestos polifenólicos más abundantes en la nuez y cáscara de *C. illinoinensis* (Cuadro 2, Gu *et al.*, 2004). Basándonos en las PAC como los compuestos bioactivos hidrosolubles de mayor abundancia, describimos a continuación algunas de las propiedades funcionales asociadas a su consumo, así como los mecanismos involucrados en sus efectos biológicos.

17.2.8. Efectos relacionados con la actividad antioxidante: como antiinflamatorio, otorga beneficios cardiovasculares y citoprotectores

La actividad antioxidante de las PAC de *C. illinoinensis* puede ejercer un efecto protector sobre la condición generalizada de individuos en proceso de dolor e inflamación, también se ha observado que disminuye la incidencia de riesgos cardiovasculares de pacientes diabéticos (Bahadoran *et al.*, 2013). Estas condiciones tanto crónicas como agudas, desarrollan desbalances redox dentro de las células que sobreactivan a mediadores de inflamación como el factor de necrosis tumoral (TNF-), la secreción de prostaglandinas a través de ciclooxigenasas (COX), las interleuquinas (IL1 e IL6) y que a su vez incrementan la acumulación de radicales libres y el desbalance redox (dos Santos *et al.*, 2006). Debido a las múltiples sustituciones de grupos OH que posee la estructura de las PAC de nuez, así como su elevado poder reductor, tienen la capacidad de prevenir la oxidación a través de la neutralización de radicales libres (Sergent *et al.*, 2012), ayudando en el equilibrio redox de la célula.

Se ha observado que la ingesta de PAC de nuez en pacientes con diabetes mejora sus condiciones cardiovasculares. Las anormalidades metabólicas de estos pacientes inducen la peroxidación lipídica, principalmente en lipoproteínas de baja densidad, lo que genera cambios en el endotelio cardiovascular e incrementa el riesgo de enfermedades cardiacas. Al igual que el efecto antiinflamatorio, el mecanismo por el cual las PAC mejoran la condición cardiovascular de diabéticos se debe a sus propiedades antioxidantes, ya que atenúan el daño oxidativo que genera la oxidación lipídica a través del secuestro de radicales libres (Bahadoran *et al.*, 2013).

Se han analizado los efectos citoprotectores, también asociados a la actividad antioxidante de las PAC de la cáscara. Estos beneficios se han demostrado en el sistema nervioso bajo tratamiento con medicamentos antipsicóticos, los cuales dejan como secuela la excesiva producción de dopamina que es susceptible a autooxidarse e incrementar el nivel de estrés oxidativo, provocando la degeneración neuronal (Trevizol *et al.*, 2011). Los efectos citoprotectores de PAC de cáscaras se observan de la misma manera sobre células que han sido expuestas a medicamentos utilizados en el tratamientos de cáncer de hígado y leucemia mieloide, reduciendo el estrés oxidativo en células tumorales, así como reduciendo la citotoxicidad en las células normales (Benvegnú *et al.*, 2010).

17.2.9. Efecto anti-tumoral

Otra actividad biológica de PAC de cáscara, pero cuyo mecanismo no se encuentra del todo descrito, es el efecto anti-tumoral. Se ha demostrado que las PAC logran activar enzimas que promueven la apoptosis de células tumorales de seno. Además de causar la fragmentación de ADN de células con el mismo cáncer, favoreciendo la supervivencia de las no tumorales (Hilbig *et al.*, 2018).

17.2.10. Efecto hipolipidémico e hipoglicémico

El efecto hipolipidémico e hipoglucémico de las PAC ya se ha demostrado con el uso de ciertos frutos y vegetales, así como entre algunas nueces y sus subproductos (Chang *et al.*, 2016). Una de las principales propiedades de las PAC, es que tienen la capacidad de interaccionar con proteínas. Esto las hace de especial interés ya que al unirse a enzimas específicas, por ejemplo las enzimas digestivas, logran modificar su actividad, modificando, en este caso, la absorción de lípidos y glucosa (Martínez-González *et al.*, 2017). Algunos autores proponen que las interacciones entre PAC y enzima se llevan a cabo a través de enlaces no covalentes (principalmente interacciones hidrofóbicas, hidrofílicas e iónicas), y que logran establecerse en regiones indispensables para la actividad catalítica de la enzima, inhibiendo así su actividad específica (Chai *et al.*, 2015). Se ha observado con éxito el efecto inhibitorio de PAC de nuez y de cáscara sobre enzimas digestivas amilasa y lipasa, logrando una inhibición del casi el 50 y el 30 % de la actividad enzimática respectivamente. En la constante búsqueda de nuevas estrategias que disminuyan los desequilibrios calóricos y nutricionales de la dieta actual, el fruto de *C. illinoinensis* tiene un futuro promisorio (Vázquez-Flores *et al.*, 2017). Sin embargo, también se ha observado la inhibición de proteasas (tripsina), lo cual constituye un riesgo antinutricio que se debe tomar en cuenta a la hora de consumir el fruto.

Actividades funcionales del fruto de *C. illinoinensis* y mecanismos involucrados

Porción	Actividad funcional	Mecanismo	Fuente
Nuez	↓ Riesgo cardiovascular ↓ Riesgo diabético Mejora control de peso	Capacidad antioxidante Inhibidor de enzimas	(McKay et al., 2018) (dos Santos et al., 2006)
Nuez	↓ Riesgo cardiovascular en diabéticos	Capacidad antioxidante	(Bahadoran et al., 2013)
Cáscara	↑ Citoprotección neuronal ↑ Citoprotección celular	Capacidad antioxidante	(Trevizol et al., 2011) Benvegnú 2010
Cáscara	↓ Reducción de la absorción de nutrientes en exceso de la dieta	Inhibidor de enzimas	(Vázquez-Flores et al., 2017)
Cáscara	Antitumoral en células cancerosas de seno	Actividad pro apoptótica	(Hilbig et al., 2018)

Resulta interesante que, a pesar de que existe una fuerte evidencia del beneficio cardiovascular del consumo de nuez, la mayoría de estos estudios se concentran en estudiar la porción lipídica, mientras que una gran parte de los compuestos bioactivos pertenece al grupo de los compuestos polifenólicos hidrofílicos, incluso se señala que es en conjunto que se obtienen mejores resultados, sugiriendo sinergismo entre ambos tipos de fitoquímicos (Domínguez-Avila *et al.*, 2015; Kris-Etherton *et al.*, 2008). Profundizar en el conocimiento acerca de los subproductos como la cáscara y sus fitoquímicos, amplía sus posibles aplicaciones tecnológicas, brindándole un valor agregado y mayor aprovechamiento a un material descartado por la industria.

Considerando los diferentes efectos biológicos y los mecanismos involucrados en el fruto seco de *C. illinoinensis*, así como la diversidad estructural de sus compuestos bioactivos, es importante reconocer la necesidad de desarrollar más estudios que conduzcan a una mayor exploración de los fitoquímicos presentes en fruto y brinden información más detallada sobre sus funciones biológicas, para que esta nuez y su subproducto, ambos de suma importancia como productos agrícolas mexicanos, puedan ser mejor aprovechados.

17.3. Referencias

Aguilar Pérez, J.H. 2007. Principales plagas del nogal en el norte de Coahuila. INIFAP-CIRNE. Campo experimental Saltillo. Sitio experimental Zaragoza. Folleto técnico núm 14. Zaragoza, Coahuila, México. 28 p

Alasalvar, C., y Bolling, B. W. (2015). Review of nut phytochemicals, fat-soluble bioactives, antioxidant components and health effects. *British Journal of Nutrition*, *113*(S2), S68–S78.

Álvarez-Parrilla, E., Urrea-López, R., y Rosa, L. A. De. (2018). Bioactive components and health effects of pecan nuts and their by-products: a review. *Journal of Food Bioactives*, *1*, 56–92.

Babu, D., Crandall, P. G., Johnson, C. L., O'Bryan, C. A., y Ricke, S. C. (2013). Efficacy of antimicrobials extracted from organic pecan shell for inhibiting the growth of listeria spp. *Journal of Food Science*, *78*(12), 10–14.

Bahadoran, Zahra; Mirmiran, Parvin; Azizi, F. (2013). Dietary polyphenols as potential nutraceuticals in management of diabetes: a review. *Journal of Diabetes & Metabolic Disorders*, *12*, 1–9.

Benvegnú, D., Barcelos, R. C. S., Boufleur, N., Reckziegel, P., Pase, C. S., Muller, L. G., y Burger, M. E. (2010). Protective Effects of a By-Product of the Pecan Nut Industry (*Carya illinoensis*) on the Toxicity Induced by Cyclophosphamide in Rats Carya illinoensis Protects Against Cyclophosphamide- Induced Toxicity. *Journal of Environmental Pathology, Toxicology and Oncology*, *29*(3), 185–197.

Caxambú, S., Biondo, E., Kolchinski, E. M., Padilha, R. L., Brandelli, A., y Sant'anna, V. (2016). Evaluation of the antimicrobial activity of pecan nut [*Carya illinoinensis* (Wangenh) C. Koch] shell aqueous extract on minimally processed lettuce leaves. *Food Science and Technology (Campinas)*, *36*, 42–45.

Chai, W. M., Wei, M. K., Wang, R., Deng, R. G., Zou, Z. R., y Peng, Y. Y. (2015). Avocado proanthocyanidins as a source of tyrosinase inhibitors: Structure characterization, inhibitory activity, and mechanism. *Journal of Agricultural and Food Chemistry*, *63*(33), 7381–7387.

Chang, S. K., Alasalvar, C., Bolling, B. W., y Shahidi, F. (2016). Nuts and their co-products: The impact of processing (roasting) on phenolics, bioavailability, and health benefits - A comprehensive review. *Journal of Functional Foods*, *26*, 88–122.

Cervantes Vázquez, M. G., Orona Castillo, I., Vázquez Vázquez, C., Fortis, Hernández, M., Espinosa Arellano, J. J. (2018). Análisis comparativo de huertos de nuez pecanera (Carya illinoensis Koch) en la Comarca Lagunera. *Revista Mexicana de Ciencias Agrícolas,* 9(1): 25-35.

Cires, M. J., Wong, X., Carrasco-Pozo, C., y Gotteland, M. (2017). The Gastrointestinal Tract as a Key Target Organ for the Health-Promoting Effects of Dietary Proanthocyanidins. *Frontiers in Nutrition*, *3*(January).

Cui, F., Yang, K., y Li, Y. (2015). Investigate the binding of catechins to trypsin using docking and molecular dynamics simulation. *PLOS ONE*, *10*(5), 1–18.

De la Rosa, L. A., Vázquez-Flores, A. A., Álvarez-Parrilla, E., Rodrigo-García, J., Medina-Campos, O. N., Ávila-Nava, A., y Pedraza-Chaverri, J. (2014). Content of major classes of polyphenolic compounds, antioxidant, antiproliferative, and cell protective activity of pecan crude extracts and their fractions. *Journal of Functional Foods*, *7*(1), 219–228.

Domínguez-Avila, J. A., Álvarez-Parrilla, E., López-Díaz, J. A., Maldonado-Mendoza, I. E., Gómez-García, M. D. C., y De La Rosa, L. A. (2015). The pecan nut (*Carya illinoinensis*) and its oil and polyphenolic fractions differentially modulate lipid metabolism and the antioxidant enzyme activities in rats fed high-fat diets. *Food*

Dos Santos, M. D., Almeida, M. C., Lopes, N. P., y de Souza, G. E. P. (2006). Evaluation of the Anti-inflammatory, Analgesic and Antipyretic Activities of the Natural Polyphenol Chlorogenic Acid. *Biological & Pharmaceutical Bulletin, 29*(11), 2236–2240.

Feng, J., Zhang, X. L., Li, Y. Y., Cui, Y. Y., y Chen, Y. H. (2016). *Pinus massoniana* Bark Extract: Structure-Activity Relationship and Biomedical Potentials. *The American Journal of Chinese Medicine, 44*(8), 1559–1577.

Fronza, D., Hamann, J. J., Both, V., Anese, R. O., Meyer, E. A. (2018). Pecan cultivation: general aspects. *Ciência Rural, Santa Maria*, 48(2): e20170179

Gu, L., Kelm, M. A., Hammerstone, J. F., Beecher, G., Holden, J., Haytowitz, D., y Prior, R. L. (2004). Concentrations of proanthocyanidins in common foods and estimations of normal consumption. *The Journal of Nutrition, 134*(3), 613–7.

Haddad, E. H. (2011). *Health Effects of a Pecan [Carya illinoinensis (Wangenh.) K: Koch] Nut-rich Diet. Nuts and Seeds in Health and Disease Prevention.*

Hilbig, J., Policarpi, P. de B., Grinevicius, V. M. A. de S., Mota, N. S. R. S., Toaldo, I. M., Luiz, M. T. B., y Block, J. M. (2018). Aqueous extract from pecan nut [Carya illinoinensis (Wangenh) C. Koch] shell show activity against breast cancer cell line MCF-7 and Ehrlich ascites tumor in Balb-C mice. *Journal of Ethnopharmacology, 211*(July 2017), 256–266.

Kris-Etherton, P. M., Hu, F. B., Ros, E., y Sabaté, J. (2008). The role of tree nuts and peanuts in the prevention of coronary heart disease: multiple potential mechanisms. *The Journal of Nutrition, 138*(9), 1746S–1751S.

Martínez-González, A. I., Álvarez-Parrilla, E., Díaz-Sánchez, Á. G., de la Rosa, L. A., Núñez-Gastélum, J. A., Vázquez-Flores, A. A., y González-Aguilar, G. A. (2017). In vitro inhibition of pancreatic lipase by polyphenols: A kinetic, Fluorescence spectroscopy and molecular docking study. *Food Technology and Biotechnology, 55*(4), 519–530.

McKay, D. L., Eliasziw, M., Oliver Chen, C. Y., y Blumberg, J. B. (2018). A pecan-rich diet improves cardiometabolic risk factors in overweight and obese adults: A randomized controlled trial. *Nutrients, 10*(3).

Ortiz-Quezada, A. G., Lombardini, L., y Cisneros-Zevallos, L. (2011). *Antioxidants in Pecan Nut Cultivars [Carya illinoinensis (Wangenh.) K: Koch]. Nuts and Seeds in Health and Disease Prevention.*

Pinheiro do Prado, A. C., Monalise Aragão, A., Fett, R., y Block, J. M. (2009). Antioxidant Properties of Pecan Nut [*Carya illinoinensis* (Wangenh.) C. Koch] Shell Infusion. *Grasas Y Aceites, 60*(4), 330–335.

Porto, L. C. S., da Silva, J., Ferraz, A. B. F., Ethur, E. M., Porto, C. D. L., Marroni, N. P., y Picada, J. N. (2015). The Antidiabetic and Antihypercholesterolemic Effects of an Aqueous Extract from Pecan Shells in Wistar Rats. *Plant Foods for Human Nutrition, 70*(4), 414–419.

Reyes Vázquez, N. C., y Urrea López, R. (2016). Retos y oportunidades para el aprovechamiento de la Nuez pecanera en México. Editorial: Centro de Investigación y Asistencia en Tecnología y Diseño del Estado de Jalisco, A.C. (CIATEJ). Primera edición. pp 124.

Ros, E. (2010). Health benefits of nut consumption. *Nutrients, 2*(7), 652–682.

Sergent, T., Vanderstraeten, J., Winand, J., Beguin, P., y Schneider, Y. J. (2012). Phenolic compounds and plant extracts as potential natural anti-obesity substances. *Food Chemistry, 135*(1), 68–73.

Salas-Rivera, R., Valdez-Aguilar, L. A., Lira-Saldívar, R. H., Ibarra-Jiménez, L., Cárdenas-Flores, A. (2018). Aspersiones foliares con nutrimentos vs. el rajado de nuez en nogal pecanero *Carya illinoinensis. Acta Universitaria*, 28(1), 1-8.

SIAP, Servicio de Información Agroalimentaria y Pesquera. (2016). Anuario Estadístico de la Producción Agrícola. http://nube.siap.gob.mx/cierre_agricola/ Accessed 29 Mar. 2018.

Sistema Universitario Texas A&M (1914). El Control del Barrenador de la Nuez. http://oaktrust.library.tamu.edu/bitstream/handle/1969.1/86983/pdf_1395.pdf/ Accesada 27 Mayo 2018.

Trevisan, G., Rossato, M. F., Hoffmeister, C., Müller, L. G., Pase, C., Córdova, M. M., y Ferreira, J. (2014). Antinociceptive and antiedematogenic effect of pecan (*Carya illinoensis*) nut shell extract in mice: A possible beneficial use for a by-product of the nut industry. *Journal of Basic and Clinical Physiology and Pharmacology, 25*(4), 401–410.

Trevizol, F., Benvegnú, D. M., Barcelos, R. C. S., Pase, C. S., Segat, H. J., Dias, V. T., y Burger, M. E. (2011). Comparative study between two animal models of extrapyramidal movement disorders: Prevention and reversion by pecan nut shell aqueous extract. *Behavioural Brain Research, 221*(1), 13–18.

Vázquez-Flores, A. A., Wong-Paz, J. E., Lerma-Herrera, M. A., Martínez-González, A. I., Olivas-Aguirre, F. J., Aguilar, C. N., de la Rosa, L. A. (2017). Proanthocyanidins from the kernel and shell of pecan (*Carya illinoinensis)*: Average degree of polymerization and effects on carbohydrate, lipid, and peptide hydrolysis in a simulated human digestive system. *Journal of Functional Foods, 28*, 227–234.

Villarreal-Lozoya, J. E., Lombardini, L., y Cisneros-Zevallos, L. (2007). Phytochemical constituents and antioxidant capacity of different pecan [*Carya illinoinensis* (Wangenh.) K. Koch] cultivars. *Food Chemistry, 102*(4), 1241–1249.

Zhou, H. C., Tam, N. F. Y., Lin, Y. M., Ding, Z. H., Chai, W. M., y Wei, S. D. (2014). Relationships between degree of polymerization and antioxidant activities: A study on proanthocyanidins from the leaves of a medicinal mangrove plant *Ceriops tagal. PLoS ONE, 9*(10).

18

Cáscara de mango

18.1. (*Mangifera Indica*)

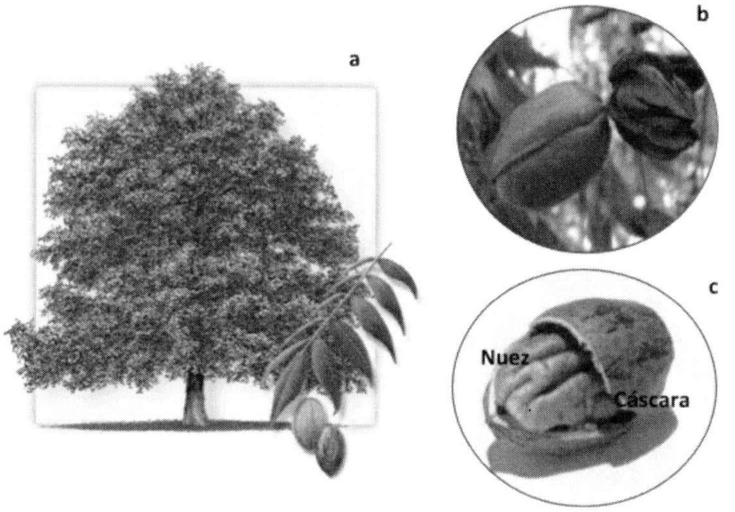

Gustavo R. Velderrain Rodríguez, Ramón Pacheco Ordaz, Gustavo A. González Aguilar

Coordinación de Tecnología de Alimentos de Origen Vegetal, Centro de Investigación en Alimentación y Desarrollo, A.C. Carretera a la Victoria Km 0.6. C.P. 83304, Hermosillo, Sonora, México.

Autor en correspondencia: gustavo@ciad.mx

18.2. Características Agronómicas

18.2.1. Taxonomía

El mango (*Mangifera indica* Linn.) es un fruto tropical de gran importancia comercial, morfológicamente pertenece al grupo de los frutos drupáceos, contiene únicamente una gran semilla rodeada por un carnoso mesocarpio. El mango pertenece a las plantas dicotiledóneas, miembro de la familia *Anacardiaceae*, la cual se encuentra dentro del orden Sapindales. En la **Tabla 18.1**, se presenta la clasificación taxonómica del mango.

Cuadro 18.1 Clasificación taxonómica de Mango (*Mangifera indica* L.).

Reino	Plantae
Filo	Spermatophyta
Subfilo	Angiospermae
Clase	Dicotyledoneae
Orden	Sapindales
Familia	Anacardiaceae
Género	Mangifera
Especie	Mangifera indica

Fuente: (Dar et al., 2016)

El mango es un fruto indehiscente simple, alargado con una pequeña proyección cónica que se forma lateralmente en el extremo proximal del fruto conocido como "pico", el cual es un rasgo característico. Su pericarpio se caracteriza por un epicarpio liso, un mesocarpio carnoso y un endocarpio leñoso (llamado hueso). El epicarpio, también llamado cáscara o piel, tiene una textura lisa-cerosa la cual es de color verde y gradualmente se vuelve amarillo, naranja, rojo, púrpura o una combinación de estos colores, cuando el fruto alcanza la madurez. Los frutos pueden variar en tamaño, forma, color, contenido de fibra y sabor dependiendo de la variedad. Los frutos pueden ser redondos, ovalados, oblongos o alargados y su peso puede variar desde 50 g hasta 2 kg (Bally, 2006; Tharanathan, Yashoda, y Prabha, 2006).

Su origen data de hace 4,000 años en el sureste de Asia en la región Indo-Birmana y actualmente, es cultivado en alrededor de 90 países (Diarra, 2014). Existen aproximadamente 1,000 variedades de mango disponibles en el mundo; aun así, solamente unas pocas se cultivan a escala comercial. Su cultivo ocupa casi 3.7 millones de hectáreas a nivel mundial y es el segundo fruto tropical mayormente cultivado y comercializado, después del plátano. Actualmente, las variedades más populares de mango que se cultivan son Tommy Atkins, Keitt, Kent, Osteen, Haden y Valencia Pride, las cuales se ejemplifican en la **Figura 18.1** (Evans, Ballen, y Siddiq, 2017)

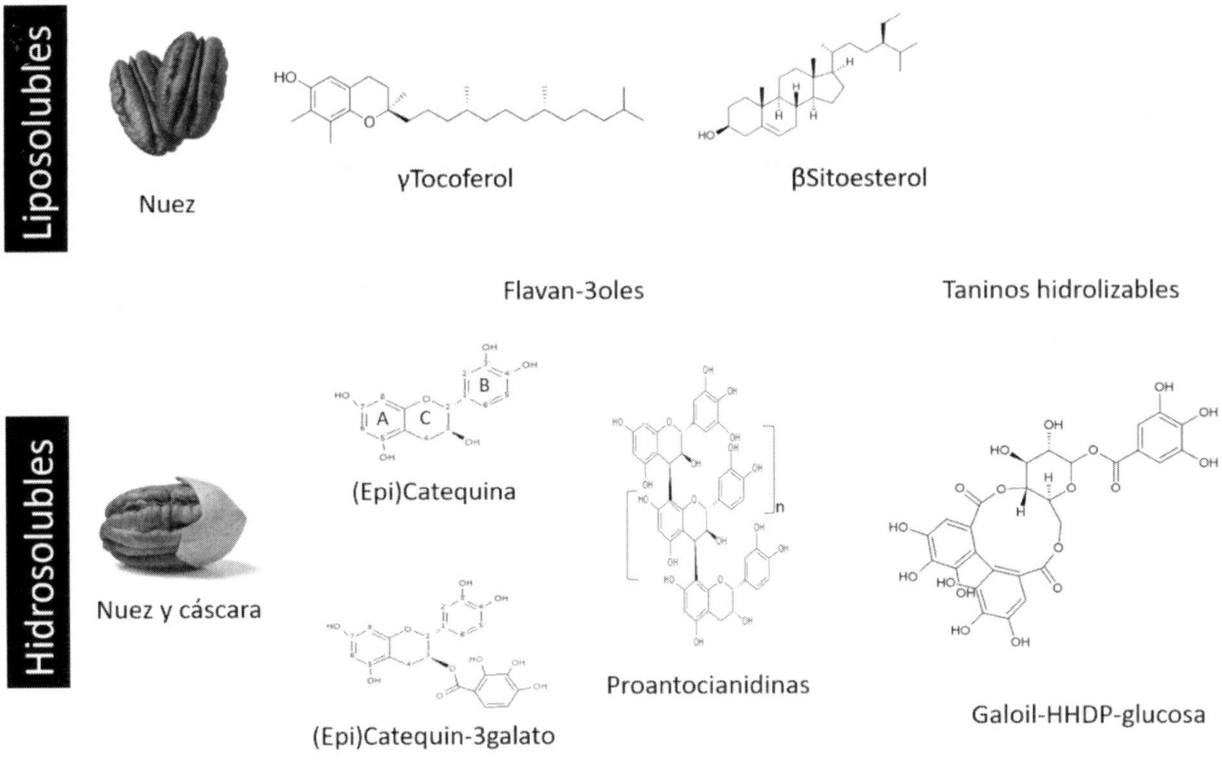

Variedades de mayor importancia comercial.

18.2.2. Generación De Subproductos

India ocupa el primer lugar a nivel mundial en la producción de mango con 18 millones de toneladas, mientras que México ocupa el quinto lugar con una producción de 1 millón 400 mil toneladas (SIAP, 2016). Su consumo per cápita en México es de 12.2 kg al año y se estima que 1 de cada 25 mangos consumidos en el mundo es mexicano (SAGARPA, 2016). La pulpa es la principal parte del fruto que se consume, ya sea que se consuma fresca, en conservas o bien que se utilice para la elaboración de jugos, concentrados, mermeladas y puré. Durante el procesamiento del mango para la elaboración de dichos productos, se desechan la cáscara, el bagazo y la semilla del mango, los cuales equivalen al 35-65 % del peso inicial del fruto (Ayala-Zavala et al., 2011).

Actualmente, la mayoría de las industrias procesadoras de frutas desechan grandes cantidades de estos subproductos (cáscara y semillas), debido a que carecen de valor comercial, ocasionando graves problemas de contaminación al medio ambiente. Se estima que aproximadamente el 80 % de los subproductos generados provienen del hogar y de la industria procesadora de alimentos (Mirabella, Castellani, y Sala, 2014). Además, de ser un problema de contaminación, el desecho de subproductos también representa un gran gasto económico para las empresas, debido a la escasez de vertederos y a los altos costos de transportación.

18.2.3. Cáscara De Mango Como Subproducto Agroindustrial

Se ha propuesto como alternativa la utilización de subproductos para elaborar nuevos productos, con el fin de disminuir los problemas de contaminación y pérdidas económicas. La cáscara de mango comprende aproximadamente entre el 15-18 % del peso total del fruto y últimamente, ha atraído la atención de la comunidad científica debido a su composición (Kim et al., 2012). La cáscara de mango es rica en fibra dietaria (pectina, celulosa y hemicelulosa), proteínas, azúcares reductores, compuestos bioactivos como carotenoides, vitamina C y compuestos fenólicos (C. Ajila, Bhat, y Rao, 2007). Debido a esto, se ha evaluado su uso para diferentes fines biotecnológicos como la producción de etanol, ácido láctico, pectinasas, biogás (metano), alimentación de ganado, extracción de pectina, compuestos antimicrobianos, compuestos bioactivos con beneficios a la salud y también puede utilizarse como ingrediente en la formulación de alimentos como pastas y productos de panadería (MOK, 2014).

18.3. Características Nutricionales del Mango

Actualmente, debido al aumento en la concientización de las personas acerca de la relación entre el consumo de frutas y verduras y la prevención de enfermedades, existe una mayor demanda y producción de estos alimentos. Entre los principales componentes nutricionales en frutas y verduras se encuentran agua, fibra, proteínas, grasas, ácidos orgánicos y carbohidratos. De los componentes previamente mencionados, el agua y carbohidratos son considerados como los más abundantes. El contenido de agua en frutos por lo regular oscila entre el 60 y 95 % del peso total del fruto, mientras que los carbohidratos pueden constituir entre el 50-80 % del peso de materia seca en frutos. Sin embargo, el contenido de macro y micronutrientes puede variar entre frutos, por lo cual el conocer el contenido nutricional de éstos, nos podrá ayudar a incluirlos en nuestra dieta de la manera más apropiada.

18.3.1. Composición Nutricional de la Pulpa

El consumo de pulpa de mango tiene una aportación importante de macro (**Tabla 18.2**) y micronutrientes (**Tabla 18.3**). El consumo de 100 g de pulpa aporta alrededor de 63.5 calorías, 0.7 g de proteína y 1.76 g de fibra dietaria total (principalmente fibra soluble). Por otro lado, dentro de los azúcares predominantes en la pulpa del mango, se encuentran fructosa, sacarosa y glucosa, ya que la pulpa de mango es reconocida por ser una fuente de heteropolisacáridos de ácido urónico y azúcares neutros (pectinas), con potencial uso en la industria de alimentos en donde comúnmente se usan las pectinas cítricas (Wall-Medrano et al., 2015). Debido a sus propiedades organolépticas y su gran demanda comercial, este fruto ha sido utilizado para elaborar productos alimentarios con un bajo aporte energético e importante contenido de fibra dietaria.

Cuadro 18.2 Información nutricional acerca del contenido energético y macronutrientes en pulpa.

Componentes	Tejido vegetal | Pulpa
Energía (kcal/100g)	63.50
Agua (g/100g)	83.10
Proteínas(g/100g)	0.70
Lípidos (g/100g)	0.20
Carbohidratos (g/100g)	13.60
Azúcares (g/100g)	13.10
Almidón (g/100g)	0.30
Fibra (g/100g)	1.76

Fuentes: USDA (2018)

Cuadro 18.3 Información nutricional acerca del contenido de micronutrientes (vitaminas y minerales) en pulpa de mango.

Componentes	Tejido vegetal | Pulpa
Vitamina A (µg/100g)	54.000
Vitamina B1(mg/100g)	0.058
Vitamina B2 (mg/100g)	0.057
Vitamina B3 (mg/100g)	0.717
Vitamina B6 (mg/100g)	0.134

Vitamina B9 (µg/100g)	14.000
Vitamina C (mg/100g)	27.700
Vitamina E (mg/100g)	1.120
Calcio (mg/100g)	10.000
Fósforo (mg/100g)	11.000
Magnesio (mg/100g)	9.000
Hierro (mg/100g)	0.130
Potasio (mg/100g)	156.000
Zinc (mg/100g)	0.040

Fuentes: USDA (2018)

Además, la pulpa de mango tiene un importante contenido de micronutrientes, entre los que destacan la vitamina A (esencial para el mantenimiento de los tejidos epiteliales piel y mucosas), la vitamina C (de alta capacidad antioxidante), vitamina E, entre otros. Por otro lado, en la pulpa también se encuentran presentes minerales como el potasio y magnesio (los cuales intervienen en la transmisión nerviosa y muscular), además de aportar pequeñas cantidades de hierro, fósforo y calcio (Sumaya-Martínez, Sánchez Herrera, Torres García, y García Paredes, 2012). En particular, el mango en casi todas sus variedades es una fuente rica de vitamina C (VitC), donde el consumo de 100 g de pulpa, aporta cerca de 28 mg de VitC, la cual es suficiente para cubrir el 45 % de la ingesta diaria recomendada de VitC en personas entre 19-50 años (Wall-Medrano et al., 2015). El contenido de VitC confiere a este fruto una importante actividad antioxidante, la cual puede ejercer esta molécula por sí misma, o trabajar de manera sinérgica con el resto de compuestos antioxidantes presentes en este fruto.

18.3.2. Composición Nutricional de Cáscara y Hueso

La cáscara y hueso del mango representan el 32 % del peso total del fruto, donde el peso de la cáscara oscila entre 15-18, mientras que el peso del hueso está entre 13-29 % (Sumaya-Martínez et al., 2012; Wall-Medrano et al., 2015). Sin embargo, estos tejidos vegetales pueden ser también considerados como fuente de macro (**Tabla 18.4**) y micronutrientes (**Tabla 18.5**) importantes. Entre estos tejidos vegetales, el contenido energético por cada 100 g es mayor en el consumo de cáscara (246.67kcal), lo cual está relacionado con la diferencia en el contenido de carbohidratos totales entre cáscara y hueso (63.8 y 32.24g/100g, respectivamente). Sin embargo, a pesar de esta diferencia en el contenido energético, el consumo de cáscara podría aportar 6 veces más fibra que el hueso.

Información nutricional acerca del contenido energético y macronutrientes en pulpa, cáscara y hueso de mango.

Componentes	Tejido vegetal - Cáscara	Tejido vegetal - Hueso
Energía (kcal/100g)	248.67	117.00
Agua (g/100g)	10.50	45.20
Proteínas(g/100g)	3.60	6.36
Lípidos (g/100g)	2.20	13.00
Carbohidratos (g/100g)	63.80	32.24
Azúcares (g/100g)	34.38	11.24
Almidón (g/100g)	29.80	21.00
Fibra (g/100g)	12.50	2.02

Fuentes: Cedeño-Reyes y Zambrano-Delgado (2014); Larrauri, Rupérez, Borroto, y Saura-Calixto (1996); Torres-León et al. (2016).

La información nutricional mostrada en la **Tabla 18.6**, nos indica que el consumo de hueso podría aportar mayor variedad de micronutrientes, especialmente minerales como calcio, magnesio y potasio. Sin embargo, en comparación al consumo de hueso, la cáscara de mango podría contribuir con cantidades más elevadas de vitamina A (16 veces más) y C (92 veces más). No obstante, aun cuando es en pequeñas concentraciones, el consumo regular de hueso de mango podría aportar vitaminas (A, B1, B2, B6, C y E) ausentes o escasas en la cáscara. Es importante destacar que el consumo de cáscara y hueso tienen un aporte de micronutrientes comparable al de pulpa, y en algunos casos (Vitamina A, C, calcio y hierro) éste es mucho mayor en el consumo de estos tejidos vegetales.

Información nutricional acerca del contenido de micronutrientes (vitaminas y minerales) en cáscara y hueso de mango.

Componentes	Tejido vegetal - Cáscara	Tejido vegetal - Hueso
Vitamina A (µg/100g)	248.67	15
Vitamina B1(mg/100g)	-	0.08
Vitamina B2 (mg/100g)	-	0.03
Vitamina B3 (mg/100g)	-	-
Vitamina B6 (mg/100g)	-	0.19
Vitamina B9 (µg/100g)	-	-
Vitamina C (mg/100g)	51.54	0.56
Vitamina E (mg/100g)	-	1.30
Calcio (mg/100g)	60.63	111.3
Fósforo (mg/100g)	-	-
Magnesio (mg/100g)	-	94.8
Hierro (mg/100g)	12.79	11.9
Potasio (mg/100g)	-	22.3
Zinc (mg/100g)	0.66	1.10

Fuente: Aziz, Wong, Bhat, y Cheng (2012); Romelle, Ashwini, y Ragu (2016); Kittiphoom (2012

Sin embargo, estos tejidos vegetales pueden presentar algunos componentes considerados como "anti-nutricionales" (**Tabla 18.6**), debido al efecto que ocasionan a nivel biológico. Entre ambos tejidos, los mayores contenidos de componentes antinutricionales se han reportado en cáscara, principalmente de oxalato (404.88 $\pm$ 13.06 *mg/100g)* y cianuro de hidrógeno (45.90 $\pm$ 0.01 *mg/100g*). Niveles bajos de oxalato son deseables en los alimentos, debido a que estos pueden unirse al calcio en los alimentos, reduciendo su disponibilidad para funciones fisiológicas y bioquímicas normales. A pesar de que el cianuro de hidrógeno es una sustancia extremadamente venenosa, su contenido en cáscara se encuentra en niveles permisibles ($<$ 350mg/100g). Por otro lado, la naturaleza anti-nutricional del ácido fítico radica en su capacidad para quelar minerales divalentes como hierro, calcio, cobre y zinc, lo que los hace biológicamente no disponibles. Este compuesto anti-nutricional no puede ser descompuesto por humanos y organismos monogástricos. Por lo tanto, se recomienda moderación en el uso de cáscara de mango en productos alimentarios, ó el uso de pre-tratamientos térmicos que ayuden a reducir el contenido de estos compuestos.

Componentes antinutricionales presentes en cáscara y hueso de mango.

Componentes	Tejido vegetal - Cáscara	Tejido vegetal - Hueso
Oxalato (mg/100g))	404.88 $\pm$ 13.06	1.49 $\pm$ 0.01
Cianuro de hidrógeno (mg/100g)	45.90 $\pm$ 0.01	1.26
Alcaloides (mg/100g)	8.34 $\pm$ 1.21	0.01 $\pm$ 0.00
Fitatos (g/100g)	1.63 $\pm$ 0.10	0.07
Taninos (g/100g)	0.08 $\pm$ 0.00-	0.001 $\pm$ 0.000
Saponinas (mg/100g)	-	0.04 $\pm$ 0.00

Fuente: Romelle et al. (2016); Ojokoh (2007); Okpala y Gibson-Umeh (2013); Fowomola (2010)

De acuerdo a las tablas de contenido nutricional, es destacable que el contenido de macro (fibra dietaria) y micro (vitaminas y minerales) nutrientes hacen de la cáscara de mango un ingrediente funcional atractivo para su incorporación en formulaciones de productos alimentarios con potencial efecto benéfico en la salud del consumidor. Por lo tanto, las siguientes secciones estarán enfocadas a discutir las ventajas de la utilización de este subproducto en alimentos funcionales y/o productos nutracéuticos.

18.4. Productos Alimenticios Elaborados con Cáscara de Mango

Debido a los diferentes compuestos nutricionales, además de su alto contenido en compuestos bioactivos, se ha buscado comercializar este fruto en distintas presentaciones. En la **Figura 18.2**, se muestran los ejemplos más comunes en los que se pueden encontrar comercializados los distintos tejidos vegetales del fruto de mango. Su pulpa es comúnmente comercializada como un producto fresco cortado, el cual ha ganado mucha popularidad en los últimos años, por ser un producto que es fácilmente incorporado a la dieta y estilo de vida apresurado de las personas. Por otro lado, el hueso de mango es en algunos casos utilizado como polvo para la extracción de compuestos funcionales adicionados a suplementos alimenticios, o para la extracción de aceites. Sin embargo, el descubrimiento de la gran cantidad de compuestos nutricionales (carbohidratos y fibra dietaria) en su cáscara, la ha posicionado como una alternativa más atractiva para la obtención de ingredientes funcionales en forma de polvos deshidratados, los cuales son utilizados para enriquecer harinas y/o productos de panadería (C. Ajila, Leelavathi, y Rao, 2008; C. M. Ajila, Aalami, Leelavathi, y Rao, 2010).

Productos de mango comercializados en el mercado.

En la **Figura 18.3**, se muestran los productos alimentarios más estudiados para la adición de cáscara de mango, entre los cuales destacan: pastas y/o macarrones, frituras o 'snacks', 'muffins', néctar de mango y/o pan de molde. Su alta capacidad antioxidante, además de su importante contenido de fibra dietaria, hacen de la cáscara de mango un ingrediente funcional atractivo para la adición en macarrones o pastas. De acuerdo al estudio realizado por C. M. Ajila et al. (2010), la adición 7.5 % de polvo de cáscara de mango a macarrones aumenta el contenido de fibra dietaria de un 8.6 a un 17.8 %, el de compuestos fenólicos de un 0.46 a 1.80 mg/g y la concentración de carotenoides de 5 a 84 µg/g. Además, su adición aumenta la textura de los macarrones, sin afectar su aceptabilidad comercial.

Productos alimentarios enriquecidos con la adición de cáscara de mango en su formulación.

De manera similar, el estudio realizado por Blancas-Benítez, de Jesús Avena-Bustillos, Montalvo-González, Sáyago-Ayerdi, y H. McHugh (2015), demostró que la sustitución de azúcar de caña por una proporción de polvos de pulpa (A) y de cáscara y pasta (B) de mango (25:75, A:B) permiten reducir el contenido de azúcar en snacks mientras se aumenta el contenido de fibra dietaria de 5.46 a 13.39 %, e incrementa el contenido de compuestos fenólicos de 107.89 a 626 mg/100 g. Una respuesta similar se observó en la adición de cáscara de mango en 'muffins', donde aumentó el contenido de fibra dietaria y compuestos fenólicos, mientras se observó una disminución en la tasa de hidrólisis del almidón, lo que podría ayudar a reducir los niveles de glucosa tras el consumo de este producto alimentario (Ramírez-Maganda et al., 2015).

18.4.1. Propiedades Funcionales de la Cáscara de Mango

Tanto pulpa como cáscara de mango son consideradas como fuente importante de compuestos bioactivos, entre los que destacan, compuestos fenólicos, vitamina C, carotenoides y fibra dietaria (Palafox-Carlos, Yahia, y González-Aguilar, 2012; Sáyago-Ayerdi et al., 2012). De acuerdo a estudios realizados acerca del consumo de pulpa de mango, se ha observado que su inclusión a la dieta puede ayudar a aumentar la capacidad antioxidante en plasma, así como a reducir los niveles de triglicéridos en plasma, los cuales están relacionados con la incidencia de aterosclerosis coronaria (Robles-Sánchez et al., 2011). El aumento de la capacidad antioxidante en plasma tras el consumo directo de frutos de mango, podría ayudar a prevenir o disminuir la incidencia de enfermedades crónico-degenerativas (Kanazawa, 2011). Esto, se debe a que todos aquellos compuestos bioactivos con propiedad antioxidante en plasma, podrían ayudar a proteger a las células y a algunas biomoléculas en el organismo del consumidor (Masibo y He, 2008). Estos incrementos en la actividad antioxidante son atribuidos principalmente a su alto contenido en compuestos fenólicos y carotenoides (**Tabla 18.8**) que presentan la mayoría de las variedades de mango, como la 'Ataulfo' (Palafox-Carlos et al., 2012).

Compuestos bioactivos presentes en pulpa, cáscara y hueso de mango.

Tejido vegetal	Compuesto bioactivo - Fenoles Totales (mg/100g)	Compuesto bioactivo - Carotenoides Totales (mg/100g)
Pulpa	1,725.2	5.17
Cáscara	2,032–3,185	4.05
Hueso	11,228–20,034	0.79

Fuente: Sogi, Siddiq, y Dolan (2015): Sogi, Siddiq, Greiby, y Dolan (2013)

Sin embargo, el consumo de cáscara de mango contribuye con una mayor aportación de compuestos bioactivos, macro y micronutrientes que la pulpa, entre los que destacan compuestos fenólicos, carotenoides, fibra dietaria, vitaminas (A y C) y minerales (calcio y hierro). En un estudio reciente, se observó que los residuos de cáscara de mango pueden aportar una actividad antioxidante (DPPH y ABTS) dos veces mayor que la obtenida a partir de residuos de pasta (Francisco J. Blancas-Benítez et al., 2015). Este estudio reportó que los compuestos fenólicos mayoritarios en la cáscara de mango son los ácidos clorogénico e hidroxicinámico.

18.4.2. Propiedades Terapéuticas y Farmacológicas de la Cáscara De Mango

En los últimos años, diferentes estudios han reportado una gran variedad de efectos benéficos relacionados directamente a los compuestos antioxidantes (compuestos fenólicos y carotenoides) presentes en pulpa, cáscara y hueso de mango. Estos efectos incluyen regulación del metabolismo de nutrientes, disminución en mediadores de inflamación y de riesgo cardiovascular (Wall-Medrano et al., 2015). Sobre este último beneficio, se ha demostrado recientemente que 1 mango entero o fresco-cortado al día por un período de 30 días puede reducir en un 37-38 % el nivel de triglicéridos y VLDL en personas jóvenes (20-50 años) (Robles-Sánchez et al., 2011).

Sin embargo, estudios recientes también sugieren que estos efectos dependen de la bioaccesibilidad y biodisponibilidad de los antioxidantes en la matriz alimentaria. En este sentido, estudios farmacocinéticos relacionados con el consumo de mango con diferente matriz alimentaria (pulpa o jugo), han dado pistas sobre el metabolismo de los cinco principales ácidos fenólicos presentes en la pulpa y jugo del mango 'Ataulfo' en plasma (ácido gálico, clorogénico, protocatecuico, ferúlico y gentísico), en el organismo humano tras su consumo. En este estudio, se encontró que la mayor concentración plasmática máxima (Cmax) se produjo entre 2 y 4 h después del consumo; las tasas de excreción a las 8-24 h fueron las máximas. La pulpa de mango contribuyó a una mayor absorción de ácido protocatecuico (49 %), el jugo de mango contribuyó a una mayor absorción de ácido clorogénico (62 %). Estos resultados sugieren que existe una buena biodisponibilidad de los compuestos fenólicos en la pulpa de mango, sin embargo, ésta puede aumentar cuando la pulpa se procesa en jugo.

Por otro lado, se ha observado que la cáscara de mango contiene una mayor diversidad de compuestos fenólicos (**Figura 18.4**), encontrándose compuestos como xantonas (mangiferina), ácidos fenólicos (ácido gálico, siríngico, *p*-cumárico, 2-hidroxibenzoico, ferúlico, protocateico y elágico) y flavonoides (quercetina, catequina y rutina) (Velderrain-Rodríguez et al., 2018). Actualmente, se han asociado distintos efectos benéficos a gran parte de los compuestos fenólicos identificados en la cáscara de mango, algunos de los cuales se ejemplifican en la **Tabla 18.9**. Los compuestos fenólicos son asociados normalmente con una contribución a los sistemas de defensa antioxidante en el organismo, sin embargo, algunas especies de compuestos fenólicos son también asociadas a efectos antiproliferativos, antiinflamatorios, antimutagénicos, antimicrobianos, entre otros.

Recientemente, Pacheco-Ordaz, Antunes-Ricardo, Gutiérrez-Uribe, y González-Aguilar (2018) han sugerido que son ácido gálico y mangiferina, los compuestos fenólicos de cáscara de mango con mayor permeabilidad intestinal celular, señalándolos como los principales promotores de su efecto benéfico a nivel intestinal. Aunado a esto, se ha propuesto que es el ácido gálico el principal compuesto responsable de promover un ambiente antioxidante a nivel intestinal y reducir la proliferación celular en células de cáncer de colon (Velderrain-Rodríguez et al., 2018). Esta información nos sugiere que debe promoverse un mayor consumo, el cual nos ayude a explotar los beneficios a la salud que aportan estos compuestos presentes en los diferentes tejidos vegetales de mango.

Principales compuestos fenólicos identificados en la cáscara de mango.

Por otro lado, entre las diferentes especies de compuestos fenólicos presentes en cáscara de mango, la xantona mangiferina es representativa del mismo. Este compuesto es clasificado como es una xantona natural, y su estructura molecular es la forma glucosilada del noratriol. Estudios recientes sugieren que la mangiferina es un compuesto inhibidor de la vía de señalización NF-B, lo cual explica parcialmente su capacidad antiinflamatoria y su potencial anticancerígeno (Vyas, Syeda, Ahmad, Padhye, y H. Sarkar, 2012). Se ha observado en diversos estudios que la mangiferina tiene un amplio rango de actividades farmacológicas, incluyendo las acciones antioxidantes, anti-diabéticas, anti-VIH, anti-tumorales, hepatoprotectoras, antivirales, y anticancerígenas (Pal, Sinha, y Sil, 2014). Rajendran, Rengarajan, Nandakumar, Divya, y Nishigaki (2015) en un estudio con 21 individuos sanos, después de consumir 0.9 g de mangiferina, la máxima concentración de mangiferina (38.64 ± 6.75 ng/mL) en plasma se observó al transcurrir 1 hr, con una excreción o vida media del compuesto de alrededor de 7.85 ± 1.72 h.

Efecto benéfico asociado a los diferentes compuestos fenólicos identificados en la cáscara de mango.

Compuesto bioactivo	Efecto benéfico	Referencia
Mangiferina	Induce apoptosis Efecto antiproliferativo	(Khare y Shanker, 2016)
Ácido gálico	Actividad antioxidante Efecto antimicrobiano	(Vinson y Cai, 2012) (Pacheco-Ordaz et al., 2018)
Ácido elágico	Actividad antioxidante Modulación de la microbiota	(Landete, 2011)
Quercetina	Actividad antiinflamatoria Actividad antioxidante Efecto antiobesogénico	(Boots, Haenen, y Bast, 2008) (Jung, Cho, Ahn, Jeon, y Ha, 2013)
Pentagaloilglucosa	Actividad antimicrobiana Actividad antiviral	(Engels, Gänzle, y Schieber, 2012) (Liu et al., 2011)
Violaxantina	Actividad antiproliferativa	(Liu et al., 2011)
Luteína	Salud visual	(Ma y Lin, 2010)
B-caroteno	Actividad antioxidante Mejora el sistema inmune	(Gul et al., 2015)

18.5. Referencias

Ajila, C., Bhat, S., y Rao, U. P. (2007). Valuable components of raw and ripe peels from two Indian mango varieties. *Food Chemistry, 102*(4), 1006-1011.

Ajila, C., Leelavathi, K., y Rao, U. P. (2008). Improvement of dietary fiber content and antioxidant properties in soft dough biscuits with the incorporation of mango peel powder. *Journal Of Cereal Science, 48*(2), 319-326.

Ajila, C. M., Aalami, M., Leelavathi, K., y Rao, U. J. S. P. (2010). Mango peel powder: A potential source of antioxidant and dietary fiber in macaroni preparations. *Innovative Food Science & Emerging Technologies, 11*(1), 219-224. doi:https://doi.org/10.1016/j.ifset.2009.10.004

Ayala-Zavala, J., Vega-Vega, V., Rosas-Domínguez, C., Palafox-Carlos, H., Villa-Rodríguez, J., Siddiqui, M. W., . . . González-Aguilar, G. (2011). Agro-industrial potential of exotic fruit byproducts as a source of food additives. *Food Research International, 44*(7), 1866-1874.

Aziz, N. A. A., Wong, L. M., Bhat, R., y Cheng, L. H. (2012). Evaluation of processed green and ripe mango peel and pulp flours (Mangifera indica var. Chokanan) in terms of chemical composition, antioxidant compounds and functional properties. *Journal of the Science of Food and Agriculture, 92*(3), 557-563. doi:10.1002/jsfa.4606

Bally, I. S. (2006). Mangifera indica (mango). *Traditional Trees of Pacific Islands. Their Culture, Environment, and Use*, 441-464.

Blancas-Benítez, F. J., de Jesús Avena-Bustillos, R., Montalvo-González, E., Sáyago-Ayerdi, S. G., y H. McHugh, T. (2015). Addition of dried 'Ataulfo' mango (Mangifera indica L) by-products as a source of dietary fiber and polyphenols in starch molded mango snacks. *Journal of Food Science and Technology, 52*(11), 7393-7400. doi:10.1007/s13197-015-1855-7

Blancas-Benítez, F. J., Mercado-Mercado, G., Quiros-Sauceda, A. E., Montalvo-González, E., González-Aguilar, G. A., y Sáyago-Ayerdi, S. G. (2015). Bioaccessibility of polyphenols associated with dietary fiber and in vitro kinetics release of polyphenols in Mexican 'Ataulfo' mango (Mangifera indica L.) by-products. *Food & Function, 6*(3), 859-868. doi:10.1039/C4FO00982G

Boots, A. W., Haenen, G. R., y Bast, A. (2008). Health effects of quercetin: from antioxidant to nutraceutical. *European Journal Of Pharmacology, 585*(2-3), 325-337.

Cedeño-Reyes, J. L., y Zambrano-Delgado, J. B. (2014). *Cáscaras De Piña Y Mango Deshidratadas Como Fuente De Fibra Dietética En Producción De Galletas.* Escuela Superior Politécnica Agropecuaria De Manabí Manuel Félix López, Calceta, Ecuador.

Dar, M. S., Oak, P., Chidley, H., Deshpande, A., Giri, A., y Gupta, V. (2016). Nutrient and flavor content of mango (Mangifera indica L.) cultivars: an appurtenance to the list of staple foods *Nutritional Composition of Fruit Cultivars* (pp. 445-467): Elsevier.

Diarra, S. S. (2014). Potential of mango (Mangifera indica L.) seed kernel as a feed ingredient for poultry: a review. *World's Poultry Science Journal, 70*(2), 279-288.

Engels, C., Gänzle, M. G., y Schieber, A. (2012). Fast LC–MS analysis of gallotannins from mango (Mangifera indica L.) kernels and effects of methanolysis on their antibacterial activity and iron binding capacity. *Food Research International, 45*(1), 422-426.

Evans, E. A., Ballen, F. H., y Siddiq, M. (2017). Mango Production, Global Trade, Consumption Trends, and Postharvest Processing and Nutrition. *Handbook of Mango Fruit: Production, Postharvest Science, Processing Technology and Nutrition*, 1.

Fowomola, M. (2010). Some nutrients and antinutrients contents of mango (Mangifera indica) seed. *African Journal of food science, 4*(8), 472-476.

Gul, K., Tak, A., Singh, A., Singh, P., Yousuf, B., y Wani, A. A. (2015). Chemistry, encapsulation, and health benefits of -carotene-A review. *Cogent Food & Agriculture, 1*(1), 1018696.

Jung, C. H., Cho, I., Ahn, J., Jeon, T. I., y Ha, T. Y. (2013). Quercetin reduces high-fat diet-induced fat accumulation in the liver by regulating lipid metabolism genes. *Phytotherapy Research, 27*(1), 139-143.

Kanazawa, K. (2011). Bioavailability of non-nutrients for preventing lifestyle-related diseases. *Trends in Food Science & Technology.*

Khare, P., y Shanker, K. (2016). Mangiferin: A review of sources and interventions for biological activities. *Biofactors, 42*(5), 504-514.

Kim, H., Kim, H., Mosaddik, A., Gyawali, R., Ahn, K. S., y Cho, S. K. (2012). Induction of apoptosis by ethanolic extract of mango peel and comparative analysis of the chemical constitutes of mango peel and flesh. *Food Chemistry, 133*(2), 416-422.

Kittiphoom, S. (2012). Utilization of mango seed.

Landete, J. (2011). Ellagitannins, ellagic acid and their derived metabolites: a review about source, metabolism, functions and health. *Food Research International, 44*(5), 1150-1160.

Larrauri, J. A., Rupérez, P., Borroto, B., y Saura-Calixto, F. (1996). Mango Peels as a New Tropical Fibre: Preparation and Characterization. *LWT - Food Science and Technology, 29*(8), 729-733. doi:https://doi.org/10.1006/fstl.1996.0113

Liu, G., Xiong, S., Xiang, Y.-F., Guo, C.-W., Ge, F., Yang, C.-R., . . . Kitazato, K. (2011). Antiviral activity and possible mechanisms of action of pentagalloylglucose (PGG) against influenza A virus. *Archives of virology, 156*(8), 1359-1369.

Ma, L., y Lin, X. M. (2010). Effects of lutein and zeaxanthin on aspects of eye health. *Journal of the Science of Food and Agriculture, 90*(1), 2-12.

Masibo, M., y He, Q. (2008). Major Mango Polyphenols and Their Potential Significance to Human Health. *Comprehensive Reviews in Food Science and Food Safety, 7*(4), 309-319. doi:10.1111/j.1541-4337.2008.00047.x

Mirabella, N., Castellani, V., y Sala, S. (2014). Current options for the valorization of food manufacturing waste: a review. *Journal of Cleaner Production, 65*, 28-41.

MOK, C. (2014). Biotechnological potentialities and valorization of mango peel waste: a review. *Sains Malaysiana, 43*(12), 1901-1906.

Ojokoh, A. (2007). Effect of fermentation on the chemical composition of mango (Mangifera indica R) peels. *African Journal of Biotechnology, 6*(16).

Okpala, L. C., y Gibson-Umeh, G. I. (2013). Physicochemical Properties of Mango Seed Flour. *Nigerian Food Journal, 31*(1), 23-27. doi:https://doi.org/10.1016/S0189-7241(15)30052-7

Pacheco-Ordaz, R., Antunes-Ricardo, M., Gutiérrez-Uribe, J. A., y González-Aguilar, G. A. (2018). Intestinal Permeability and Cellular Antioxidant Activity of Phenolic Compounds from Mango (Mangifera indica cv. Ataulfo) Peels. *International Journal Of Molecular Sciences, 19*(2), 514.

Pacheco-Ordaz, R., Wall-Medrano, A., Goñi, M., Ramos-Clamont-Montfort, G., Ayala-Zavala, J., y González-Aguilar, G. (2018). Effect of phenolic compounds on the growth of selected probiotic and pathogenic bacteria. *Letters In Applied Microbiology, 66*(1), 25-31.

Pal, P. B., Sinha, K., y Sil, P. C. (2014). Mangiferin attenuates diabetic nephropathy by inhibiting oxidative stress mediated signaling cascade, TNF related and mitochondrial dependent apoptotic pathways in streptozotocin-induced diabetic rats. *PloS one, 9*(9), e107220.

Palafox-Carlos, H., Yahia, E., y González-Aguilar, G. (2012). Identification and Quantification of Major Phenolic Compounds from Mango (< i> Mangifera indica, cv. Ataulfo) Fruit by HPLC-DAD-MS/MS-ESI and Their Individual Contribution to the Antioxidant Activity during Ripening. *Food Chemistry.*

Rajendran, P., Rengarajan, T., Nandakumar, N., Divya, H., y Nishigaki, I. (2015). Mangiferin in cancer chemoprevention and treatment: pharmacokinetics and molecular targets. *Journal of Receptors and Signal Transduction, 35*(1), 76-84. doi:10.3109/10799893.2014.931431

Ramírez-Maganda, J., Blancas-Benítez, F. J., Zamora-Gasga, V. M., García-Magaña, M. d. L., Bello-Pérez, L. A., Tovar, J., y Sáyago-Ayerdi, S. G. (2015). Nutritional properties and phenolic content of a bakery product substituted with a mango (Mangifera indica) 'Ataulfo' processing by-product. *Food Research International, 73*, 117-123. doi:https://doi.org/10.1016/j.foodres.2015.03.004

Robles-Sánchez, M., Astiazarán-García, H., Martín-Belloso, O., Gorinstein, S., Álvarez-Parrilla, E., De la Rosa, L. A., . . . González-Aguilar, G. A. (2011). Influence of whole and fresh-cut mango intake on plasma lipids and antioxidant capacity of healthy adults. *Food Research International, 44*(5), 1386-1391.

Romelle, F. D., Ashwini, R., y Ragu, S. (2016). Chemical composition of some selected fruit peels. *European Journal of Food Science and Technology, 4*(4), 12-21.

SAGARPA. (2016). *Mango Mexicano.* Retrieved from https://www.gob.mx/cms/uploads/attachment/file/257078/Potencial-Mango.pdf.

Sáyago-Ayerdi, S. G., Moreno-Hernández, C. L., Montalvo-González, E., García-Magaña, M. L., de Oca, M. M.-M., Torres, J. L., y Pérez-Jiménez, J. (2012). Mexican 'Ataulfo' Mango (*Mangifera indica* L) as a source of hydrolyzable tannins. Analysis by MALDI-TOF/TOF MS. *Food Research International.*

SIAP. (2016). Atlas Agroalimentario 2016: Servicio de Información Agroalimentaria y Pesquera. Secretaría de Agricultura, Ganadería, Desarrollo Rural, Pesca y Alimentación México DF.

Sogi, D. S., Siddiq, M., y Dolan, K. D. (2015). Total phenolics, carotenoids and antioxidant properties of Tommy Atkin mango cubes as affected by drying techniques. *LWT - Food Science and Technology, 62*(1, Part 2), 564-568. doi:https://doi.org/10.1016/j.lwt.2014.04.015

Sogi, D. S., Siddiq, M., Greiby, I., y Dolan, K. D. (2013). Total phenolics, antioxidant activity, and functional properties of 'Tommy Atkins' mango peel and kernel as affected by drying methods. *Food Chemistry, 141*(3), 2649-2655. doi:https://doi.org/10.1016/j.foodchem.2013.05.053

Sumaya-Martínez, M. T., Sánchez Herrera, L. M., Torres García, G., y García Paredes, D. (2012). RED DE VALOR DEL MANGO Y SUS DESECHOS CON BASE EN LAS PROPIEDADES NUTRICIONALES Y FUNCIONALES. *Revista Mexicana de Agronegocios, 30*, 826-833.

Tharanathan, R., Yashoda, H., y Prabha, T. (2006). Mango (Mangifera indica L.),"The king of fruits"—An overview. *Food Reviews International, 22*(2), 95-123.

Torres-León, C., Rojas, R., Contreras-Esquivel, J. C., Serna-Cock, L., Belmares-Cerda, R. E., y Aguilar, C. N. (2016). Mango seed: Functional and nutritional properties. *Trends in Food Science & Technology, 55*, 109-117. doi:https://doi.org/10.1016/j.tifs.2016.06.009

USDA. (2018). National Nutrient Database for Standard Reference Legacy Release. (Basic Report: 09176, Mangos, raw "a"). Retrieved 22/05/2018 https://ndb.nal.usda.gov/ndb/foods/show/09176?n1=%7BQv%3D1%7D&fgcd=&man=&lfacet=&count=&max=25&sort=default&qlookup=mango&offset=&format=Abridged&new=&measureby=&ds=SR&Qv=1&qt=&qp=&qa=&qn=&q=&ing=

Velderrain-Rodríguez, G. R., Torres-Moreno, H., Villegas-Ochoa, M. A., Ayala-Zavala, J. F., Robles-Zepeda, R. E., Wall-Medrano, A., y González-Aguilar, G. A. (2018). Gallic Acid Content and an Antioxidant Mechanism Are Responsible for the Antiproliferative Activity of 'Ataulfo' Mango Peel on LS180 Cells. *Molecules, 23*(3), 695.

Vinson, J. A., y Cai, Y. (2012). Nuts, especially walnuts, have both antioxidant quantity and efficacy and exhibit significant potential health benefits. *Food & Function, 3*(2), 134-140.

Vyas, A., Syeda, K., Ahmad, A., Padhye, S., y H. Sarkar, F. (2012). Perspectives on Medicinal Properties of Mangiferin. *Mini Reviews in Medicinal Chemistry, 12*(5), 412-425. doi:10.2174/138955712800493870

Wall-Medrano, A., Olivas-Aguirre, F. J., Velderrain-Rodríguez, G. R., González-Aguilar, A., De la Rosa, L. A., López-Díaz, J. A., y Álvarez-Parrilla, E. (2015). El mango: aspectos agroindustriales, valor nutricional/funcional y efectos en la salud. *Nutrición Hospitalaria, 31*(1), 67-75.

Table 1.1 Acerola taxonomic classification

Kingdom: Plantae
Filum: Malpighiaceae
Order: Malpighiales
Family: Malpighiaceae
Gender: Malpighia

Source: Mendes et al., (2012)

Table 2. Physicochemical characteristics of the acerolas in different maturation stages.

Composition	Immature (green)	Intermediate (yellow)	Mature (red)
Vitamin C (mg 100 g-1)	2,164.0	1,065.0	1,074.0
Protein (g 100 g-1)	1.2	0.9	0.9
Ash (g 100 g-1)	0.4	0.4	0.4
Humidity (g 100 g-1)	91.0	92.4	92.4
Acidity	18.2	15.6	34.4
pH	3.7	3.6	3.7
Soluble solids (ºBrix)	7.8	7.7	9.2
Carbohydrate (g 100 g-1)	4.4	4.3	4.4

Made in United States
North Haven, CT
08 November 2026

21928345R00126